卷首语
Prologue

近年来，我国绿色建筑的数量逐年提升，尤其是三星、二星级绿色建筑的增长幅度都将近1倍以上，2014年新建绿色建筑面积已经超过了1亿多平方米。数量大幅提升的同时，却也进入发展平台期，大众化、普及化、让绿色建筑无处不在成为下一轮绿色建筑发展的关键点。绿色建筑发展应更多回归建筑设计本身，关注低技术，因地制宜，关注地域特征和材料，建立更加生态、人性化的人与自然和谐共生的友好环境。

《轻绿色：轻型绿色建筑发展》表达对长期以来绿色建筑发展的回望和反思。绿色建筑无处不在。轻绿色"轻"在理念，在既有建筑更新领域关注绿色性能提升；轻绿色"轻"在技术，关注因地制宜、被动技术；轻绿色"轻"在手段，拥抱互联网时代，将虚拟技术与实体建筑相结合，通过新技术、互联网、物联网，提高节能、节水、节材，进而全面提升绿色建筑的质量。轻绿色"轻"在建造，改变传统建筑行业面貌，实现建筑产业现代化。

主题部分为"4×3×4"结构，全面介绍既有建筑更新、绿色建筑设计、BIM、工业化领域的4大领域的代表性成果，每个领域采访产业链上的3位意见领袖，每个领域挑选4个代表性项目对主题进行支撑。既有建筑更新板块中的沙美大楼和上海工部局大楼在更新过程中采用数字化工具提升效率，爷爷家青年旅社项目关注民众参与设计的本土化实践，德意志银行是gmp公司完成的绿色性能提升案例。绿色建筑板块中，申都大厦和崇明陈家镇能源管理中心是采用被动节能技术的最新实践，威卢克斯办公楼是国内首例

主动式建筑。工业化建筑板块介绍了国内最新的惠南新市镇住宅示范项目、精工·柯北总部办公楼、周康航工业化居住社区项目，支付宝大厦则使用了模块化构建，完成建筑美学。BIM板块中，后世博央企总部是集群式建筑领域对BIM的使用，苏州工业园区体育中心和上海中心大厦代表了当前国内最先进的BIM技术，挪威E16高速公路则是对BIM技术未来的展望。

"全球热点"聚焦2015上海城市空间艺术季。"聚光灯"关注当下热议的建筑师制度改革。"人物"介绍了中国工程院院士王建国教授在后工业时代下对工业区及工业建筑改造的思考。"研究"对宁夏美术馆创作过程进行介绍和点评。"评论派"探讨了供给侧结构性革新等行业发展方式，并深度剖析当下行业转型所面临的十大问题，读来有趣。"跨界"报道了在芬兰赫尔辛基举办的"造，化：中国设计"展。

值得一提的是，本期"书评"栏目，刊登了中国科学院院士郑时龄教授为《罗小未文集》所撰写的序，对老一辈专家饱含深情，读来感动。同期，还刊登了段建强的《神游：早期中古时代与十九世纪中国的行旅写作》一书书评。

我们相信，绿色既是理念，也是未来。

华东建筑集团股份有限公司副总裁
《H+A 华建筑》执行主编
沈立东

The number of green buildings in our country is increasing in recent years, especially for three-star and two-star green buildings, with the increasing range is more than doubled. The new construction of green buildings in 2014 is more than 1 million square meters. In the mean time, we have reached a plateau in terms of speed. Arriving at the stage of massification and popularization, green buildings have become the key point for the following architectural development. The green building development should return to the architectural design itself, focusing on low technology and regional materials to adapt to local condition, and to build a more ecological and humanistic environment.

Light Greenness: Development of Light Green Building presents a retrospect and reflection of the green building's development. Green buildings are everywhere. Philosophy of Lightness focuses on the improvement of green performance in existing buildings' innovation; Technology of Lightness embraces with the Internet age, combined the virtual technology with physical architecture, improving the energy saving, water saving, material saving, and thus improve the quality of the green building by new technology, Internet and the Internet of things; Construction of Lightness transforms traditional architecture industry and modernizes the construction industry.

The theme uses "4×3×4" structure, giving a comprehensive introduction of representative achievements in the four fields of existing buildings innovation, green building design, BIM and industrialization. Every field interviews three opinion leaders on the industry chain, and selects four representative projects to support the subject. In "Existing Architecture Innovation", Shanghai Shamei Building and the Building of Shanghai Municipal Council use digital tools in the innovation to promote efficiency. "Grandpa's Hostel" pays attention to local practice of public participation. Deutsche Bank is a case of green performance improvement designed by GMP Architect. In "Green Building Design", Shendu Building and Chongming Chenjia Town's Energy Management Centre are the newest practices using passive energy saving technology, while VELUX Office is

the first Acrive Building in China. "Industrialized Construction" introduces the Chinese latest Huinan new town residential projects, Jinggong·Kebei Headquarters Office Building, Zhou Kanghang Industrialized Residential Community. Hangzhou Alipay Building uses the modular construction and forms its architectural aesthetics. In "BIM Technology", Central Headquarter of Post-Expo is the application of BIM in grouped buildings. Sports Centre Suzhou Industrial Park and Shanghai Tower represent the most advanced BIM technology in current China. While Norway E16 highway project is a vision of BIM technology in future.

GLOBAL ISSUE focuses on the Shanghai Urban Space Art Season 2015. FOCUS pays close attention to the present hot architect system reform. PEOPLE introduces the thinking of Prof. WANG Jianguo, Chinese academy of engineering, about the transformation of industrial buildings and districts in Post-industrial Era. RESEARCH introduces and comments on the art creation process of Ningxia museum. CRITICS explores industry development, such as supply side structural innovation. It also gives in-depth analysis of the ten problems of present industry transform. CROSSOVER reports "Artifact Beyond – Design in China Now" Exhibition in Helsinki.

It is worth mentioning that our BOOK REVIEW column publishes the preface of Collected Works of Luo Xiaowei, written by Prof. ZHEN Shiling, the Chinese Academy of Engineering. It expresses the affection of the older generation, so it is genuine and moving. Meanwhile, it also publishes a book review of Visionary Journeys: Travel Writings from Early Medieval and Nineteenth-Century China, written by DUAN Jianqiang.

We believe that green is both philosophy and future.

Vice President of Hua Dong Architectural Design (Group) Co.,Ltd.
SHEN Lidong

目录　　　　　　　　　　CONTENTS

H+A 华建筑
HUA ARCHITECTURE

[主编]
华东建筑集团股份有限公司

[编委会]
编委会主任：沈立东
编委：支文军、匡晓明、李振宇、李武英、刘
千伟、伍江、朱小地、庄惟敏、陈礼明、张洛
先、张颀、修龙、姜国祥、祝波善、顾建平、曹
嘉明、傅志强、韩冬青（按照姓氏笔划排列）

[执行主编]
沈立东

[副主编]
胡俊泽

[主编助理]
董艺、隋郁

[编辑]
赵杰、郭晓雪、官文琴

[策划]
华东建筑集团股份有限公司
时代建筑

[时代建筑编辑]
高静、杨聪婷、罗之颖、丁晓莉

[装帧设计]
杨勇

[校译]
陈淳、李凌燕、杨聪婷

征稿启事：欢迎广大读者来信来稿：

1. 来稿务求主题明确，观点新颖，论据可靠，数据
准确，语言精练、生动、可读性强。稿件篇幅一般
不超过 4000 字。

2. 要求照片清晰、色彩饱和，尺寸一般不小于
15cm×20cm；线条图 一般以 A4 幅面为宜；图片电
子文件分辨率应不小于 350dpi。

3. 所有文稿请附中、英文文题、摘要（300 字以内）
和关键词（3~8 个）；注明作者单位、地址、邮编及
联系电话，职称、职务，注明基金项目名称及编号。

4. 来稿无论选用与否，收稿后 3 月内均将函告作者。
在此期间，切勿一稿多投。

5. 作者作品被选用后，其信息网络传播权将一并授
予本出版单位。

6. 投稿邮箱：yi_dong@xd-ad.com.cn

购书热线：021-52524567 * 62130

总策展人：伍江，莫森·莫斯塔法维

城市一建筑策展人：李翔宁

艺术策展人：张晴

上海特展策展人：章明、张姿、王林、奚文沁

| 热点 |

2015 上海城市空间艺术季
"城市更新" 主展览

上海城市公共空间设计促进中心 / 文　Shanghai Urban Public Space Design Centre

　　由上海市城市雕塑委员会主办，上海市规划和国土资源管理局、上海市文化广播影视管理局、上海市徐汇区人民政府共同承办的2015上海城市空间艺术季，以"城市更新"为主题，主展览分别从"主题演绎：文献与议题""回溯：历史的承袭与演进""前瞻：新兴城市范式""映射：城市/乡村两生记""互动：艺术介入公共空间"等五个视角切入主题，旨在创造历史、当下与未来的对话，展开城市想象，探索物质与社会、空间与传媒、传承与更新、经验与愿景、都市与乡村、艺术与公众、全球与上海的界限、关涉与融合。

　　展览还包括了密斯·凡·德罗奖25周年纪念展和上海特展。密斯·凡·德罗奖25周年纪念展以巴塞罗那的密斯·凡·德罗基金会所收集档案中的数据为基础，展示过去27年中欧洲建筑取得的辉煌成果，同时也是在中国的首展。上海特展则通过上海城市更新的40个案例，来反映上海目前城市更新的思考及探索。

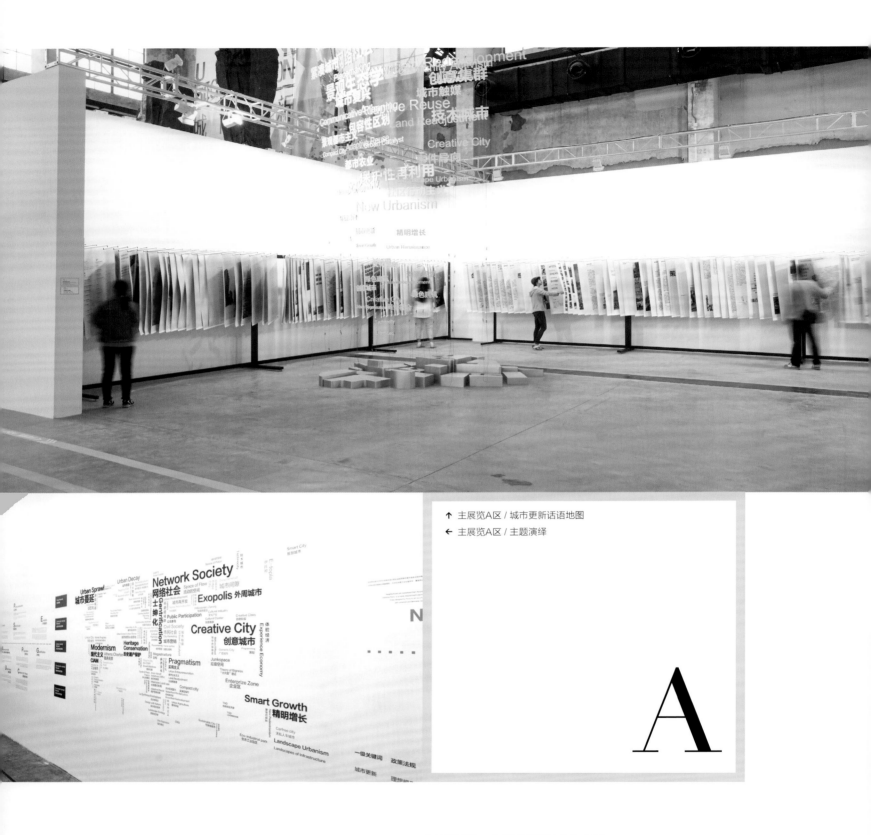

↑ 主展览A区 / 城市更新话语地图
← 主展览A区 / 主题演绎

主题演绎：文献与议题（A区）

主题演绎板块旨在以活泼、直观和互动的方式向市民呈现关于"城市更新"理论与实践的诸多视角。该板块展示：学术文献、新闻报道及法律法规等对于城市更新定义的概念演进；城市管理者、规划师、建筑师及最广大的普通市民对城市更新的理解与建议的访谈讨论；与城市更新相关的理论话语与议题的阐释，包括对机构、个人与所要解决的城市问题的介绍；关涉城市更新的重要立法、宣言、出版物、会议和危机事件等历史知识；城市更新经典案例的开发背景、战略目标、空间设计和管治模式等介绍；以及关注城市更新重要事件的纪录片展播。

B

回溯：历史的承袭与演进（B区）

历史承袭与演进板块旨在对城市历史保护与更新的相关实践与理论研究进行回溯，呈现地方、国家和全球语境下的新问题与城市策略。该板块展示中国古城古村落的建筑修复和设施更新的经验成果、国内外历史街区保护与历史建筑改造和文化传承的优秀案例、艺术运作、文化机构与城市互动为动力的城市复兴运动等，展示对当下城市历史保护问题的多角度思考，应对快速城市化的多重策略，以及新的生活方式给旧城更新带来的发展契机。

前瞻：新兴城市范式（C区）

新兴城市范式板块展示数字媒体文化对建筑与都市想象的催生与影响。媒体不仅记录、展现城市与建筑的实践状况，推动理论、评论和学科的发展，更直接参与社会生产方式的变革。该板块旨在展示信息化时代下，新传媒、计算机参数化设计、互联网技术等对新的都市生活范式和城市公共空间的探索与引领。

→ 主展览C区 / 谢英俊×YOU 营造及设计工作坊
↗ 主展览C区 / 许村：艺术乡建的中国现场
↓ 主展览C区 / 映射：城市 / 乡村两生记

C

→ 主展览D区 / 上海临界地带：湿地生态盆景
↗ 主展览D区 / 2015上海嗅觉地图-嗅觉游戏和档案
↘ 主展览D区 / 色彩乌托邦：上海的多样高楼

D

映射：城市 / 乡村两生记（D区）

当下中国都市实践的视野不再囿于城市，在政策与公共事件背后，乡土实践越来越得到青年建筑师和学者的关注。通过展示 2000 年以来一批优秀中外建筑师的乡土实践、学者对未来乡村发展的类型与原型研究，以及艺术家为延续乡村社区文化而尝试的社会性介入，该板块旨在回应过度城市化与失衡的城乡关系，思考乡村哲学，折射对都市建设的反思，并探讨未来城乡融合、互动实践在政治经济层面展开的可能性。

互动：艺术介入公共空间（E区）

"城市更新"作为一种城市发展的方式，为城市及其中的人们提供了一个关联了历史、现在和未来的时空尺度。艺术作为其意义的表征，以绘画、雕塑、装置、影像等诸多表现形式，将"城市更新"这一复杂、多维的主题进行了呈现、检省和憧憬。无论是对当前城市更新中的诸多问题的批判，还是对城市状态的创意呈现，或是对人之所向的美好愿景的描绘，"人"始终成为艺术作品关注的主体，城市的失真、冷漠、记忆和尚未可能都在与"人"的参照与比对之下，形成艺术作品最直入人心的感知路径。

→ 主展览E区 / "问道"雕塑：孔子问道老子
↘ 主展览E区 / 《家在何处》
↓ 主展览E区 / 上海城市更新中的社会变迁摄影展

E

上海特展（F区）

以"越·上海"作为展览主题，上海特展的策展理念以"穿越、超越、越发"展开。其中"穿越"以历史演进为线索，系统性地呈现上海城市更新的背景、理念及发展历程；"超越"以全球化为背景，研讨上海城市更新的模式对未来的意义；"越发"以在地性为框架，用以地理图像为展示基础的展陈形式全景式地展示了上海城市更新的典型性案例。展成方式上突破了传统展览布局模式，"上海特展"与二层"艺术介入公共空间"展、一层公共接待空间及公共交通空间融为一体，穿插渗透，用一个全景的、地理索引的方式呈现出没有主从结构、没有先后位序的公平、并置、开放的展陈效果。

F

↓ 主展览F区 / 特展："越·上海"

→ 主展览G区 / 特展：斯·凡·德·罗奖25周年纪念展

G

密斯·凡·德罗25周年纪念展（G区）

密斯奖作为欧洲影响力最大的建筑奖，被认为是两年一度颁发的欧洲建筑设计作品的最高荣誉，其宗旨为：提供当代建筑与城市规划的交流与探讨的平台，通过传播当代的建筑文化，为建筑教育和认知做出贡献。密斯奖身处当代，如何在所处的历史中对历史做出评价、判断与反思？本次展览对20多年来的获奖作品和优秀作品以文献档案，包括照片、建筑图纸、模型的形式展出，回顾了1987年以来欧洲当代的杰出建筑，呈现出当代欧洲建筑历史的建构图景。

What is Light Greenness ?
Birth of "Light Greenness" Theme Pavilions of Huajian Group

轻绿色，亲绿色，青绿色？
华建集团"轻绿色"主题展馆诞生记

董艺 / 文　DONG Yi

↑ 展览期间，人头攒动

→ 华建集团2015年"轻绿色"主题展馆

近年来，我国绿色建筑的数量逐年提升，尤其三星、二星级绿色建筑的增长幅度都将近1倍以上，2014年新建绿色建筑面积已经超过1亿多平方米。数量大幅提升的同时，绿色建筑却进入发展瓶颈。大众化、普及化、让绿色建筑无处不在成为关键点。绿色建筑技术应突破设计室、告别高冷技术，进入公众视野；让绿色建筑和技术回归低成本、低技术、因地制宜，建立更加生态、人性化友好的人与自然和谐共生的环境。"轻绿色"展馆正是对这一话题的有趣注解。

轻型绿色
development of light-structure green architecture
轻型绿色建筑发展道路
GBC2015上海国际绿色建筑与节能博览会
上海现代建筑设计（集团）有限公司

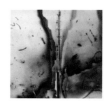

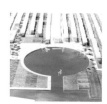

【设计概念一】轻盈和消解

建筑可以追求轻盈和消解。迪勒·斯科菲迪奥与伦弗罗建筑事务所（DillerScofidio + Renfro）在2003年瑞士世博会上设计的装置建筑就是个有趣的实验。建筑如同一朵云彩般漂浮在纳沙泰尔湖上方，通过湖底的工程结构将湖水送到特定地点，计算机计算当地的气候指标，制作出完美的人造云效果。模糊建筑成功地挑战了人们对于外部空间、内部空间及建筑表皮的原有定义。

【设计概念二】无痕

瞬间存在即是真实。蔡国强的烟火观念艺术，用瞬间存在的焰火重新定义了形式、空间、存在。存在虽然稍纵即逝，但通过构成到消失的过程表达了艺术家的思考。亦如展览，时间很短，但搭建和拆除过程也是最佳的展示机会。

【设计概念三】编织的肌理

2009年12月，米兰市长召开新闻发布会，揭开米兰世博会的神秘面纱：一个被水围绕、蔓延绿色的世博会总体规划被世人所瞩目。这个总体规划图十分契合米兰世博会的主题"哺育地球，为生活添活力"，其编织的肌理轻盈通透也充分展示了展会的热闹氛围。

← 2015年11月2日，一座用建筑本身诠释着展览主题的展馆全新落成

↙ ↓

它是轻盈的，选用结构和材料表达了这一夙愿。
展览主题是"轻绿色"，建筑整体结构采用轻型脚手架搭建，四处开敞、视觉穿透，呈现着轻巧、轻盈。骨架之上缠绕半透网，半透网成为过渡层次，和实体墙配合，形成全透、半透、封闭三种关系，视觉效果丰富而有趣。

它是绿色的，用于搭建的材料可以循环使用，忠实表达绿色建筑主题。
建筑使用建筑工地最常见的脚手架，使用符合模数的常见构件，展馆拆除后这些材料和构件直接可以再使用。这一展示灵感来自再常见不过的建筑建造本身，轻悄悄搭建，轻悄悄拆除，仿佛什么都没有发生。

→

它是流动的，空间是自由、融合的闭环，它的表达理念、建筑技术、建造工具形成了"大绿色"的概念。

既有建筑更新、绿色建筑技术、BIM、工业化建筑四大发展趋势相互融合，界限模糊，却都指向绿色环保的最终诉求。

←

它是指向清晰的，方式、方法、路径可以多元，而方向是坚决而清晰的。

贯穿内部的斜撑表达着坚定的绿色理想。

←

← ↓

轻绿色谐音"青绿色"。

深深浅浅，色相不同的半透膜编织出一幅自有韵律的抽象图，有趣、灵动、不失创意。

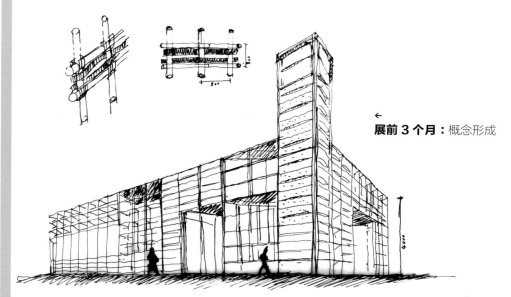

← 展前 3 个月：概念形成

诞生全记录

↑
展前 1.5 个月：预搭
→
展前 2 个月：半透膜选择

↑ ↗ →

展前 3 天:脚手架搭建

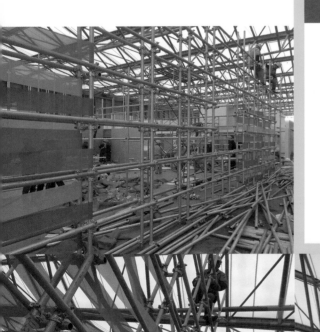

← ↙ →

展前 2 天:上膜

↓

展前 1 天:亮灯

作者简介

董艺,女,建筑学博士,
华建集团品牌营销部 主管,《H+A 华建筑》主编助理

轻之理念
既有建筑更新
EXISTING ARCHITECTURE RENOVATION

"轻绿色"轻在理念，面对新一轮城镇化进程中大量的建筑存量，更新以绿色性能优化为核心，关注既有建筑功能性提升，让既有建筑重获新生，留住城市记忆。

发展中的建筑"更新"

Architecture Renovation in Development

卓刚峰 / 文　ZHUO Gangfeng

建筑的更新时刻都在进行，不论处于哪个时代。只是每个时代的"更新"所包含的内容和所处的语境不同，既有建筑更新所指向的工作内容和价值标准都会有很大的不同。我们应该在当下时代的语境中厘清"更新"的定义和内涵，由此把握住"建筑更新"在当下所处时代社会中发展的脉络和方向，并展开有益的探索。

作者简介

卓刚峰，男，华建集团华东历史建筑保护设计院 院长

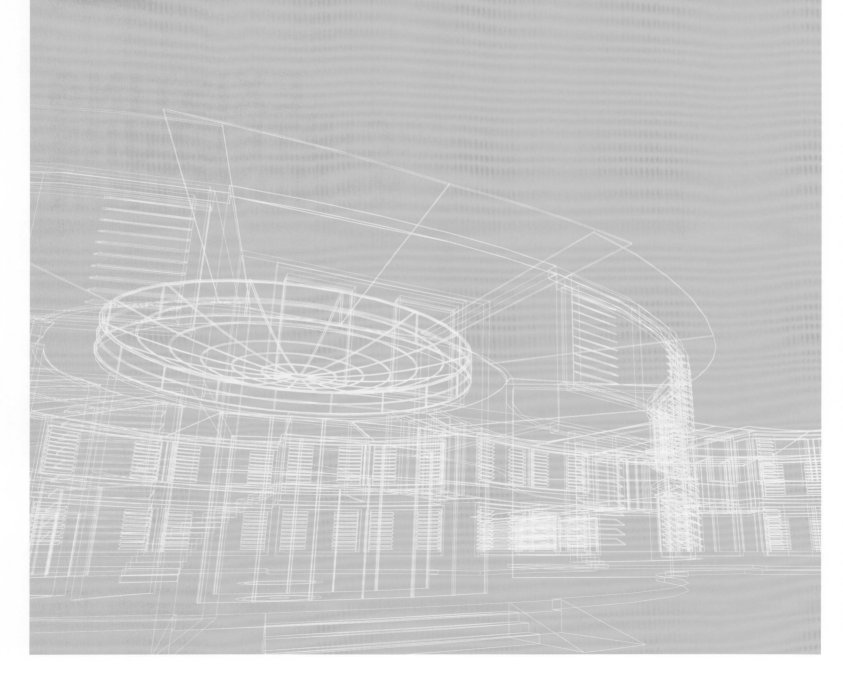

1. 当下的建筑"更新"观念

建筑是具有双重性的，即实体的建筑本身与关于建筑历史的文化传承，也就是说建筑是物质与文化的双重叠加。以往的建筑更新着重于建筑本体的改造，而随着社会的进步，现在热议的"更新"概念某种程度上是对过往"更新"的一种反思，对未来"更新"模式的探索。

注重建筑物质本体的改造，很多是以建筑本身的物质价值作为衡量经济收益与平衡的坐标，更多的价值取向是采用拆改的手段，用相对简单的方式将老建筑直接置换为新建筑，老城区改造为新城区，从而获得功能、效率、安全、持久性等物质属性的迅速提升，在一定历史阶段内获得较大的社会和经济效益乃至文化效益，19 世纪著名的巴黎奥斯曼改造就是其中典型的案例，有着深远的影响。

但是城市和建筑需要历史的沉淀，仅仅用物质价值来作为衡量标准，忽略文化价值潜在而深层的影响，这样的建造活动给城市和乡村带来情感的巨大空洞和失落。今天所说的"更新"，并非是在一片空地上让建筑物拔地而起（那只是最简单粗暴的更新），而应在已有的建筑基层甚至废墟之上，不断以新的部分更新旧的部分，用新的元素取代旧的元素。这种更新，就像是具有生命特征的生物体在经历不断的新陈代谢，从而达到一种新的更好的生存状态。

当下，在可持续发展理念指导下，绿色环保的价值取向贯穿于建造活动的全过程。尤其是近年来，经历过简单粗暴的高技派节能技术之后，被动低技的轻绿色设计理念尤其受到重视。既有建筑更新，在土地资源利用、建筑用材与能耗等方面属于典型的轻绿色建造活动。在这个讨论范围里的建筑更新，不仅仅是自体的生命更新与延续，也是社会系统新陈代谢的有机部分。

因此，我们今天谈论的"更新"，是带有生命特征的系统性建造活动。

2. 五种关于建筑"更新"的实践和探索

如前文所说，"更新"一直在进行，从未间断，形式也不断在变化和进步。以上海为例，从 20 世纪 80 年代开始，城市建设者做了很多有益的探索和实践。值得记录的有：新天地（太平桥地区）改造；为优化城市总体空间格局在上海世博会期间对黄浦江两岸的旧城旧址改造；历史风貌保护区的划定，风貌保护道路的确定；对文物保护单位和优秀历史建筑的保护管理；八号桥、M50、国际时尚中心等大批工业遗产转为创意产业园区的商业与技术改造；田子坊、东斯文里等上海里弄住区的旧改探索。以上实践都不断地赋予"更新"内容和形式以新的生命力。

当下的建筑"更新"主要在五个方向做了有益的尝试。

1）旧街区的复兴及建筑功能的置换

既有建筑在不断的功能置换过程中，能够满足城市街区与时俱进的生长需求。大量的既有建筑被再造为新的酒店、办公、博物馆等各类公共建筑以满足开发的需要，尤其是当这些既有建筑本身还富有城市空间的印记的时候，植入的新功能会给使用者以特殊的体验。建筑师的创造力在此有巨大的施展空间，类似码头酒店、厂房餐厅等有强烈反差的功能置换更是如此。

2）历史建筑的保护与修缮

文物建筑和优秀历史建筑作为既有建筑领域的一颗明珠，承载着建筑文化的记忆和情感。历史建筑的保护与修缮就是通过对特定建筑恢复原真性的保护修缮和更新利用，丰富和完整城市发展的历史链条，唤起对特殊年代和事件的深层次情怀。近年来，更多数量的建筑被列入文物建筑和优秀历史建筑的保护名录，如新华民生路码头等原来不被重视的工业建筑遗产也越来越多地被列入保护范围就是一个令人欣慰的例子。

3）既有建筑安全隐患的排查与设备舒适度改造

占城市用地大比重的老旧既有建筑，如同病患严重的老者，大多存在安全隐患和舒适度低下问题，以往的手段大多是拆除重建。目前可以用完善的结构检测手段排查安全问题，并用新技术新材料予以加固或者局部重建，同时新的设备系统更新或者局部改造完全可以解决既有建筑舒适度落后于时代需求的矛盾。越来越多的次新建筑需要做类似的更新改造。近日大热的"梦想改造家"节目中对旧区民宅的精细手术式改建就是反映了民众真实的需求和舆论的关注。

4）节能与绿色建筑技术应用

环境保护与节能已经是共识，即便是既有建筑的功能和舒适度可以达到基本的要求，节能改造也势在必行。绿色建筑技术的运用可以是灵活多变的，分析与检测原有建筑的能耗情况，运用一系列或主动或被动、或低技或高技的绿色建筑技术，使既有建筑在生命周期里能够更健康地运维，是建筑在生命活力上的延续。

5）乡村的建设与复兴

乡村建筑已经成为众多新锐建筑师实现理想的乌托邦和试验田，同时也期望用田园化的诗意来修补城市工业化历程中的遗憾和伤疤。运用当地材料、简单低技的工艺构造、低廉的造价、乡土本色的设计风格、重利用而非新建，都是当今乡村建设探索的特点。如获 WA 奖的昆山有机农场系列、西河粮油博物馆及村民活动中心、太阳公社竹构系列等项目都是新锐建筑的潮流方向。

3. 建筑"更新"的技术环境

所有事物的变更和迭代都离不开工具的升级与革命，新的工具和手段会在很大程度上决定既有建筑更新领域是否具有生命力。可以很乐观地看到，在眼下和可预期的将来，各类新技术新工具的运用，正在为建筑更新的实践创造更适宜的条件。

信息化工具的大量使用使既有建筑更新的工作平台得到前所未有的提升。三维扫描和 BIM 技术的发展和应用，也把建筑更新带入数字化模式。尤其是三维扫描技术的成熟，使得对既有建筑进行精细化全面记录成为可能，进而为既有建筑改造设计的全过程提供支持。BIM 技术的运用可以延展至项目的施工和运维阶段，为建筑本体生命阶段的自体更新创造了便利手段。

既有建筑的结构加固、抗震性能提升、材料与安全检测、建筑物整体平移施工等各项技术在近期都有了成熟的积累和提高，这些都为既有建筑的更新提供了良好的发展基础，也决定了更新类的建造活动可以逐渐走上更宽阔的主流舞台。

城市更新的大潮席卷了社会和行业的方方面面，这已经不仅仅是一个政策、一股潮流、一个名词，它包含了新的理念、充分的实践可能，以及技术变革为之做好的准备，它终会将一个城市、一个建筑的活力激发出来，并赋予其新的形式与功能，最终收获社会效益、经济效益和文化效益，走向一个可持续发展的未来！

伍江 vs 章明 vs 匡晓明

伍江
同济大学建筑与城市规划学院 教授、同济大学 副校长

关于既有建筑更新的内涵

H+A：最近，许多活动都与城市更新和既有建筑更新有关。您觉得这些活动的展开是基于怎样的一个大背景？

伍江（以下简称"伍"）： 中国正进行新的一轮城镇化，或者说新型城镇化。不论是对于我国家其他城市还是对上海而言，都有一个非常大的特点，就是我们过去的城市化进程，基本上都是扩张型的，大拆大建，拓展新的区域。所以上海的建设用地规模一直在不断地扩大，在不断地建设新的建筑和区域。新的一轮发展，它更多强调的不是扩张，而是提升。所谓提升就是把既有的已经建设好的城区通过一些技术改造，通过一些功能的梳理和完善，使得城市品质、城市功能、城市能级得到提升。我想这是最最重要的一个背景。

在这个背景下就会有很大的不同，不再是大拆大建，不再以规模、开发量作为发展标志，而是通过提升、维护、保养、改善，来提高城市的功能水平和品质水平。所以你刚才讲到的既有建筑更新，就是这个背景下的概念。过去我们讲既有建筑可能更多是指历史建筑，所有历史建筑都是既有建筑。可是城市的历史不完全是由这些挂了牌的历史文化遗产组成的，城市里不是说除了历史文化遗产、除了有文物保护价值的对象外，其他的就没有存在价值了。建筑作为一个文化现象有其意义，可是它作为物质实体更有其使用功能。这些使用功能，过去在我们快速发展过程中，它们的寿命被大大压缩了，我们会看到好多建筑十年、十五年，甚至五年八年就被拆除，这不符合可持续发展的理念。

所以在这个背景下，新型城镇化或者城市更新，更多的是指，怎么在不拆不建，或者说少拆少建的情况下，经过我们的努力，通过一些修补，通过一些提升，使我们城市的品质得到提高。我发明一个词叫"修补型再开发"，以此使得城市的功能得到完善。

匡晓明（以下简称"匡"）： 改革开放以来，伴随着工业化进程的加速，我国城镇化经历了一个起点低、速度快、持续推进的发展过程。1978—2014 年，城镇人口由 1.7 亿增加到 7.5 亿，城镇化率由 18% 提升到近 55%，年均提高 1 个百分点。中国城镇化总体呈现出一种正态效应，在吸纳农村劳动力转移、提高生产要素配置效率、扩大内需、推动经济持续快速增长和促进社会结构变革等方面取得了举世瞩目的成就。但以往几十年的城镇化也存在重大问题，随着世界经济形势总体下行，原有的城镇化方式逐渐难以为继，主要体现为：重物质扩张，轻以人为本；重发展速度，轻发展质量；忽视城市生态环境问题。

新型城镇化区别于旧的城镇化，其"新"就体现在：要以城为本转变为以人为本，推进以人为核心的城镇化；要摒弃传统的粗放发展方式，转化为优化布局、集约高效的发展方式，即从传统的增量规划转向存量再开发，也

章明
上海章明建筑设计事务所（有限合伙）董事长、总建筑师、高级建筑师，教授级高级工程师，国家一级注册建筑师

就是城市的更新；把生态文明理念全面融入城镇化进程，"让居民望得见山、看得见水、记得住乡愁"，形成绿色低碳的城市发展方式。

H+A：对于通常所说的自上而下、自下而上的更新方式，您觉得这些开发模式有何特点？

伍： 城市发展的更大动力是自下而上。人类几千年的城市文明史，城市建设的过程，都带有极大的自发程度。即便是少量由于皇权、政治权利、军事需要等自上而下建立起来的皇城，在其城市发展的历程中，也会有大量自下而上的自发力量进行补充，使这个城市产生活力。所以我们会发现，即便这些城市在建造时纯粹是自上而下产生的，这些都城、军事堡垒在完成伊始，是不会有生命活力的，只有随着时间的推移，自下而上的力量进去后，城市才有了活力。所以从这个根本意义上讲，城市的活力是自下而上的。

但是在城市的快速发展中，尤其在整个市场经济的背景下，自下而上的利益冲突非常明显，每一个人、每一个集团都有他的利益诉求。所以在这种情况下，为了追求局部利益最大化很可能会导致城市失控，导致"城市病"，比如功能不合理、缺乏公共空间、过度的商业空间开发、过高密度强度的建设等。从这个意义上讲，我们需要自上而下的力量来进行适当的控制，最重要的表现标志就是城市规划，先有总体规划，再有不断地发展。

但是这种纯粹自上而下的做法会极大程度地限制城市活力，我刚才讲城市活力是自下而上的，所以怎么办呢？

匡晓明
上海同济城市规划设计研究院二所 所长，城市空间与生态规划研究所 所长，华都设计机构 总设计师，《城市中国》杂志 总编，中国城市规划学会城市设计学术委员会 副秘书长

Trialogue
WU Jiang vs ZHANG Ming vs KUANG Xiaoming

首先，在规划层面，应该充分让自上而下的系统得到自下而上声音的补充，也就是我们讲的开放规划、公众参与规划等等，使规划决策过程中不至于完全地自上而下。其次，城市不是在规划完成后就出现的，它需要很多年的建设和发展。在这个过程中，我们需要更多的自下而上的力量进入城市，使城市产生活力。

当然在建设阶段，尤其中国过去二三十年的建设规模非常大、速度非常快，所以这种自下而上的力量难以介入。但是在今天这个新时期，大拆大建和大规模高强度开发已经过去，以增量开发为特点的开发模式渐渐走向"存量建设"。所谓存量建设，就是城市不断提升不断更新的一种模式，在这种模式下，自下而上的力量就有发挥空间了。所以我觉得下一阶段，整个城市，从规划到建设到整个城市管理，应该是自下而上的力量会越来越强。

匡：过去三十年，我们的开发重点在新城，而在新城规划阶段，使用者是缺失的，市长和开发商成为代言人和决策者。而回归城市更新时我们也习惯于这种自上而下的开发思路。一般而言，自上而下更新主要包括政府主导更新、政府与开发商共同协商的更新方式。受过去计划经济影响，我们习惯于在旧城和建筑更新中发挥主导作用，其中也不乏成功案例，如上海新天地、成都宽窄巷子等。自上而下更新通常经过统一规划、设计、建设、运营，具有易操作的特点。但一次性投入较大，更新受众主体包括原产权所有者或使用者的需求缺失，面临搬迁的可能较大，对区域文脉延续、社会结构重构可能造成部分影响。其背后驱动力主要来源于对城市民生和建筑风貌的关注，对城市运营和管理的需求，同时兼顾市场利益，但较少考虑更新受众主体需求。

自下而上的形式主要有个人更新、利益共同体更新等形式，是一种顺应市场经济发展、自发生长式的更新方式，例如上海田子坊等。自下而上更新的利益博弈参与方较复杂，需要多方面协调，同时受到投资规模等限制，是小规模渐进式的更新方式。但一般可以就地逐步解决更新受众主体的生活、工作和利益需求，不改变产权所有权和使用权，同时可兼顾对城市活力和风貌的延续，还有机会带来一定的市场效益。自下而上更新模式的驱动力主要源于更新受众主体需求与市场利益驱动。

H+A：当下，建筑设计行业是否面临着一些机遇和挑战？

伍：是的。我觉得机遇和挑战并存，所谓挑战是说，跟前面那种快速发展、高强度开发建设相比，建筑设计市场会大幅度下降，因为量没有了。但是另一方面，新的机遇会伴随而来。第一，使得我们的建筑设计能够更多地花精力在精细化上，在提高建筑设计的品质上，而不再是在量上。给建筑师慢的速度会给建筑师更多的机会去追求精品。第二，使得建筑设计有更多的空间去研究既有建筑的更新改造，过去在快速发展时大家都不关注这些。最近一两年，我们在建筑设计的学术圈里、在出版物上，都有越来越多关于历史建筑保护与既有建筑更新的话题，这是一个趋势。

匡：随着土地利用遭遇"天花板"，以北上广深等为代表的一线城市在建设上必须摆脱原来规模扩张和"大拆大建"的方式，通过存量建筑的更新提升环境品质和发展内涵。大量的存量建筑在安全、节能及使用功能方面都已不能满足现代人居需求，成为城市建设的顽疾。城市中心城区地段的位置散落着诸多的如运营不佳的旧大楼、破败的老住宅、禁止拆迁也难以利用的历史建筑、零碎混乱的公共空间等，在大拆大建时代少有人会注意到它们，而房地产新增土地供应的减少和开发利润不断下降让它们变成行业发展方向的新可能。据统计，目前中国的存量建筑已经达到 500 亿 m^2，其中数量巨大的既有建筑需要更新，对于建筑师来说无疑是一个巨大的机遇。

机遇与挑战并存，设计师在既有建筑更新项目中面临的挑战也是倍增的。设计难度加大，在既有建筑框架下，如何满足新的使用功能、新的设计规范等要求，尤其是历史遗存建筑的更新，对设计师的设计水平要求进一步提高。另外，利益相关群体复杂，既有建筑改造回归了为市民服务的本质，针对业主、开发商、政府的复杂且各有侧重的述求，需要设计师有较好的沟通协调能力和利益平衡能力。设计周期拉长，设计程序也很复杂，需要多阶段的公众参与程序。

对于既有建筑的更新，或许是建筑业又一个黄金十年。

关于建筑更新的设计观念与建筑技术

H+A: 建筑更新是一个动态过程，一个建筑物可能会经历几次更新的情况。对于这一特点，您有何看法？

伍："城市更新"这个词在内涵上并不完善，有待于我们不断去丰富，因为"更新"很容易让人想到要把一个旧的东西变成新的东西。这个词最早来自西方，叫 urban renewal，即通过设计和建设行为，让一个旧的城市变成新的城市。这是几十年前的概念了。随着发展，实际上现在西方的城市更新概念有了很大的变化，现在很少有国家在用 urban renewal 来说城市更新行为，更多的是用另外两个词，一个叫 urban regeneration，即"城市再生"。城市是个生命体，一旦产生后，就有自我循环、自我再生、自我塑造、自我新陈代谢的机制，这个机制实际上给城市带来了生生不息的生命。一个城市产生以后几百年几千年都不会消失，但是它自己会不断地变化，这个变化就像人的生命，不断有新陈代谢，所以西方很多人用 urban regeneration 这个词。但是这个词也有局限，它希望的是城市能够一代一代生生不息，就像生命体。但是城市和人的生命还不太一样，有很多历史传承的东西，不希望随着城市生命消失而消失，不希望随着城市更新而消失，如此我们才有机会看到数千年前的历史文物。所以西方开始用另一个词 urban revitalization，即"城市激活"。城市随着发展有一部分生命力不强了，城市变旧变破不只是物质的破旧，而是里面的生活动力没有了。西方用 urban revitalization 就是想通过一个人为的行为去激发它激活它。Revitalization 原意是激活，香港台湾翻译成"活化"，我很喜欢这个词。我觉得对于中文的"城市更新"概念，它的内涵需要不断丰富，不断地把新的思考放进去，而不能把城市更新理解成简单的 urban renewal。

H+A: 对于建筑的激活，应该怎样进行？

伍：建筑也一样。建筑物是人造的物质体，它要消耗大量的资源和人力物力，我们希望在这么大消耗之下产生的产品，它的寿命越长越好，如此就意味着我们消耗能源越小，就意味着更多的能源节约与绿色环保。随着时间推移，一些建筑物的使用功能会改变，这时最简单的态度就是把建筑拆掉，按新的需求再造新的房子。但是更加理性的态度是，通过人为的改造行为，让这个建筑不消失，同时让它的功能得到新生，也就是我刚才讲的"城市活化"。"城市活化"是由一个一个"建筑活化"组成的，所以建筑也需要活化。

过去认为建筑的形式，也就是我们看到的物质躯壳，和里面的使用功能是对应的，叫作形式服从功能，有什么样的功能就有什么样的形式。现在看来这个概念是错误的。形式和功能固然有关系，但如果把二者理解成一一对应的话，当功能改变时就意味着这个建筑没有存在价值了，就意味着城市应该不断地拆，因为功能一直在变。实际上我们会发现，每一栋建筑最初的设计功能和后来使用的功能，不是经过很多年的使用才改变，有的今天造明天就变了。因此，建筑的空间形式和功能并非一一对应的关系，比如原先的住宅变为了新天地商业区，工厂变为了创意工坊。因此我们讲的城市建筑更新，就意味着通过设计、工程这样的专业行为，通过适当的介入和改造，在保持原有建筑主体还继续存在的前提下，让它适应新的功能。这些将来会成为建筑设计领域的主流。事实上我们看到，在西方国家，很多存在了几百年的古建筑今天依然发挥着非常现代化的功能。

H+A: 改变过程中，有什么原则是应该要遵循的？

伍：有三个方面。首先，毫无疑问，是按照新的使用功能要求才产生了改变这个原有建筑的动力，一定会考虑到新的改造行为要符合新的使用需求。其次，它是一个既有的建筑，不能完全单向地从使用需求角度出发，去衡量怎么设计，还得考虑怎么能够最小限度地改变原来的东西。为什么要最小限度？因为改变的越多，就意味着拆除的越多，增加的资源越多。可持续发展理论是要以最小的投入、最少的资源投入，使其适应今天新的需求。第三，建筑自从建成起，就带有一定的历史文化信号，当然每一个建筑的历史文化价值不一样。当历史文化价值较大时，它就成为一个历史文化遗产，要得到保护。此时，新功能和原来建筑对象产生矛盾时，就应该宁愿牺牲使用功能需求，而以保护原建筑为主。还有一些建筑的历史文化信息并不强大但多少也有，所以我们不希望拆除，就应在其中找平衡，能够尽可能满足新的使用要求，同时尽可能多地把原先的历史文化信息保留下来，这也是绝大多数的情况。还有的则相反，建筑基本没有什么历史文化信息，但是建筑结构还蛮结实，空间也不错，新的功能可以进去，此时需要做较大的改动，那也没有关系，因为再大的改动，也比拆了造新的消耗资源少。所以，既有建筑的更新有一个适应性的问题，对于不同的建筑状况会有不同应对。

H+A：上海的建筑更新是否有其特殊性？

伍： 上海最大的特殊性，就是这个城市比较早地意识到城市不能再继续无限地拓展下去，上海在全国第一个提出把城市建设发展模式从增量发展转向存量发展。此外，上海有非常特殊的历史文化，我们现在看到的绝大部分既有建筑，要么是最近一百五十年以来近代的，要么是改革开放以后的。整个城市建筑寿命不长，不像在北京、西安可以找到几百、上千年前的建筑，所以上海既有的建筑与城市空间，更容易掌握对于新的功能需求的适应性。还有个特点，在过去几十年的改革开放与快速发展中，和中国很多城市不太一样，上海没有走一条完全拆旧建新的道路。上海是一个很有魅力的城市，一方面有巨量的建设行为，陆家嘴有很多高楼大厦，但同时上海并没有让旧的城市空间完全消失，我们有历史风貌区，有那么多的历史建筑，有很多的街区还保留着五十、一百年前的样子，这是上海非常大的一个文化特点。就是这种混合性，使得今天我们讲城市更新时更容易让其中的居民市民理解这种新旧融合的需求。

H+A：可否介绍一些您所赞赏的案例？

伍： 上海有很多很好的例子。最好的例子就是外滩，得到了很好的更新。二十年前看外滩，经过新中国成立后几十年的风风雨雨，建筑变得一片漆黑，里面拥挤不堪，充斥各种各样的办公机构，甚至居民。经过这些年的更新，功能得到很好的置换，现在外滩再一次显示了它的建筑艺术的魅力，也成为当今上海最高档的城市公共商业空间的标志。再比如说工业区、工厂的再利用，工厂不再生产，拆掉造高楼也是一种做法，但这样一方面断绝了上海作为近代工业城市的历史脉络，另一方面也太浪费，那么大空间那么多建筑就这么拆掉了不应该。上海在全国最早利用工业空间转换为新的商业空间，特别是带有艺术创意性质的商业空间，非常成功。我们有 M50、红坊等很多很多好的例子。第三个，也是最难的，上海很多石库门建筑，比起外滩的高楼大厦，比起工业建筑，它不结实，一推就倒，非常破旧。要继续使用，并且按照新的使用要求改造，难度就很大。但不乏成功的例子，像新天地、田子坊等，上海还能找到很多例子。上海各种各样的城市更新先例都给我们很大的启发。我们过去把城市改造更新看成是一个很大的技术难题，但是今天这些例子告诉我们，没有问题，只要思想理念对了，不管是建筑品质很好的、质量很结实的，还是相对破败的，都可以经过适当改造成为适应新的功能需求的有魅力的城市空间。

匡： 当下，中国城市转型发展需求十分紧迫，上海 2040 规划中提出建设用地零增长，更是走在了城市更新的前列，靠大规模建设的城市宏大叙事基本结束，需要更新、修补城市空间、提升城市能级的方法。我认为武康路的保护性综合整治和我们团队参与的静安区彭浦镇美丽家园建设是两个有意义的项目。

上海武康路的更新是近年非常成功的城市更新案例，武康路保护规划编制和保护性综合整治项目规模小，但是综合了精细化城市规划管理、建筑更新、居民参与、高档化与社区化平衡等多重城市更新命题，是一个多部门协同、精细化城市与建筑更新的实践探索。

武康路案例的意义在于采用了一种新的规划管理模式，将不属于传统规划管理范畴的内容都整合为规划管理要素，制定了多个部门共享的管理导则文件，又通过总规划师制度和部门联系会议制度确保了这个公用管理平台有效。

从 2015 年 7 月至今，我们团队受邀参与了上海市闸北区（现静安、闸北两区已合并）美丽家园建设，并作为设计负责方，承担了区下辖的彭浦镇 2015 年美丽家园建设 20 多个住宅小区美丽家园实施方案的编制，并指导完成其实施建设。与此同时，我们正在开展区内其他街道美丽家园实施方案编制，以及正在开展全区层面美丽家园建设实施评估的相关研究和工作。

此次美丽家园建设，其实也是上海在城市转型发展过程中，城市居住空间从增量扩张转为存量提升的一次城市更新实践和探索，重点围绕如何解决或缓解中心城内老旧住宅小区存在的小区安全问题、基础设施老旧、空间环境欠佳、停车矛盾突出等"急、难、愁"问题，上海在先行先试。我们通过前期的调研分析和问题总结，围绕"安全维护、交通组织、环境改善、建筑修缮"四个方面入手，对住宅小区进行渐进式的微更新和环境提升。

美丽家园建设仅仅只是一个开始，随着时间的推移，我想上海中心城区大量的存量住宅区都将面临这样的微更新和改造，对于我们传统规划师和建筑师而言既是新的机遇，更是一次新的挑战。

H+A：更新中，如何考虑能耗、热工性能这些技术问题？

伍：对，这也是很有意思。第一，原来的建筑都破旧了，在技术上首先要做的就是加固。既有建筑最初建造时的结构强度和安全性能不一定符合现在的需求，必须要按照国家对不同使用功能的不同规范、安全、承载力要求进行检测，做相应加固。第二，这些旧建筑，它的很多物理性能随着时间推移会越来越差。有些的物理性能曾经很好，比如像汇丰银行大楼这些外滩建筑，是全中国最早全空调的，但是时间长了以后设施变陈旧了，所以要更新。还有很多建筑当年建的时候就没有很好的物理性能，比如石库门建筑，今天就需要把新的节能环保技术用进去。所以在既有建筑更新改造过程中，要让既有建筑经过技术改造后能够延年益寿，提高强度，继续使用。第三，经过我们的介入以后要提高建筑的物理性能，使其有更好的绿色环保节能条件。我们在很多项目中都在推动，比如同济大学文远楼，是二十世纪五十年代初的现代建筑，也是上海的优秀历史建筑，改造时尝试把一些最新的热工技术用进去，使它冬天有更好的保暖性能，夏天有更好的隔热性能，还尝试用一些新的空调技术，比如说地源热泵，通过地下温度来调节地上温度，这样可以节约很多电费，这些都是非常好的探索。我也希望将来上海更多的既有建筑，能用这种思路去改造。

匡：建筑更新中，必须重新考虑建筑能耗、建筑热工性能等，使改造后的建筑符合现行的绿色建筑标准。绿色建筑是对环境、对未来应该负有的责任，也能够提高建筑室内的舒适性。在经济成本方面，初期投入的增加与运营过程能耗降低的成本节省逐步可以达到平衡。具体的技术有增加内保温、增加外保温、更换节能型外窗，改用更高效节能的暖通空调系统等。

外墙外保温技术是目前最适宜我国用于既有建筑节能改造的一种技术形式，与内保温相比，外墙保温具有无须室内人员搬迁、不影响室内住户的工作生活的优势，还可以保护外墙结构、延长建筑寿命、造价相对较低、基本消除热桥影响、改善外墙受潮情况。

对于文物建筑或其他有历史价值的建筑，处于原真性保护的要求，对建筑外立面的材料、尺度有很高的要求，不适合外墙外保温做法，应采用内保温做法，同济大学的文远楼改造就采用了这种内保温做法，采用了具有较高热阻和热稳定性的保温材料，利用材料良好的热工性能，满足规定的节能标准，同时采用复合的方法。

除了墙体节能改造外，通过玻璃门窗损失的能量在建筑能耗中达到大约40%。2012年10月住建部节能与科技司出台了《夏热冬冷地区既有居住建筑节能改造技术导则》试行版中规定节能改造的顺序依次为：外窗改造、遮阳改造、屋面改造、外墙改造、其他改造，表明了对门窗改造的重视。

关于建筑更新的未来展望

H+A：当下我国在既有建筑更新方面，处于怎样的历史阶段？

伍：党中央提出新型城镇化，这次全国城市工作会议也提出城市建设工作的转型。所说的新型或转型，指的就是改变模式。改革开放以来，我们的城市发展成就令全世界瞩目，同时也带来很大问题，曾经的发展模式和理念都是重视新的，漠视旧的。如果没有社会上对文物保护、文化保护的呼声，大家的价值取向都是拆旧造新，所以我们的城市都是扩展型的，不断造新楼。对于既有建筑，大家既看不到文化价值，也看不到实用价值。有人会说，修一个老房子比造一个新房子还要贵，为什么要修老房子？他说的贵指的是钱而不是指消耗的资源。更重要的不是节约钱而是节约资源，用更多的钱来节约更多的资源，这是值得的。因为资源是有限的，涉及子孙后代能否持续发展。整个中国对于既有建筑再利用这个观念是很近期才开始逐渐形成的，到现在也没有成为大多数人的共识。目前阶段中央提出转型，就是要我们从上到下，利用各种机会，去提升全社会对既有建筑再利用的意识。大家要知道，第一，既有建筑再利用，是可持续发展必然的一个需求，是一个正确的价值观；第二，在现实中，在实践中，不论有怎样的技术困难或经济利益，如果我们能尽可能地延长建筑寿命，使其得到更多利用，都应该尽可能地这样去做。这些观念一定要成为全社会的共识。

匡：一直以来，我国处于快速城镇化阶段，城镇建设以增量建设为主，建筑设计也以新建建筑为主。直到最近几年，城镇建设才逐步转移到存量更新上来。因此既有建筑更新工作对从事古建筑保护工作的我们大多数规划师和建筑师来说还是一个比较崭新的课题，这方面的工作可以说处于初级阶段，与国外发达国家，如意大利、法国、英国等数十年甚至上百年的建筑更新历史经验相比有较大的差距。

H+A：下一阶段建筑更新会在哪些方面有突破？

伍：有很多突破，其中一个是在决策层面，自上而下的突破。我们党中央的观念已经改变了，有了新型城镇化的发展战略，但是从整个权力层面，我们的政府官员未见得都有这种理念。大家还是把建筑看成是一件衣服，不暖和、不好看了就换。城市、建筑不允许我们花这么大资源去这么一次次地更换。老话说"新三年，旧三年，缝缝补补又三年"，这种观念对于穿衣服也许太苛刻了，但是对于城市建筑更新是一个好的理念。城市可以不断地经过修缮和改造，而不是拆建，使其不断地适应新的功能需要。和衣服不同，建筑随着时间推移，它的破旧程度会随着改造更新放缓速度，但同时它的文化价值会不断提高，这时文化价值会逐步取代它的物理价值。如同一只杯子，一千年后就不能再用了，不能再用了就把它砸碎吗？不是的，应该放到博物馆里，因为它的价值太高了，建筑也一样。

匡：我觉得需要关注两大方面：一个是"急需保护"的建筑。中国历史源远流长，三千多年的城市文明史给我们留下了数不清的历史建筑。但由于中国建筑以木结构为主，大多难以长时间保留，需要找到合适的保护更新理念和技术方法来传承历史和文化。这方面有比较丰富的理论基础和实践经验，有机会取得突破和进展。另一个是"急需改善"的建筑。改革开放三十多年来，在城镇建设方面我们创造了一个又一个奇迹，也留下了大片大片的城镇旧区。现在这些旧区建筑在空间、环境、功能方面已经难以满足城镇居民的工作、生活、休闲需求，迫切需要进行大规模更新改造。结合政府提出的新型城镇化的要求，对这些存量建筑进行更新改造既有上层意图，又有下层需求，是规划师和建筑师新的主战场。因此也有望在这个方面取得大的突破和进展。

H+A：能否谈谈您个人或您所在的机构，未来在建筑更新领域的发展计划？

伍：谈不上是工作计划。我就是想利用我的一己之力，不断地呼吁，通过我们的社会影响让更多的人接受这样一个观念。同时我们是教育工作者，在学校里，我们教的是城市史、建筑史，学生们走上工作岗位后，是有机会参与城市建设，是有机会去干预城市变化的。希望通过我们的教育，能让我们的学生有一个比较正确的思想理念，他们将来对城市的影响就会更加健康。我想我能做的事情主要是这些。

同济大学十多年以前，就在全国第一个成立了历史建筑保护工程专业，到现在也是全国少数几个拥有该专业的高校之一。同济大学较早地意识到历史建筑保护是一件非常重要的事。很多既有建筑因为历史原因、各种各样现实原因不得不挪开，这时是拆掉还是挪开保存他处？当然是能不挪就不挪，如果非拆不可，宁愿把它挪一挪，不要拆掉。同济大学有一个建筑移位技术中心，这个中心也说明我们在技术上，能够使得城市在得到持续发展方面有更多的技术保障。

但是我觉得更多的可能不是机构，更多的还是要通过我们的教育，让我们的知识体系、让我们学生的思想观念、让我们将来的专业工作者有一个正确的价值取向。

匡：背靠同济大学，我们团队已经参与了很多历史文化街区、城市旧城街区更新的项目。未来，我们将重点发挥在街区更新方面的优势。我们是一个规划、建筑、景观一体化组合的团队，具有街区更新改造方面的整体协同优势，同时结合同济大学强大的城市更新专业综合性研究群体。对于公共空间的更新，需要景观环境的提升，通过铺装、绿化、街具的设计提升环境品质；对于建筑的更新，要通过功能提升来赋予建筑新的功能与生命，物质上修旧如旧，同时要符合新的绿色建筑标准；对于规划层面的更新，策划与规划、活力与更新的有机融合是未来的方向；对于生态绿色，我们已经完成了新城、新建社区的生态附加图则研究，未来，在老城中也要探索生态附加图则，加强技术落实与管控，将绿色融进老城区更新中。

从研究到实践

徐洁（以下简称"徐"）：可否谈谈您的专业历程和发展阶段？

章明（以下简称"章"）： 20 世纪 60 年代，我从南京工学院（今东南大学）毕业后来到华东院，因为是研究生毕业，被派在研究室编写"三史"。跟着两位老工程师，负责调查近代历史建筑和工业建筑，陈从周先生负责古建筑。调查工作持续了两年，从 1960 年到 1961 年，当时收获了很多很好的资料，工作量也很大。然后把这些资料送到北京，那时北京正对全国的保护建筑进行普查，正值解放十年。

徐：相当于国家在重新盘点城市的历史和资源，是国家、学术机构对历史建筑、对文化的一种尊重。

章： 是的。"三史"调查结束后，我就转到了民用院。之前在华东院主要是调查拍照、档案整理，打下这些基础后到民用院继续整理制图，后来做成图集。我们在 60 年代做过一本关于新中国成立前上海公寓的图册，调查得很详细，那些公寓布置很灵活、舒适又有多样性，现在一些风貌都不一样了。陈从周先生和我编写的《上海近代建筑史稿》其实在 60 年代初就做好了，"文革"时藏了起来，到 1985 年才出版。

"文革"时，因为我们调查研究的都是公寓，这些被说成是资产阶级的东西，就停止调研了。然后就一直做实践，直到退休。

徐：前一阶段是调查研究、整理资料，后来就有机会做城市更新、历史建筑保护方面的实践了。

章： 在民用院学习积累了很多东西，做过组长、小组长、副主任、主任工程师、主任、副总，五十二岁当总工时开始做虹桥开发区，那时接触学习到很多新的东西，除了建筑工程还做规划，我和同事骑着自行车去虹桥看现场。再后来也去国外考察，学习怎么和外国人谈判。退休后院里叫我来做汇丰银行，学到了很多东西。

做汇丰银行时，北京已经开始有独立事务所了。当时汇丰银行的项目负责人建议我开业，考虑一番后就在 2000 年成立了公司，直到现在（访谈结束后，章总趣谈说公司的 logo 就是把建筑保护起来）。

三个房子

1）汇丰银行：原状恢复，向历史学习

徐：在设计观念和技术方面，当时大陆和境外有什么不同？

章： 汇丰银行（现为浦东发展银行，中山东一路 12 号）的项目负责人是谢君敏，思想比较开放，他要求请修缮卢浮宫、白金汉宫的国际工程师来开会、讨论、做方案，我就一直在学。最后是美国建筑师张国言总负责，民用院画施工图和结构加固，谢君敏最后还要求一定请修缮白金汉宫的英国建筑师做张国言的顾问。张国言的助手们在现场用英文把柱子等信息记录下来，为原样恢复做准备。

徐：当时西方的观念是原样恢复吗？

章： 是的。整修时发现有一根柱子风化了，因为柱子里面一根厕所的铸铁管烂了。但是没有拆除，而是进行修补，把脚手架搭好，厕所搬掉，烂的管子拆掉，用箍把柱子箍好。箍是很细的钢条，颜色和石头一样，修好后完全是原来的样子。

恢复彩画也花了很多时间。"文革"时要毁掉彩画，陈植说还是遮起来吧，工人就用纸筋灰封涂，封得很厚。修缮时我们知道里面有东西，但不知道是什么，拆开后非常惊喜。如果请外国人清洗需要一笔高昂的费用，工人就自己想办法，用小凿子凿，凿到最后一层用进口药水洗，洗出来这么漂亮！

大厅里有 4 根实心的大理石柱，卢浮宫只有 2 根，很珍贵。怎么修大理石柱，我们也没经验，谢君敏很重视，说请外国人修。各家做法都不同，有的说磨，有的说洗。我们担心洗的话，时间长了后

↑ 原汇丰银行大堂

药水会产生副作用，决定还是用磨。一根柱子一个人，用极其薄的片沾肥皂水擦拭表面，现在类似的修缮都是这样做了。就是这样，所有东西都是原样恢复。

徐：在汇丰银行设计过程中有很多惊人的发现吗？

章：是的。当时我带着院里的同事把汇丰银行的一套建筑图纸画了下来，有很多发现。汇丰的地下室用的是结构翻梁，踏步可以走上去，再下到隔壁的地下室，每一腔底部的四个角上都有很小的洞，地面有凹槽，所以没有积水，很干净，很难得，外滩这边的旧建筑一般都会有积水。历史建筑的保护和再利用，很多时候是在向历史学习。

汇丰有地下管道设备，轮船停在黄浦江边，燃油直接从轮船上通过地下管道输入锅炉房，上海仅此一例。外滩很多房子顶层原来是董事长住的，都有厨房和天窗，每间房间都有壁炉，后来拆掉很多，非常可惜。

2）上海音乐厅：从功能出发，修旧如旧

徐：上海音乐厅设计有哪些不同的观念？

章：建筑原先是电影院，只有 2 700m²，不满足音乐厅的使用需要。后来加了 10 000m²，地上、地下都加了很多面积，包括舞台、进出大堂等。西面加了 8m 宽的通道用作疏散；北立面往后退了一点，风格还是倾向新古典主义，略有简化；东面因为要对外开放，做了 5 根柱子。都是从功能需要出发去思考，解决功能问题。

徐：如何对待"旧"的材料？

章：老建筑外立面上的砖洗干净后是米黄色的，现状呈现出的是花颜色。假如恢复米黄色，大家都不认识这个建筑了，所以决定保留砖墙的现状，保留建筑的时间感。当时请宜兴的蒋国兴分析砖的颜色，建筑使用有 80 多年了，分析下来有八种颜色。为了便于加工，我就挑了 3 种颜色，深、淡、中间色。远看墙面，新旧砖是融合的，解决了新老结合的问题。

门厅里最珍贵的是大理石楼梯，本来楼梯对着一尊女神雕塑，如果有历史照片的话，我们就可以恢复，可惜没有照片了。门厅旁边是卖票窗口，这些基本都保留着。

演出大厅的天顶是水泥石膏混凝土的，是用水泥和纸筋灰粘的，像钢丝网一样吊着。这个建筑内声音效果好就好在天顶很硬，可以反射声音，鞋盒式的体型也很好。我们不敢动天顶，但是需要加固。每隔 1m 距离穿钢丝，吊着顶，在原来的木杆旁边加钢梁，把重量转换到钢梁上，这样原来的结构和形式都保留了。所以顶还是老的，声音就好在这里。

↑ 上海音乐厅北厅

3）马勒公馆：现场调查，摸清资料

徐：和大型公共建筑相比，有哪些不同？

章：修马勒公馆时，我们只有一张总图，建筑图都没有，就是在这样的条件下照原样修复的。前面部分都是保护建筑，后面有一些仓库，不是保护建筑。前面房子的阳台在新中国成立前被封掉了，这些肯定要拆掉。

建筑外立面整修需要用到原来的砖，我在现场调查时发现花园小路的铺砖，翻过来就是外墙砖。小路很多，就把这些路砖收集起来洗干净，一部分用来补前面保护建筑外墙已破坏的部分，一部分用在围墙。此外还补了一些黄色的彩色玻璃，结构也进行了加固。

在现场还发现建筑屋面上的鱼鳞板不是一块块拼接的，而是用一整块软的锌板刻出来的，所以后来整修也是用刻的方法。后来修圣三一堂，我建议也用这种锌板，防水好又软，可以根据体型弯折。

徐：现场调查很重要。

章：一定要调查，先摸清楚资料，再到现场调查，这是顶顶重要的。修大光明电影院时，我们查资料发现建筑有不同的建造时序，里面有些东西就不敢动了。还有一些区域的保护更新，也要调查清楚资料，因为年代层层叠叠，各时期的面貌都混杂在一起，要通过调查资料梳理出线索。

结构，技术，工艺

1）安全最重要

徐：技术方面，您感触比较深的是什么？

章： 做音乐厅时，完全从功能出发，满足使用需要，在地下做了职工食堂、储藏空间和排练厅。当时有一个思想，就是安全最要紧。我设计了很宽的地下通道可通到地下车库，看戏可以从车库进来。还做了疏散楼梯，一直通到室外，这样就放心了。老房子，尤其公共建筑，面对新的使用功能，要确保安全，满足疏散要求。

刚成立公司时，做工程很方便，因为公司里的老同事都懂结构，现场一看就解决问题了。无论是老建筑还是古建筑，结构理论都是通的。现在年轻人在这方面会弱一些，学校里专业分得太细了，要重视对结构、构造的教育。

徐：所以历史建筑保护是一个综合的问题。

章： 是综合的，其中结构安全是最重要的。现在结构安全都以三十、五十年为限，实际上房子多数都使用一百年了，使用的人和相应的功能也都会有很多变化。相关规定上说三类保护、二类保护的建筑原结构体系不能动，对此我一直有疑问。比如上海的中国大戏院，其实里面结构很差，都是木结构、砖木结构，因为属于三类保护，结构体系就不能动。现在技术人员是终身制，对结构安全是要承担责任的。后来经专家多轮讨论，为了疏散、结构安全和视线功能要求，内部结构改为了钢筋混凝土结构，并对基础进行加固并打桩。

2）砖木结构建筑整修前先要结构检测

徐：旧建筑改造有哪些需要注意的事项？

章： 洋房买卖多起来了。有位业主买了一栋洋房后关着八九年没用，这样关着闷着只有不好，损坏更多。洋房一直有人用不会有问题，若是混凝土建筑也没关系，但是木头受气候条件变化、潮湿空气、水蒸气影响会变化收缩腐烂，还有野猫、跳蚤等的影响。所以整修砖木结构的洋房一定要先检测，不检测不能修。根据检测结论，确定整修方案，要加固的就应加固。

3）结合时代需求，运用新技术

徐：旧建筑的改造如何应对新的生活需求？

章： 我们修过一幢老洋房，地铁经过厨房间地下，客厅振动很响，我们把下面基础脱换到新的基础上，新的基础加弹簧进行隔离，声音就没有了。上海音乐厅搬移之后地下也有低频，因为距金陵路对角线只有 10m，也是放弹簧解决了问题，用了 24 只德国进口弹簧。

改造要根据现在的使用需要采用新的技术，这样既有文物自身的历史风格，又符合现在新的技术要求，文化价值结合高科技，整体价值就更高了。国外有些改造项目，外观是很旧的，但是很干净、整洁，里面都是很现代化的。所以要跟时代结合，运用新技术，符合当下的使用需求。

4）传统工艺

徐：如何保留传统建筑工艺？

章： 老师傅曾说过，上海很多老房子外立面上的卵石是把石头甩上去的，甩出来的石头墙面是很自然的，粘就不自然了。下面不只是水泥砂浆，里面加了纸筋，纸筋粘得牢，水泥砂浆时间长了会掉下来。最近在修孙中山故居，新粘的石子和边上原来的部分感觉不相配，虽然只有一点点面积，还是要重做。摆得像棋子一样整齐是不行的，虽然工人不会甩石头了，但也要做出那种感觉。

徐：这些传统工艺，或者说非物质文化遗产的传人是否越来越少了？

章： 确实有些脱节了。上海原先很多老房子都是张氏集团修的。我刚从学校出来时，老师傅说整修老建筑应该要画翻样图纸，翻样图纸都很大，画好到现场去看都很准，现在的建筑师一般都只会电脑了。

除了传人，还存在如何选择做法和材料这些观念方面的问题。修圣三一堂时，原来的排水口是外国人做的，没有找到当时的材料，后来业主用的是玻璃钢，颜色一样，但是质感完全不同。有一个老建筑整修把后加的仿石涂料去掉了，但是呈现出"大花脸"的样子，这样是否好，是需要讨论的问题。参观梵蒂冈的教堂时，发现他们花岗石坏了就补一块，直接嵌进去，还留了一条缝，我们则习惯全部做平，不露痕迹。所以还要营造对这些观念的讨论环境。

业主和管理者

徐：业主有哪些特点？

章：有的业主会全交给建筑师处理，我们会对其负责，情况都会对其汇报。有的会干预多一些，修一个老的公共建筑时，我们想把厕所的蹲位改少些，可以更宽适，负责人不同意，做好后确实觉得有些小。修汇丰银行时，业主是比较客观的，很坚定地都听外国设计师、依靠外国设计师，因为我们都没有这方面的经验。

徐：是否会感到一些限制？

章：管理方往往会遵循条条框框的规定，比如一类保护建筑有什么不能动，二类、三类保护建筑有什么不能动，倒是做文物建筑的领导会比较通融。结构安全是很重要的。修上海音乐厅时，建筑有两只老的木扶梯，且是不连通的，疏散不满足现在的标准，结构工程师说移过来，两只连在一起，我说还是全部都做成混凝土的，为今后长远的安全考虑，情愿承担现在这样改的责任。这样做好就放心了。

徐：旧建筑原有的空间、材料和新的使用方式是否存在矛盾？

章：最大的问题是存在使用上的变数。淮海路有两栋洋房，原主人是做营造厂的，用了很好的木料。其中一栋改为饭店，我们提出厨房的木地板必须改为混凝土，房间里的木楼板都很好，不需要动。但是后来使用情况调整了，三层改为咖啡厅，桌子很重，客人还要跳舞，木梁出现扰度变形。就是因为后来的使用方式和原先设定的不一致，出现了一些问题。如果加固的话，可以加钢梁，木楼板隔一段距离用钢梁把荷载借掉。

关于未来

徐：您如何看待上海的历史建筑存量资产优化？

章：未来对城市历史建筑会越来越重视，因为历史相当于城市的基因，传承了城市的文化。可分成两部分看，第一种是城市的公共部分，像上海音乐厅，恢复广场后和延中绿地紧密结合，既增添了绿色，又激活了城市公共空间；第二种其实是城市的一种生活方式，如公寓的保护，这些建筑存量资产的更新发展会让上海更有意思。上海有不少老公寓，都是很考究的房子，用来做办公、做住宅都很好。更新时，专业人员若能帮业主把设备问题、地板维修和保温、电梯更新等都做好，对以后的使用和建筑维护都会更好。

最近参观了上海生物制品研究所（延安西路1262号），业主打算改造后招标租赁。里面面积很大，有老的历史建筑、后造的工厂建筑，有草坪、老树、依然在使用的老游泳池，还有孙科别墅（现为上海生物制品研究所行政办公楼）和美国乡村总会俱乐部的房子。孙科别墅保护得很好，因为一直在用，倒不会坏，只是外立面有点脏，是水泥砂浆粉刷做成的花式墙面，里面原先的木装修和家具也都很好。对孙科别墅，一定要结构检测，有无安全问题。若没有问题，不动也可以，只要洗干净，设备调整，就可以了，呈现出来会很有味道。其他建筑有的要拆，有的要改造，有的要恢复原貌，做好后整片区域一定很受欢迎。上海像这样有价值的老建筑还有很多。

章明女士原是上海建筑设计研究院总建筑师，教授级高级工程师，国家一级注册建筑师，享受国家特殊贡献津贴。1998年退休后首批获准以个人名字命名的私人建筑事务所——上海章明建筑设计事务所有限公司（现名上海章明建筑设计事务所（有限合伙））。

20世纪50年代章明女士毕业于上海同济大学建筑系，南京工学院（现名东南大学）古典建筑研究生。师承杨廷宝、刘敦桢教授。90年代任院总建筑师时负责完成虹桥开发区规划设计和各项工程设计，包括与外方洽谈及合作设计等。荣获上海住宅设计专家称号，荣获上海市十大景观设计大师。1994年又担任上海大剧院副总指挥（技术总负责），1998年又任浦东国际会议中心高级技术顾问。于1961年参加上海市建设委员会建筑三史（古代史、近代史、现代史）编辑工作任组长。并于1985年出版上海近代优秀建筑史稿和上海公寓图集等。曾专研优秀历史建筑的维护和修缮。主持了外滩"浦发银行"（原汇丰银行）、外滩"工商银行"、太原路"工艺美术研究院"、北京路"信息中心"（原医工研究所）、上海音乐厅迁移改建设计等著名大楼的修缮设计。

近年来，章明建筑设计事务所积极完成了优秀历史保护建筑的改造工作，如北京路怀恩堂（基督教堂）、江西路建设大厦、衡山集团马勒别墅饭店（原陕西南路团市委办公楼）和淮海西路1754弄花园住宅改造。这些历史建筑经过修缮改造不仅功能得到了改善，最成功的是在保持原有风格的基础上，使建筑焕发了风采，提高了价值。这种专业设计水平得到国内外一致好评。章明建筑设计事务所以其丰富的经验和优良的服务，在实际工作中传授给有志于此项工作的年青设计师，已得到有关方面的肯定和重视。

注：衡山马勒别墅饭店保护性修缮荣获2007年上海市优秀工程设计一等奖；上海音乐厅平移和修缮项目荣获2007年上海市优秀工程设计一等奖。

三维扫描技术的应用与思考
上海沙美大楼保护修缮工程
Application and Reflection of 3D Scanning Technology
Restoration Project of Shanghai Shamei Building

郑宁 / 文   ZHENG Ning

三维扫描技术早在1990年代末就已被引入我国天津大学等高等院校，并应用于中国传统木构建筑遗产的现状调研的辅助测绘之中，而海量的点云数据及繁杂的后期技术处理，一直是该技术推广的一个瓶颈。近年来，三维扫描技术在近现代建筑遗产保护利用设计中被逐步应用，上海市优秀历史建筑沙美大楼更新中运用了这一技术。沙美大楼位于上海市中心城区，处于黄浦江以西、苏州河以南的上海外滩历史文化风貌区的一般建设控制地带（二级）之中。沙美大楼为上海市优秀历史建筑，属于三类保护级别，是通和洋行在上海外滩地区的早期重要作品之一。其外观华丽气派，室内简洁典雅，装饰细部精彩，塔楼及转角部位是外滩街区天际线的亮丽一笔，是外滩地区20世纪早期带有巴洛克装饰的英国新古典主义风格的代表。该楼见证了外滩近代金融建筑从外资走向民族资本的历程，新中国成立后改为商住功能。目前，该楼总体外观风貌尚存，局部原状已缺失或被改造，现已空置多年，亟待保护，以重焕新生。设计希望经本次保护修缮，整体恢复沙美大楼的历史外观风貌、重做室内装饰、提升品质性能、更新设备设施，将作为创意办公大楼，再现风华。

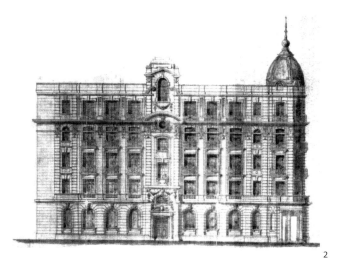

1. 外观修复效果
2. 三维测绘点云图纸和历史图纸的比对（左图：三维测绘南立面图，图片来源：华建集团上海建筑科创中心三维测绘团队；右图：原设计南立面图，图片来源：上海城市建设档案馆存档）

1. 优势和特色

在本工程中，应用三维扫描技术，对沙美大楼的外观及室内进行了全面的扫描测绘，有效推进了沙美大楼的现状调研与历史信息考证进程，在辅助设计层面也起到很大作用。和常规扫描相比，三维扫描技术具有以下三点优势和特色。

1）采集数据全面，实现定量完损分析

如图2所示，左图为完整扫描后的建筑现状南立面点云图纸，非常真实地反映出立面上的各种完损状况，精度可达2mm（即测绘精度）。右图为原设计图纸，直观可见的最突出的区别就是顶部塔楼的缺失。而在点云图纸基础上，可以继续深入绘制立面完损分析图纸，包括材料劣化（如受潮、磨损、锈蚀、变形）、缺损（如剥落、拆除、裂缝）、附加物（植物、设备管线、涂料覆盖、植物覆盖），以及加建、改建和修复添补等。

通常，在常规测绘基础上进行完损分析，一般是基于现状照片进行的定性分析。而在三维扫描的点云图纸上，可以绘制定量且非常直观的完损分析图，分类精确统计每一种损坏情况的面积和占比，进而针对不同种类的损伤情况制定具体的保护修复措施（图3）。

2）现状测量精准，辅助校核房测结果

图3还反映出另一个重要情况，即房屋现状的倾斜率及房屋的精确层高。三维扫描测量结果精准，可以用来辅助校核房屋现状质量检测报告中的相关数据，也可以避免对老建筑的误读。比如，图3中草绿色区域示意的是沙美大楼房屋现状的倾斜率及其与历史原有图纸的层高关系。从中不难发现，该楼西低东高，这与房测报告结果相符。而从第四层开始，每层层高都低于历史原有层高，基本可以推断这是初始建造时的层高，而非由沉降造成。

破损分类 Material deterioration	缺损 Missing parts	附加物 Stick-up	加建 ADDITION	改建 TRANSFORMED	修复添补 REPAIR	沉降 SINKAGE
破损表现						
图例						
3.89%	16.66%	2.84%	7.73%	1.15%	0.15%	-

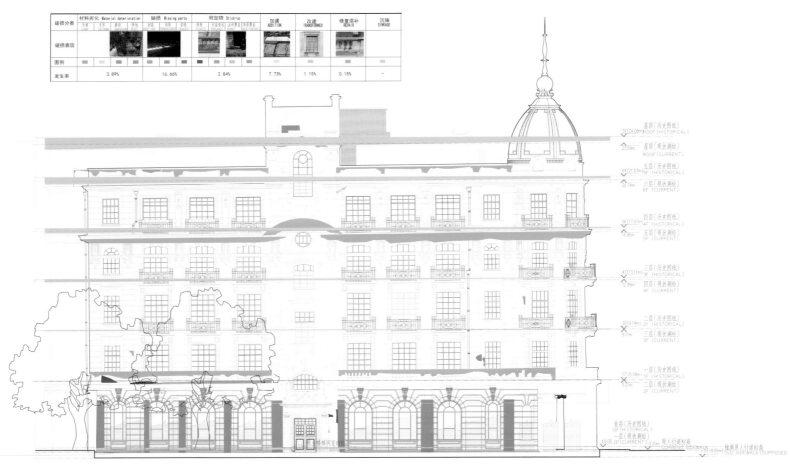

3

3.根据三维测绘点云图纸实测绘制的立面定量完损分析图（图片来源：设计团队绘制）

4.实景软件中的测量精度，可以达到测绘精度（图片来源：TruView截图）

5.实景可以按需转换视角（图片来源：TruView截图）

6.三维测绘扫描可以忠实记录、直观展现空间与材质等现状各种信息（图片来源：TruView截图）

7.总平面示意图

项目名称：上海市北京东路190号沙美大楼修缮工程

建设单位：同立投资咨询（上海）有限公司

建设地点：上海市北京东路190号

建筑类型：创意办公，优秀历史建筑保护利用

设计：2013—2015

总建筑面积：3 662.41m²

建筑高度/层数：23.8m/主体5层、局部6层

设计单位：华建集团华东历史建筑保护设计院

合作单位：GDS建筑事务所（室内装饰概念方案）

项目团队：卓刚峰、郑宁、江天一、吴欢瑜、沈忠贤、陈祖彪、陈琦顼、董洪伦

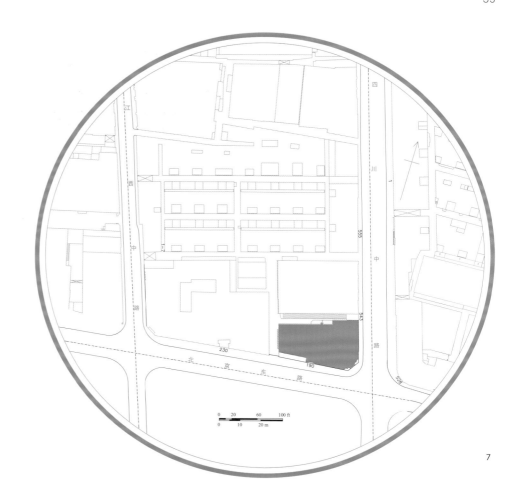

7

3）三维实景生成，远程辅助设计

在建筑遗产保护利用测绘中，常规测绘图纸的一大通病就是"不够准确"，这导致图纸误差过大、设计师不得不频频赴现场补测小尺寸，对于位于高处的外立面细节，更是有心无力，通常直到外墙脚手架搭好后，才有机会补测外立面的细部尺寸。而三维扫描则解决了这一难题，可以一次到位，避免测量误差和设计返工。

三维扫描有一个附加软件叫"实景"（TruView），如图4~图6所示，在"实景"软件窗口中，可以通过点击观测点图标，进入场景中的某一点。每一个观测点中的场景由置于该处的仪器进行360°景象的扫描。在打开的场景中，可以任意缩放、拖动转换视角，并量取尺寸，量取精度取决于测绘精度，每一个场景的切换也非常便捷。总体而言，"实景"软件不仅有演示三维虚拟场景的作用，更重要的是可以辅助设计师进行远程设计，大大节约了设计师的时间成本，提高效率，非常值得推荐。

2.推广与建议

结合沙美大楼的实际应用经验，笔者就三维扫描技术在建筑遗产保护利用设计领域的应用推广有以下五点不成熟的建议，供各位同行和业主参考。

（1）对仍在使用中的建筑，建议先进行外观三维测绘扫描。对已经处于空置状态、室内已经清理完毕杂物的建筑，建议进行外观和室内三维测绘扫描。使用中的建筑，其室内吊顶内的隐蔽部位、可移动的家具、凌乱的管线等都会影响扫描效果，而空置清理后的建筑，则比较能够体现建筑现状的全貌。

（2）建议对扫描精度进行适当区分，按需扫描。对外立面细节较少的建筑，选择精度较低的扫描模式，比如5mm~10mm，而对装饰精美的细部，选择精度较高的扫描模式，比如2mm。这有利于降低整体模型的数据量，详略得当，提高工作效率和电脑运行速度。

（3）建议对保护修缮利用设计前后的老建筑分别做一次三维扫描。在保护工程开始前的三维扫描，目的是记录老建筑的现状、进行完损分析、绘制现状测绘图纸，辅助设计。而竣工后的三维扫描，则是为了记录老建筑保护修缮设计施工的成果，留存建筑遗产的信息档案，直观地进行老建筑的今昔对照。

（4）三维测绘扫描主要包括外业和内业，外业包括三维整体扫描和细部扫描，内业包括细部后期处理、三维点云数据处理、CAD图形处理及三维建模等。建议由具备建筑遗产保护工作经验的设计师对三维测绘扫描的内业处理进行督导，这有利于点云信息采集后的有效整理，避免掺杂冗余信息，或删减数据不当。

（5）建议三维测绘成果与BIM辅助设计施工相结合。可以说，三维测绘是BIM辅助建筑遗产保护利用设计施工的一大前提，据此建构的三维模型可以直接作为BIM辅助设计施工的基础。

作者简介

郑宁，女，华建集团华东历史建筑保护设计院 城市更新设计部 主任，天津大学工学博士，国家一级注册建筑师

王凯，刘翀，汤昱泽 / 文　WANG Kai, LIU Chong, TANG Yuze

历史保护建筑全生命周期平台
上海工部局大楼保护性综合改造项目

Full Lifecycle Platform of Protective Historical Building
The Building of Shanghai Municipal Council Comprehensive Restoration Project

正门 江西中路汉口路拍摄

东立面 江西中路拍摄

北立面 汉口路拍摄

江西中路福州路拍摄

1.上海工部局大楼历史图片
2.历史建筑构件数据库，对重要构建赋予材质、历史等构造信息

文章追溯了上海工部局的历史沿革和保护性综合改造的背景，指出BIM与互联网是当前历史保护建筑更新工作的新途径，通过建立历史保护建筑全生命周期平台，在征收阶段和项目前期进行实践应用，取得了良好的效果。

1.史源与传承

上海工部局大楼位于汉口路、九江路西南转角，汉口路 193 号。它是旧时上海公共租界的最高行政管理机构。1854 年 7 月 11 日，由英国领事阿礼国、法国代理领事爱棠、美国领事马辉召集三租界租地人在英国领事馆召开紧急会议，会议通过建立一个管辖三租界的市政委员会（Municipal Council）。当时的清政府没有市政机构，于是这个机构一度被汉译为"公局"，后来人们发现该机构主要的职能是负责建设，与中国官制中的"工部"比较相似，于是改译为"工部局"，并一直沿用到其解散。

随着公共租界的不断扩大，工部局机构的逐渐增多，原来的办公用房越来越不够使用，工部局董事会考虑建造一座新大楼来一次性解决这个问题。1913 年，工部局工务处的工程师特纳（T. C. Turner）完成了设计方案，式样为欧洲新古典派与巴洛克式的混合。

1914 年底，工部局大楼由裕昌泰营造厂承担施工。开工不久，因受第一次世界大战的影响，工程进展缓慢，直到 1922 年 11 月基本建成。新大楼总占地约 8 000m²，建筑占地 4 832m²，建筑面积约 29 800m²，楼内总共有 400 间办公室，可容纳近千人办公。大楼外墙因用花岗石砌就，显得坚固雄伟，群众俗称为"石头房子"。

抗战胜利后，国民政府上海市府从枫林桥搬迁至工部局大楼办公，一直到上海解放为止。

1949 年 5 月 26 日上午，赵祖康在市府大楼召开最后一次局、处负责人会议，商讨向解放军移交的问题。一直到 1955 年，上海市人民政府在此办公。

1955 年上海市政府迁至外滩原汇丰银行

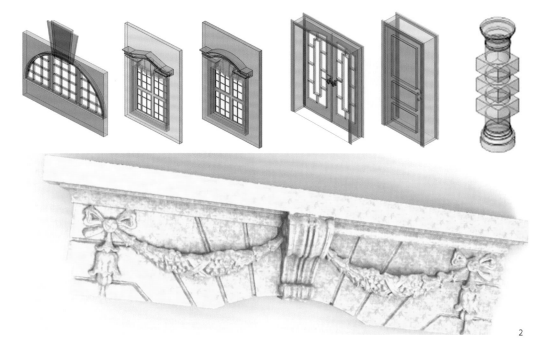

2

大楼，这幢大楼就成为上海市民政、规划、园林、卫生、环保等局机关的办公处，称为"老市府大楼"。1989 年，该大楼被公布为市级文物保护单位（二类市级文物保护）。根据《上海市文物保护条例》第十九、二十一条、《上海市历史文化风貌区和优秀历史建筑保护条例（2010 年修正本）》第二十五条规定，工部局大楼建筑的立面、结构体系、基本平面布局和有特色的内部装饰不得改变，其他部分允许改变。

2.保护与改造

市委、市政府领导和区委、区政府领导都一直高度重视外滩历史文化风貌区和优秀历史建筑的保护和改造。2015 年初，韩正书记在黄浦区调研时要求，要从建筑保护、历史文脉、文化传承的角度多做深层次思考，克服用简单

资金平衡的方法去做，要科学规划、形成精品，努力不留历史遗憾。

黄浦区提出："至 2020 年，（在外滩）基本形成经典老大楼和现代商务楼功能互补、设施先进、配套完善的商办楼宇集群，成为区域经济增长的重要支撑。"

为加快推进外滩历史文化风貌区保护性开发，使之"重现风貌、重塑功能"，变"古旧"为"经典"，提升区域产业能级，配套服务于外滩金融集聚带建设大局，黄浦区人民政府和上海地产集团于 2014 年 4 月签订了《黄浦区 160 街坊保护性开发合作协议》，市、区联手，合作推进"160 街坊"的保护性综合改造。该项目被列入市城市更新试点项目，由区国资外滩投资集团与上海地产集团下属世博土控公司合资成立的外滩老建筑公司负责具体实施。

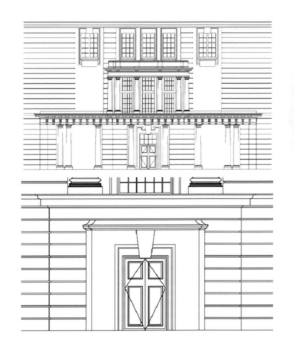

3

征收状态统计

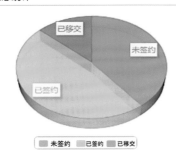

已移交

未签约

已签约

未签约　已签约　已移交

房间面积统计

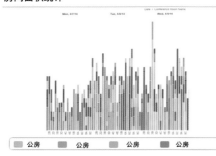

公房　公房　公房　公房

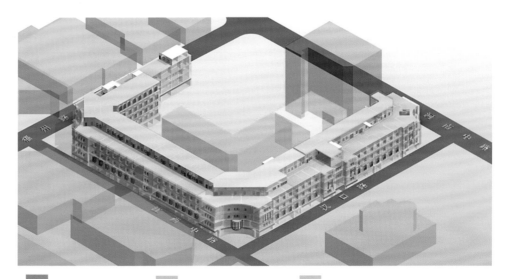

系统产　　　　单位公房　　　　居民公房

4

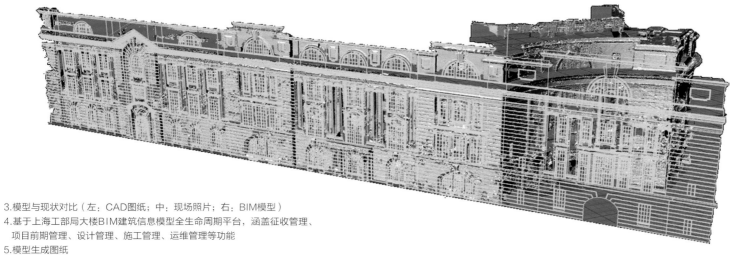

5

3.模型与现状对比（左：CAD图纸；中：现场照片；右：BIM模型）
4.基于上海工部局大楼BIM建筑信息模型全生命周期平台，涵盖征收管理、
　项目前期管理、设计管理、施工管理、运维管理等功能
5.模型生成图纸
6.基于点云测量
7.汉口路立面
8.点云高程分析
9.药材公司与消防局

项目名称：黄浦区 160 街坊改造项目

建设单位：上海外滩老建筑投资发展有限公司

建设地点：汉口路 193 号，上海外滩工部局大楼

建筑类型：国家历史文物建筑，上海市历史文物建筑

设计 / 建成：1912 /1922

总建筑面积：约 29 800m²

建筑高度 / 层数：24m/5 层

容积率：3.7

设计单位：工部局工务处特纳（T.C.Turner）

合作单位：华建集团华东建筑设计研究总院，华建集团上海建筑设计研究院公司

项目团队：刘翀、王凯、邹勋、汤昱泽、吴霄婧、游斯嘉等

获奖情况：2015 年上海市智慧城市建设十大优秀应用奖

3. 征收平台

基于国务院《国有土地上房屋征收与补偿条例》和同福里保护及综合改造项目经验，工部局大楼亦采用政府征收的途径获得房屋产权。工部局项目没有完全照搬其他房地产项目中的征收模式，而是基于旧区改造项目的自身特点，尝试了一系列创新的征收方法：

1）在征询环节设置不同幅度的签约奖

奖励使征收进度不完全受制于签约户数，但又以签约比率来带动进度；征收补偿方案中还规定："黄浦区人民政府依法作出补偿决定后，房屋征收部门与被征收人、公有房屋承租人仍无法达成协议的，不再享受本地块设置的奖励款项。"

2）搭建基于云和 BIM 的历史保护建筑全生命周期平台

涵盖征收管理、项目前期管理、设计管理、施工管理、运维管理等功能，平台基于浏览器，可以在任何接通网络的终端上登录。通过征收平台实现征收过程的透明化，实时提供房间定位、房间状态、房间信息的联动显示，并统计生成丰富的征收情况报表，为征收管理提供便利的同时，还可以存储每个房间定制的征收状态、合同文件、历史视频影相和图片资料等。

4. 前期数据库搭建

1）现状记录

通过多测量传感器技术集成应用，利用先进的近景摄影和激光三维数字化测量、建模技术，对工部局大楼进行三维信息与纹理信息的精细采集、高精度配准与融合，快速获取工部局大楼精细、真实、准确、完整的三维数据，结合清晰的高精度动纹理贴图，完成对文物的逼真三维模型建立，实现器物的三维逼真展示与分析，为历史建筑的保存、研究与展示提供基础。

2）数据对比

依据现状记录三维扫描点云数据，与原设计图纸、老测绘图纸进行仔细比对。发现数十处平面、立面疑似不匹配的位置，并进行进一步的分析、归类。

3）BIM 模型数据库

将现状记录三维扫描点云数据转换成 BIM 模型，并根据档案、资料，对重要构建赋予材质、历史和构造信息等，形成工部局大楼数字化信息模型数据库。在此基础上，通过 BIM 模型输出当前的现状图纸，并建立历史建筑构件的信息数据库，为后期的设计和管理做好保障工作。

5. 结语：新技术方法

工部局大楼保护性综合改造之初，就决定引入 BIM 和互联网技术，并对建筑的物质空间环境和人文内涵价值进行了较充分的研究，把保护和改造的目标确定为"重现风貌、重塑功能"。同时，立足于工部局大楼保护性综合改造需求，建立历史保护建筑全生命周期平台，开创了一条可资借鉴的、可持续的历史风貌区和优秀历史建筑整体功能更新的新技术方法。事实证明了新技术的应用提高了项目征收工作的实时性、准确性、协调性，实现了将征收工作透明化，并为后期的设计、施工和运维管理奠定了基础。

作者简介

王凯，男，华建集团数字化技术研究咨询部 技术总监，中国图学学会土木工程分会专家委员，上海市青年 BIM 发展联盟联合创始人，联合国青年志愿者中日英法西翻译，数字化设计与理论硕士

刘翀，男，华建集团数字化技术研究咨询部 副主任，注册电气工程师，高级工程师；

汤昱泽，男，华建集团华东建筑设计研究总院 建筑师，英国西英格兰大学 建筑信息模型硕士，英国利物浦大学建筑学学士

gmp建筑师事务所 / 文　gmp Architects

可持续的绿色塔楼
德意志银行改建工程
Sustainable Green Tower
Renovation of Deutsche Bank

1.2.改造翻修后的新德意志银行双塔，采用机动式的窗户实
现自然通风，既保留了原有建筑外观面貌，又为超高层
办公楼带来新鲜空气，成为会"呼吸"的外墙

2

德意志银行改建工程是欧洲最大的改建项目，改建后的建筑获得了LEED铂金级和DGNB金级绿色认证。它说明既有建筑物在空间优化方面存在着巨大的潜力。其应用可持续节能技术的空间非常大，适合未来可持续发展的要求，是实现生态和经济双重效益的典范。

1.概况

新德意志银行股份有限公司业主中心是艺术和技术的完美结合。两栋极富表现力的双塔兴建于1979—1984年，建成后便成为法兰克福天际线上的重要地标。地下共3层，包含停车位、技术设备空间及储藏室；基座层共4层，包含入口大厅、银行营业处、会议空间、咖啡厅、会议室、画廊、员工食堂及附属空间。

塔楼34~36层设有总裁办公区、会议区。其余楼层为办公空间标准层。

最初，出于安全考虑，业主想通过建筑改造提升双塔大楼的消防设施水平，由此展开了对于大楼的一系列分析和评估。最终业主决定创造一个全新的建筑形象，以生态可持续为目标展开全面的改造翻修。这样一种理念体现在建筑的空间设计及绿色节能设计上，而生态可

持续正是德意志银行所秉持的一种发展观念和精神价值。改造后的建筑已通过美国LEED铂金级认证和德国DGNB金级认证，成为现代生态及节能建筑的杰出代表。

德意志银行现代化改造项目的设计与项目管理由多家设计团队包括业主方合作完成，团队总负责人为朱利奥·卡斯特吉尼（Giulio Castegini）和霍尔格·哈格（Holger

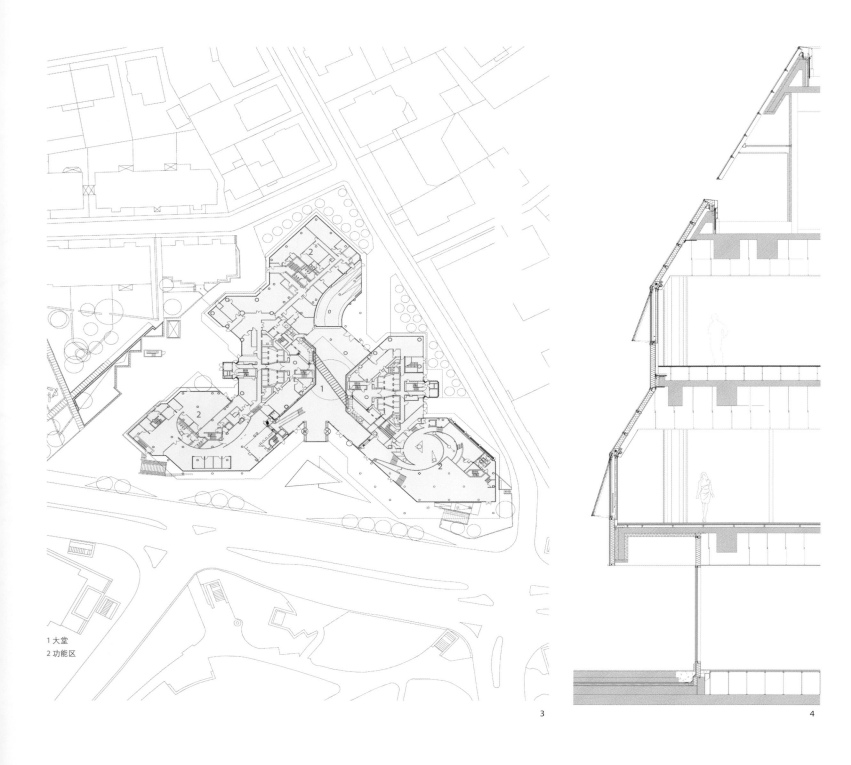

1 大堂
2 功能区

3   4

Hagge）教授，项目技术改造设计、施工阶段设计及管理工作由 gmp·冯·格康，玛格及合伙人建筑师事务所负责完成。

2.建筑的新生

德意志银行集团委托建筑师对建筑进行全面的现代化改造和技术更新，建筑师实现以下的设计内容：尊重其作为城市地标的传统，保留外观上的特点；采用具有范例性并且达到国际水平的生态和技术标准，创造一个环境激励工作热情并且高效率的内部办公空间；采用一个不证自明的建筑造型明确体现出德意志银行在世界金融界的地位，令到访者印象深刻。

在设计理念竞赛中，米兰建筑师马里奥·贝里尼（Mario Bellini）凭借其名为"天体"

的空间雕塑的出色构想在众多竞标者中脱颖而出，赢得了建筑的室内设计委托。设计新建两座天桥连接双塔，一个直径 16m 的空心球体由直径 0.20m 的钢管绕成，它包裹着天桥，成为大堂的醒目标志。这座极富建筑感的雕塑"天球"刻画出改建后的德意志银行入口处的崭新形象，充满整个空间的金属编织造型亦象征了德意志银行遍布全球的商业触角。

建筑师认为，双子塔作为地标建筑，其强烈的标识性不应只是外部的一个轮廓，也应从室内被感知。同时，建筑师还想赋予大堂更为明朗愉快的空间氛围。由此，建筑师在大堂顶棚上设计了直径为 18m 的采光天窗，阳光倾洒大堂，在大堂即可仰视双塔的宏伟气势，这一全新的空间形象也代表了德意志银行的企业形象。

建筑改造工程还对邻近户外空间进行了重新设计，全面提高了其品质。建筑师将大片绿地、水池、雕塑置入原先的室外广场，这样整个外部环境被激活，并与建筑大堂室内环境相联系，提升了整个建筑环境的舒适性和文化性。

3.绿色设计策略

设计致力于在安全和生态的超高标准上，创造出一个舒适并促进工作效率的建筑内部办公环境。这一目标在建筑维护改造工程中由始至终地与建筑设计紧密结合，并通过一系列绿色设计策略得以落实。这些策略包括：在保留原有建筑外观面貌的基础上，采用新的会"呼吸"的外墙，用机动式的窗户实现自然通风，为超高层办公楼带来新鲜空气；

3.一层平面图
4.裙房幕墙剖面图
5.新建两座天桥连接双塔,直径16m的空心球体包裹着天桥,成为大堂的醒目标志

项目名称:德意志银行双塔改建工程
建设单位:德意志银行
建设地点:德国,法兰克福
建筑类型:办公
现代化改建设计 / 建成:2007/2010
建筑高度 / 层数:155m/A塔楼高38层,B塔楼高40层,地下3层
办公位置:3 000个   基地面积:13 021m²
总建筑面积:121 522m²   可租赁面积:75 093m²
地下停车库车位数:298   电动车充电桩:10
自行车停车位:160   可开放窗扇数:2080个
设计者和工程管理者:德国ABB建筑师事务所,瓦尔特·黑尼希,海因茨·沙伊德,约翰内斯·施米特
建筑设计:马里奥·贝里尼建筑设计事务所(意大利,米兰)
项目负责人(建筑设计团队):朱利奥·卡斯泰吉尼
现代化改建技术设计:gmp·冯·格康,玛格及合伙人建筑师事务所,福尔克温·玛格和胡伯特·尼恩霍夫
项目负责人(技术设计团队):巴贝特·科瓦尔斯基,贝恩德·戈斯曼,贝恩德·阿道夫
获奖情况:2012年德国建筑博物馆国际高层建筑奖,改建复兴项目特别提名奖

采用三层玻璃窗设计实现高度隔热,使得新建筑物外墙在夏季可减少热量进入,冬季则减少暖气散发;安装智能照明控制系统及现代照明设备,在有效地利用日光的基础上减少耗电量;在大楼内实施集中供暖,有效减少供暖能源的消耗量,提高能源的生态效率;安装一套全新的水资源管理系统,充分利用节水技术,实现建筑内部的水资源回收和雨水利用,每年节约用水2.6万t;采用高性能的加热和冷却祸合装置,结合热交换器和冷却塔供冷,大幅降低了能源消耗。

建筑原先为完全空调化所设计的全封闭式幕墙,在改造中被取代为更加先进的三层真空玻璃构成的自呼吸式幕墙,而原建筑具有标志性的双塔外观则在这一基础上得到了保留。

4.绿色节能效益

该翻修工程是欧洲最大的翻修改建项目。经过现代化改造后的建筑满足了目前领先的生态建筑标准,并且获得了"美国能源与设计先锋"LEED铂金级认证及德国DGNB可持续建筑评估金级认证。

更新后的建筑,其耗能仅为一般建筑的一半,对水的消耗及二氧化碳的排放量将较原先减少将近90%。改造后所节省能源情况包括:每年减少89%二氧化碳排放,相当于6 000辆轿车行驶12 000km的碳排放量;每年减少67%制冷制暖能耗,相当于约750个独幢家庭住宅年能耗量;每年减少55%电能消耗,相当于约1 900个独幢家庭住宅年能耗量;每年减少74%水年能耗,可填满22个奥林匹克

游泳池;15 000m²办公空间所使用的30.5t改建工程和内装修建筑原料大量采用可回收原料,可回收材料占98%等。

改造中采用的自呼吸幕墙释放出部分室内吊顶空间,使得办公空间净高由2.6m增加至3.0m。灵活的办公空间方案可提供最多3 000个办公位置,所采用的各项改造措施还使双塔额外增加了850m²办公空间。

德意志银行双塔的改造工程不仅提升了资源的高效利用,更获得了全新的高品质的空间环境,是既有建筑物进行绿色空间优化的典范。
(摄影:Marcus Bredt,Stefan Marquardt)

"简单"介入
从"爷爷家青年旅社"改造设计
谈建筑师乡建的态度

Simple Intervention
From "Grandpa's Hostel" to Architect's
Attitude Towards Rural Architecture

何崴，陈龙 / 文　HE Wei, CHEN Long

项目名称：爷爷家青年旅社
业主：江斌龙（平田村农民）
建设单位：当地农民
建设地点：浙江省丽水市松阳县四都乡平田村
建筑类型：青年旅社
设计 / 建成：2014—2015/2015
总建筑面积：270m²
建筑高度 / 层数：约6m / 2层
主持建筑师：何崴（中央美术学院建筑学院）
建筑设计团队：陈龙、李强、陈煌杰、卓俊榕
照明设计团队：张昕（清华大学建筑学院）、韩晓伟、周轩宇

1

1. 一楼公共空间，原有建筑房间之间的隔板、地梁被拆除，
   建筑从原来的分隔状态变为一个整体的大空间
2. 二楼"房中房"，设计采用半透明的阳光板材料作为界
   面，营造一种柔和、模糊的视觉效果，与原有建筑刚性的
   生土材料形成对比

爷爷家青年旅社（以下简称"爷爷家"）是在
中国乡建如火如荼的大背景下完成的，但在它
的开始与过程中，建筑师更希望以一种相对冷
静的态度来思考。项目很小，造价也很低，采
用的技术也趋近于普通，甚至可以说简单，但
正是因为这些它才真实，是农村的建筑。

2

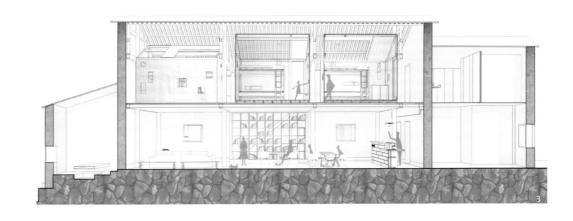

1. 环境背景

项目所处的松阳县具有丰富的传统文化资源，境内保存有大量完整、具有历史风貌的村落，以及鲜活的民间手工艺，是文化部和住建部传统村落保护的示范县。平田村距离松阳县城约30分钟的路程，是群山环抱中的古村落；村庄规模不大，建筑的规格也不是很高，大部分建筑是两层的夯土民居。需要改造的建筑也是这些普通夯土建筑中的一座，因为曾经是业主祖父的住所，所以大家称其为"爷爷家"。它大约有百年历史，两层、土木结构；一层为标准的三开间，中间为中堂，两边是居室；二层为开敞空间。因为是农民储藏粮食的地方，开窗很小，屋面也为单瓦，不设防雨和保温处理。

2. 设计任务与总体理念

此项目是平田村整体保护和发展工程的一部分。在设计之初，整个设计团队（包括其他设计单位的多位设计师）对大部分建筑的新功能定位进行了讨论，也与当地政府进行了沟通。最终，"爷爷家"被要求设计成一个具有公共功能的居住类建筑。但问题随之而来，因为在总体规划中，已经有了一系列标准模式的民宿，如何在满足总体功能定位的前提下与其他民宿相区别，是摆在建筑师面前的难题。

经过仔细的调研和思考，设计师决定将"爷爷家"改造成一个符合国际标准的青年旅社。这既能满足实际的使用需要（每年有大量的学生来这里采风），又能和标准的民宿区别开，且可以满足一定的公共交流需要，可谓一举三得。

在设计理念上，建筑师希望在保持传统外部风貌的基础上，不拘泥于既有的传统形式；在尊重历史和环境的前提下，面向当代。这也就促使建筑师在处理建筑外观和室内时，采用了看似迥异的手法。

为了保持村庄的整体风貌，"爷爷家"的外部形态被完整地保留下来。建筑几乎未作改变，只在二层朝向良好景观的一面开设了一个长窗，在屋顶上开设了几组明瓦，将阳光、空气和景色引入建筑室内。这种处理也充分发掘了"爷爷家"的环境优势，将原来的"消极"空间转化为具有良好视野的"积极"空间。与谨慎对待外部形态不同，建筑师希望对室内进行较为"大胆"的改变，从而使建筑更舒适，更好地满足新的使用需求。

一楼原有建筑房间之间的隔板、地梁被拆除（此操作是可逆的，隔板和地梁可以重新被复原），建筑从原来的分隔状态变为一个整体的大空间。这里将成为青年人交流、休闲的场所，同时也可以为村庄中的村民或者游客提供歇脚的公共场所。空间被大致划分为三个区域：具有大桌子和沙发的群体休闲区域、由书架和小方桌定义的个体休息阅读区，以及吧台区域。在二楼，设计师对原来的屋顶做了修缮，增加了防水和保温处理。同时为了保留原区域的"大空间"特质，也为了不增加结构加固和底板防水等处理的造价，常规的、由固定墙体分隔空间的模式被否定了，一组由轻质材料建构的，可拆卸、可移动、半透明的"房中房"的空间元素被以一种轻轻的态度"放入"原有建筑相对厚重的内部空间。

作为原建筑附属房间的厨房，在设计中被改造利用以完成整个青旅的服务功能，即：厨房、布草间、卫生间和浴室。原来通高的厨房被隔成两层，一楼作为厨房、公共卫生间和布草间，二楼则为青旅提供了公共浴室和卫生间。

3. 房中房

二楼的"房中房"是整个设计的亮点。它的实际功能是青旅的居住单元，每个居住单元可容纳4~6人。设计灵感来自于对原来空间布置的变形。原空间中会放置一组储存粮食的木箱子，形成"空间套空间"的模式。其实，这种模式在中国的传统卧室空间中也有体现，如江南卧室中的架子床，就是一种将床设计成"屋"，并放置在更大的屋中的空间模式。

设计采用半透明的阳光板材料作为界面。它既是相对便宜的材料，更重要的是可以营造一种柔和、模糊的视觉效果，与原有建筑刚性的生土材料形成对比。为了营造更具戏剧性的效果，"房中房"的表皮上开了一系列大小不一的洞口。这些洞口一方面使相对单一的界面变得活跃起来，另一方面也为界面内外的使用者

5

3. 剖透视图
4. 一楼公共空间，被大致划分为三个区域；具有大桌子和沙发的群体
   休闲区域、由书架和小方桌定义的个体休息阅读区，以及吧台区域
5. 二楼"房中房"，天然光、暖白灯光通过半透明材料的反射、折射
   照亮整个空间，变化多端的光影效果给人温馨、模糊和迷幻的感觉
6. 一层平面图

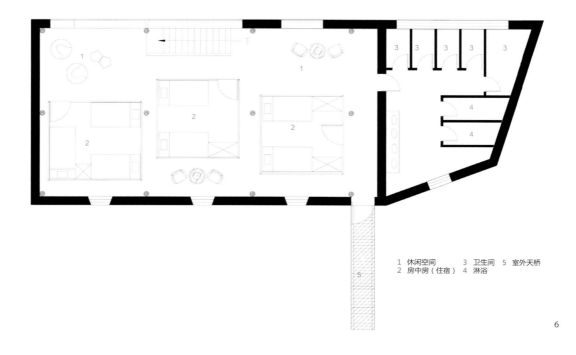

1 休闲空间   3 卫生间   5 室外天桥
2 房中房（住宿） 4 淋浴

6

7

8

9

10

Redesign Of Grandfather's Youth Hotel

7. 爷爷家青旅的入口面
8. 工匠修缮屋顶，有一种特殊的美感
9. 不同的透明度使空间充满戏剧性
10.11. 自然光和人工光经过材料的投射、反射、漫射产生丰富的效果

提供了相互"窥视"的可能性。这一设计的灵感还来自对孩童行为的观察。建筑师在设计之初,无意间看到外甥女和小朋友们一起搭建的"纸皮屋"。小孩子们会躲入其中,通过洞口观察世界。这一情景触发了建筑师的想象,在经过一番整理后,最终实现了现在的效果。

"房中房"还是一组可以"行走"的建筑。每个房间底板下安装有一组万向轮,居住者完全可以根据自己的需要,推动建筑,将"房中房"挤压形成的"负空间"重新布置,大大提升了建筑的趣味性,使一个原本很小、相对单一的空间变得富于变化。从某种角度看,它可以算是一个"互动建筑"。

4. 光的运用

光是另一个重要元素。整个设计过程中,照明设计师都和建筑师保持着良好的互动,在如何处理光和建筑元素的关系上,两个团队在很多时候是同时工作的。这也使光成为此项目中举足轻重的因素。

白天,光是由外向内的通过屋顶的明瓦和大侧窗,自然光被引入阳光板房,居住者的视线则由内向外,穿过层层洞口远望群山和村落;夜晚,光由内向外,3000K 暖光通过半透明材料的反射、折射照亮整个房间,并向村庄溢散,居住者的视线则由外向内,最终聚焦于阳光板房内部极具现代感的灯光构图上。[1]

人工光源采用线性 LED 灯,它们被安置在"房中房"的木构架上。在内部看,LED 灯呈现出自由的构成线条,进一步强化了"房中房"木构件的构成感;从外部看,由于阳光板的折射和衍射,"房中房"被渲染成一个不太均匀的光盒子,它介于透与不透之间,从不同的角度,会有不同的感受。整个空间的照明就由这些银白色自然光和接近金色的人工光组成。多数时候,天然光、暖白灯光通过半透明材料的反射、折射照亮整个空间,变化多端的光影效果给人温馨、模糊和迷幻的感觉;但在某些特定时段,藏在"房中房"中的有色灯管会开启,每个"盒子"被赋予一个颜色,它们会使空间的气氛快速改变,营造出一个富于激情的场所。由此,光和色的作用被充分调动起来,呼应了青年旅社服务于年轻人的定位。

5. 改造的态度

建筑师希望在此项目中传递自己对于老建筑改造的态度。这种态度不是"修旧如旧",更不是"修新如旧",它更趋近于运用对比的手法:用富于冲突、表现张力的方法来保护老建筑,即用"新"来突出"旧",使旧者更凸显其价值。

这种态度不愿意采用"修新如旧"的方式还源于对于历史信息的尊重,这其实也符合《威尼斯宪章》中关于文物修缮的原则,即:新加入的构建不应该混淆历史信息的真实性,同时必须是可逆的,所有操作是可复原的。[2] "房中房"的引入正是如此:它全部由可拆卸的材料构成,可以被简单地移除;同时不与原构造发生粘合,不会对原有建筑造成不可逆的改变;再之,"房中房"自重很轻,它的介入不会给下层的结构带来过大的负荷,这也为原建筑一楼不进行结构加固提供了前提条件。

信息的真实,并通过这些真实的信息来产生美感也是建筑师在此项目中希望追求的。保留原土墙及修复土墙的痕迹,将它们暴露在观众面前便基于这种思考;将附属建筑改造过程中作为结构的红砖墙故意暴露出来,与上下两个时期的土墙构成一个带有戏谑性的构图也是基于这种思考。在建筑师看来,这种真实才是村庄民间建筑的最大魅力所在,不造作、不刻意、直接、直白,虽然第一眼看上去也许会不适应,但再看,心平气和地看,会发现这种混沌中的美丽。这才是农村的美,它不同于中国近几十年速生城市的"千城一面"。

6. 地方技术与地方参与

项目中,建筑师非常强调采用地方技术,即:采用地方原有的技术或者工匠可以轻易掌握的技术来建设;同时建筑师也强调当地人的参与。这里所说的当地人包括:业主、未来的经营者,以及工匠等,而在"爷爷家"的项目中他们都是当地农民。

使用当地技术是保证建筑低造价的前提。当下中国农村使用高技术(High-Tech)、高造价来建设并不具有推广性,它只可能在某些政府主导的重点项目中使用;相反,广大农村绝大部分建设项目都只能在低造价的前提下完成。当地技术的使用也是保证建筑具有"地域性"或"在地性"的前提。只有使用了当地的技术和材料才能从建构逻辑上取得地域性,从而使新建筑融入环境,不突兀,接地气。

在"爷爷家"项目中,二楼大长窗的构造就借用了当地传统做法,用宽木框作为支撑结构,巧妙地取消了窗上过梁,使其更简洁。又如"房中房"的构造就采用了传统的榫卯结构,并加以简化,使搭建和移除变得便捷,并可重复利用。

当地人的参与既是乡建得以实现的机制保障,也是让建筑回归乡村的技术保障。项目过程中,建筑师团队刻意没有画非常详细的施工图纸,而是采用了"现场交底、现场指导"的方式来进行施工管理。这样做一是因为工匠往往看不懂施工图,二是不希望详尽、刻板的施工图限制了工匠们的"创造力"。这种相对自由的工匠的"创造力"是使一个建筑看上去像乡村建筑的重要保障。

同工匠讨论也是整个建设过程中经常发生的事,设计团队和当地的工匠保持着良好的沟通和彼此尊重。设计团队会刻意留出一定的空间给工匠,鼓励他们去自由发挥;而当地工匠也会给建筑师一些很好的建议。例如"房中房"阳光板表皮的衔接问题,就是当地木匠想出来的。他巧妙地利用了 2cm 厚多层阳光板的剖面构造,将两块相邻的板材进行插接,简单地解决了问题。

这只是整个项目实施过程中诸多故事中的一个,但反映了在中国农村,建筑师参与乡建的一种态度,即应该放弃单纯的"导师"身份,心平气和地与当地人合作,相互学习,成为"合作者",甚至是"学生"。(摄影:何崴,陈龙)

注释:
① 参见:何崴,张昕. 给老土房一颗年轻的心,平田村爷爷家青年旅社改造设计 [J]. 世界建筑, 2015(11): 90-95.
② 参见:百度百科"威尼斯宪章"词条,http://baike.baidu.com/view/480935.htm,文字笔者有所调整。

作者简介

何崴,男,中央美术学院建筑学院 副教授,博士

陈龙,男,中央美术学院建筑学院 硕士研究生

轻之技术
绿色建筑设计
GREEN BUILDING DESIGN

"轻绿色"轻在技术，走轻型发展道路，表达面对绿色建筑领域，举
重若轻的理性态度，不追求一味的高技术、高能耗，更多关注被动
技术、低技发展道路，将绿色融入设计过程，从通用走向因地制宜。

叶凌 / 文　YE Ling

我国的绿色建筑技术和制度体系
Green Building Technology and System in China

　　当前，我国的建筑业发展方式和城乡建设模式正面临转型升级，绿色、生态、可持续无疑是转型生态的一大方向。"十二五"期间，绿色建筑在国家有关政策支持下得到了很好的推广和发展。展望即将到来的"十三五"及今后很长一段时期，生态、绿色仍然将是我国新型城镇化和建筑业转型升级的主题词之一。《中共中央关于制定国民经济和社会发展第十三个五年规划的建议》中，明确提出要"实行绿色规划、设计、施工标准"，"提高建筑节能标准，推广绿色建筑和建材"。

　　可以预见，我国的绿色建筑，在政策引导和制度保障下还将迎来新的发展。我们从事绿色建筑相关工作的科研技术人员和经管管理人员，也需要不断更新知识，为更大规模和更好品质的绿色建筑研发创新和工程实践做好技术储备。本文从技术应用角度整理了绿色建筑的理念内涵、适宜技术和标准体系，从管理制度的角度梳理了绿色建筑评价标识、全国绿色建筑创新奖、绿色建筑示范工程的大体情况和规范性文件，作为相关人员的工作参考。

作者简介

叶凌，男，中国建筑科学研究院副研究员，中国建设标协绿色生态委员会副秘书长。工学博士，注册公用设备工程师（暖通空调），中国绿色建筑委员会委员，英国绿色建筑 BREEAM 注册评估师，德国绿色建筑 DGNB 注册认证师、咨询师

↑ 绿色建筑概念图示

1.技术体系

目前，我国可检索到的以"绿色建筑"为题的首篇科技文献，是《工程建设标准化》杂志 1994 年第 4 期刊载的一篇译文《绿色建筑的到来》，文中介绍了美国试验与材料协会（ASTM）、美国建筑师学会（AIA）、美国绿色建筑委员会（USGBC）、美国国家标准与技术研究所（NIST）等机构对绿色建筑的定义和活动。从此，我国科研技术人员在绿色建筑方面的跟踪引进、开发创新和工程实践不断增加，对于绿色建筑的认识和理念逐渐明晰，形成了中国特色的绿色建筑定义，并以此指导了技术应用和标准研制。

1）绿色建筑技术理念体系

绿色建筑是在全寿命期内，最大限度地节约资源（节能、节地、节水、节材）、保护环境、减少污染，为人们提供健康、适用和高效的使用空间，与自然和谐共生的建筑。此概念现已广为人知，其内涵要点也可系统地体现绿色建筑技术理念。

（1）"全生命期"的时间前提。规划设计无疑是绿色建筑的龙头，从建筑的规划设计，到后续的施工装修和运行管理，乃至向时间轴两头延伸的项目策划、建材产品生产、建筑拆除回收，以及可能出现的建筑改扩建等，均应体现和落实绿色建筑理念。

（2）"四节一环保"的理论核心。鼓励节能、节地、节水、节材等各方面的节约和保护环境、减少污染达到"最大限度"的同时，也反对过度"偏科"，防止绿色建筑性能出现某一方面的"短板"。

（3）"健康适用高效"的使用要求。作为人类生产、生产等多类活动空间的建筑物，群众对其的要求也随着生活水平提高而不断提高，从有居、到宜居、到乐居，但也不应追求享受、铺张浪费。

（4）"与自然和谐共生"的终极目标。由节约资源实现可持续利用资源，由保护环境上升到尊重环境，这其中也还蕴含了建筑物适应和合理利用自然条件、实现因地制宜的要求。

2）绿色建筑技术应用体系

由前述技术理念出发，以一些现行标准的强制性技术要求为基础条件，绿色建筑可结合自身功用、当地气候、资源、经济、社会等条件选用不同的适宜技术。笔者曾通过统计分析得到过侧重于规划设计阶段的 30 项绿色建筑技术（参见《建筑科学》杂志 2012 年第 2 期《绿色建筑技术应用分析及《绿色建筑评价标准 (GB/T50378-2006) 修订建议》），现根据当前技术发展拓展为 60 项，按照规划设计阶段的通常专业划分整理如图 2 所示。图中，左侧一列为规划设计阶段各主要专业，中间一列

为 60 项适宜技术，右侧一列则为其绿色建筑性能贡献。

另有三点补充说明：其一，这 60 项技术并非指定的具体技术，而是围绕某一宗旨的技术类别或产品门类，尚需根据具体项目的实际情况选取落实最为适用的具体技术、产品及系统形式；其二，专业、技术、性能三者之间也并非一对一（尤其是图下方的 BIM 技术等），反映出绿色建筑提倡专业综合集成，也还可探索实现这些技术的多方面效果；其三，这 60 项技术远非全部，绿色建筑同样也鼓励创新，对所有可为"四节一环保"性能产生贡献的技术开放。

3）绿色建筑技术标准体系

与其他工程建设活动一样，绿色建筑全生命期各环节也都需要标准的引导和约束。《绿色建筑评价标准》（GB/T50378-2006）是总结我国绿色建筑方面的实践经验和研究成果，借鉴国际先进经验制定的第一部多目标、多层次的绿色建筑综合评价标准。此后，一批绿色建筑标准（包括国家标准、行业标准、地方标准、社团标准各层级）编制完成并发布实施，初步形成了一个标准体系。与常规的基于各专业的标准体系不同，绿色建筑标准体系属于支撑形势任务的主题体系。

此外，对应于评价标准中提出的技术要

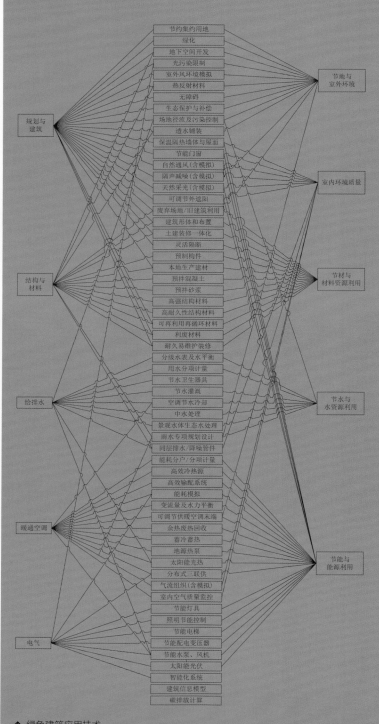

节约集约用地
绿化
地下空间开发
光污染限制
室外风环境模拟
热反射材料
无障碍
生态保护与补偿
场地径流及污染控制
透水铺装
保温隔热墙体与屋面
节能门窗
自然通风（含模拟）
隔声减噪（含模拟）
天然采光（含模拟）
可调节外遮阳
废弃场地/旧建筑利用
建筑形体和布置
土建装修一体化
灵活隔断
预制构件
本地生产建材
预拌混凝土
预拌砂浆
高强结构材料
高耐久性结构材料
可再利用再循环材料
利废材料
耐久易维护装修
分级水表及水平衡
用水分项计量
节水卫生器具
节水灌溉
空调节水冷却
中水处理
景观水体生态水处理
雨水专项规划设计
同层排水/降噪管件
能耗分户/分项计量
高效冷热源
高效输配系统
能耗模拟
变流量及水力平衡
可调节供暖空调末端
余热废热回收
蓄冷蓄热
地源热泵
太阳能光热
分布式三联供
气流组织（含模拟）
室内空气质量监控
节能灯具
照明节能控制
节能电梯
节能配电变压器
节能水泵、风机
太阳能光伏
智能化系统
建筑信息模型
碳排放计算

规划与建筑
结构与材料
给排水
暖通空调
电气

节地与室外环境
室内环境质量
节材与材料资源利用
节水与水资源利用
节能与能源利用

求，还有以下技术规范分别作为规划设计人员、施工人员、运行管理人员开展绿色实践的直接指导。

（1）行业标准《民用建筑绿色设计规范》JGJ/T229-2010；

（2）国家标准《建筑工程绿色施工规范》GB/T50905-2014；

（3）行业标准《绿色建筑运行维护技术规范》（已报批）。

2.制度体系

目前有据可查的有关绿色建筑的官方行动起步于2004年，原建设部开始组织实施"十五"国家科技攻关项目"绿色建筑关键技术研究"，筹备召开"首届国际智能与绿色建筑技术研讨会"暨"首届国际智能与绿色建筑技术与产品展览会"（2005年3月在北京举办），创立"全国绿色建筑创新奖"。随后，2005年发布《绿色建筑技术导则》；2006年发布国家标准《绿色建筑评价标准》（GB/T50378-2006）。有了标准作为有力的技术支撑和保障，相关的标识、评奖、示范得以确立和发展，现已形成了成熟的制度体系。

1）绿色建筑评价标识制度

绿色建筑评价标识是依据《绿色建筑评价标准》（GB/T50378）等技术文件对建筑物进行评价以及信息性标识。国家标准《绿色建筑评价标准》（GB/T50378-2006）发布实施后，由住房和城乡建设部于2007年制定绿色建筑评价标识管理制度，2008年正式开展绿色建筑标识项目评价。评价工作开展之后，又根据实践反馈陆续发布了一系列的规范性文件（详见表2），形成了一套制度体系。先后从国家和地方两个层面，委托、批准了多家机构开展绿色建筑评价标识工作，千军万马共同推广绿色建筑，形成了我国绿色建筑标识项目逐年快速增长的良好态势。截至2015年12月31日，全国共评出3 979项绿色建筑标识项目，总建筑面积达到4.6亿 m²。

值得一提的是，为了适应《绿色建筑行动方案》提出的3类建筑（政府投资建筑、大城市保障性住房、大型公共建筑）2014年起全面执行绿色建筑标准要求，以及部分地方推行的新建建筑全面执行绿色建筑标准政策，为了简化一星级绿色建筑设计标识评价程序，这些地方还施行了绿色建筑施工图审查制度（例如北京市、四川省）。随后，住房城乡建设部也印发了《绿色建筑施工图设计文件技术审查要点》（建质函 [2015]153 号）。最近，绿色建筑的星级要求，还得到了一些地方的立法保障和强制性要求（例如江苏省、浙江省）。

对于绿色建筑标识项目，原由住房和城乡建设部进行公示、公告和统一颁发证书、标识。2015年10月，根据政府职能转变工作和《绿色建筑行动方案》精神，住房城乡建设部发布通知（建办科〔2015〕53 号）推行绿色建筑标识实施第三方评价，由各评价机构自行对绿色建筑标识项目进行公示、公告和颁发证书、标识；政府部门主要对绿色建筑评价机构进行管理和督促，以及标识项目的定期备案。随后，国家层面的绿色建筑评价机构——住房和城乡建设部科技与产业化发展中心、中国城市科学研究会分别发布《绿色建筑评价管理办法》（建科中心 [2015]16 号、城科会字 [2015]24 号），作为开展评价工作的依据；各地方评价机构也已开展落实。

2015 年里，国家还出台了多项绿色建筑可享受的财税支持政策政策，包括：银监会、国家发展改革委印发的《能效信贷指引》（银监发〔2015〕2 号），要求银行业金融机构对包括符合国家绿色建筑评价标准的新建二、三星级绿色建筑和绿色保障性住房在内的重点能效项目加大信贷支持力度；财政部、国家税务总局、科技部印发的《关于完善研究开发费用税前加计扣除政策的通知》（财税 [2015]119 号），将绿色建筑评价标准为三星的房屋建筑工程设计认为创意设计活动，允许对企业为此发生的相关费用进行税前加计扣除。

2）全国绿色建筑创新奖制度

绿色建筑创新奖是为了加快推进我国绿色建筑及其技术的健康发展而设立的奖项，由原建设部于 2004 年设立，设一等奖、二等奖、三等奖三个等级，每两年评选一次。已于 2004 年、2006 年、2011 年、2013 年、2015 年评审完成"全国绿色建筑创新奖"，共计 5 批 158 个工程类项目（含早期的专项奖 16 个，但不含产品类项目）。主要管理文件包括《全国绿色建筑创新奖管理办法》（建科函〔2004〕183 号）及配套的《全国绿色建筑创新奖实施细则》和《全国绿色建筑创新奖评审标准》（建科〔2010〕216 号）。其中，《实施细则》系在原《全国绿色建筑创新奖实施细则（试行）》（建科〔2004〕177 号基础上重新制定，不再分设工程类项目奖（又分绿色建筑综合奖和智能建筑、节能建筑专项奖）和技术与产品类项目奖，并增设了项目取得绿色建筑评价标识的要求。

序号	文件名称	发文号
1	绿色建筑评价技术细则（试行）	建科〔2007〕205号
2	绿色建筑评价标识管理办法（试行）	建科〔2007〕206号
3	绿色建筑评价标识实施细则（试行修订）	建科综〔2008〕61号
4	绿色建筑评价标识使用规定（试行）	
5	绿色建筑评价标识专家委员会工作规程（试行）	
6	绿色建筑设计评价标识申报指南	建科综〔2008〕63号
7	绿色建筑评价标识申报指南	
8	绿色建筑评价标识证明材料要求及清单（住宅）	建科综〔2008〕68号
9	绿色建筑评价标识证明材料要求及清单（公建）	
10	绿色建筑评价技术细则补充说明（规划设计部分）	建科〔2008〕113号
11	一二星级绿色建筑评价标识管理办法（试行）	建科〔2009〕109号
12	绿色建筑评价技术细则补充说明（运行使用部分）	建科函〔2009〕235号
13	关于加强绿色建筑评价标识管理和备案工作的通知	建办科〔2012〕47号
14	关于绿色建筑评价标识管理有关工作的通知	建办科〔2015〕53号

↑ 绿色建筑评价标识主要制度文件

3）绿色建筑示范工程制度

国务院于 2005 年在《关于做好建设节约型社会近期重点工作的通知》中提出"启动低能耗、超低能耗和绿色建筑示范工程"，并于 2007 年在《节能减排综合性工作方案》中进一步要求"组织实施低能耗、绿色建筑示范项目 30 个"。据此，住房和城乡建设部于 2007 年起启动"一百项绿色建筑示范工程与一百项低能耗建筑示范工程"（简称"双百工程"）的建设工作，并将绿色建筑和低能耗建筑示范工程纳入了 2008 年及随后各年度的住房和城乡建设部科学技术计划项目。随后若干年，又逐渐增加了绿色施工、绿色照明等示范工程；在 2015 年发布的 2016 年度项目申报通知（建办科函 [2015]890 号）中，还新增加了建筑产业现代化示范。包括绿色建筑示范工程在内的各类科技示范工程，都遵循《住房和城乡建设部科学技术计划项目管理办法》（建科 [2009]290 号）统一要求，具体包括以下 5 点：

（1）优先支持选用住房城乡建设重点推广技术领域和技术公告中推广技术的工程项目，各省级住房城乡建设主管部门及相关部门确定的示范工程项目；

（2）选用的技术应优于现行标准，或满足现行标准但具有国内领先水平（没有标准的，

应出具检测报告并通过专家审定）；

（3）实行属地化管理，由工程所在地省级主管部门组织推荐；

（4）所需的研究和示范经费以自筹为主；

（5）应在通过工程竣工验收后申请科技示范工程项目验收。

特别的，绿色建筑示范工程还应满足现行国家绿色建筑评价标准的要求。

3.结束语

综上所述，笔者认为我国轻型绿色建筑发展之路，可见于以下两方面。

（1）技术方面，从理念上就提出了绿色建筑的"适用性"要求，反对铺张浪费、过度追求享受；具体技术应用上，被动式技术在其中也有较大比例，并提倡技术的有机集成和多方面综合性能的最大化。

（2）制度方面，将绿色建筑标识项目评审工作转至第三方机构，更加贴近市场。同时，银监会、财政部分别对绿色建筑给予了信贷、纳税方面的优惠政策；北京、四川等地以绿色建筑施工图审查制度简化流程、降低成本；江苏、浙江等地还立法对绿色建筑予以政策引导和财政奖励。

【三人谈】
裴晓 vs 甘忠泽 vs 邢同和

裴晓
上海市住房和城乡建设管理委员
会 副主任

关于绿色建筑

H+A：什么是绿色建筑？如何看待当下已在使用的设计标准和评价体系？

裴晓（以下简称"裴"）： 绿色建筑是我国城镇化发展到一定阶段后的必然产物，同时也是建筑业实现可持续发展的内在需求和必然选择。"十一五"中后期以来，随着我国经济、技术实力的提高，绿色建筑在我国得到了长足发展。在 2006 版的国家《绿色建筑评价标准》中给出了绿色建筑的官方定义。根据我的理解，简而言之绿色建筑就是同时实现两点：（1）在全寿命期内尽可能节约能源和各种资源；（2）向使用者提供更加健康和适用的空间。对绿色的关注点从设计阶段扩展到包括运行在内的全寿命期，同时兼顾投入与产出的平衡，这是绿色建筑与普通建筑较大的差异。

我国在 2006 年推出了国家《绿色建筑评价标准》，同时又在 2014 年对本标准进行了修编，上海市也在 2012 年推出了地方版的"绿色建筑评价标准"。应该说评价标准对于促进我国和上海市的绿色建筑发展起到了积极的推动作用。通过这本标准，建筑行业的从业人员，特别是设计、施工和运行管理单位了解了什么才是真正的绿色建筑，

建设一栋绿色建筑需要采取哪些措施，同时也给出了评判不同星级绿色建筑的评价指标等内容。评价标准的推出起到了正本清源的作用。

随着国家和上海市绿色建筑相关强制政策的出台，上海市也在 2014 年推出了"绿色建筑设计标准"，目的也是为了在设计阶段更好地把控绿色建筑的设计质量。设计是建筑行业的龙头，只有在设计阶段采用了经济适用的绿色建筑技术策略，同时与建筑的使用功能和设计目标进行更好地协调，才能最大限度地发挥绿色建筑的效能。设计标准刚刚推出，在实践过程中需要接受市场的考验，也会通过实践不断明确和调整在标准中未能明确和有待优化的地方，从而解决新生事物发展过程中的客观问题。

甘忠泽（以下简称"甘"）： 绿色建筑是指在建筑全生命周期内，最大限度地节约资源、保护环境、减少污染，为人们提供健康、舒适和高效的使用空间，与自然和谐共生的建筑。这是目前大家比较能达成共识的对绿色建筑的定义。2006 年国家颁布了绿色建筑标准（包括一、二、三星标准），这个标准体系包括节地和室外环境、节能和能源利用、节水和水资源的利用、建材和资源材料的利用，室内的空气质量和建筑完成以后的运营管理。2015 年颁布了修订

甘忠泽
上海市绿色建筑协会 会长

后的绿建标准，又增加了施工管理，现在的标准体系有七个方面，它经过实践的检验，又反映了建筑业绿色、低碳、可持续发展的要求，比较有针对性、操作性。

邢同和（以下简称"邢"）： 绿色建筑的发展已经成为有关人类空间的需求，也是当前中国城市发展的必须与必然的问题。因为从刚刚接触绿色建筑的理念开始，我们已经经历了一段很长的时间。在中国城市建设的当下，已经感受到了对绿色城市与绿色建筑的需求。怎样建设一座绿色的城市？怎样建造一个绿色的建筑，已经是当前的一个大趋势。

绿色代表一种生命活力，首先它关系到人，大量减少能源、减少环境污染，实际上是对人的关怀；第二，就是对城市建设来说，如果将来能用装配式，那么城市的污染就减少。生产过程中如何保证低碳？我曾经参加华东规划设计院完成的新环保低碳的园区。首先把关的指标是进入这个园区的企业污染程度，建设本身要有统一审查。建科院的绿色审查，保证建设全过程中的绿色。所以绿色是从规划到建筑，从城市到个体的过程。还有一点，绿色建筑是与我们的工作生活实际接触的，与人的生活是相辅相成的。所以不要认为绿色建筑就是一个花钱的事情。

另外，绿色建筑还是创新发展、可持续发展中的关键。绿色建筑逐步发展、破旧立新的过程本身就是创新发展和可持续发展的一部分。"绿色"本身就是一个泛词，真正的"绿色"是落实到具体的标准上来为我们的城市增添绿色。

邢同和
华建集团资深总建筑师

Trialogue:
PEI Xiao vs GAN Zhongze vs XING Tonghe

H+A：绿色建筑如何起到节约能源的作用，具体策略有哪些？

裴：绿色建筑的一个重要评价指标就是建筑的节能效果，通过比较一个绿色建筑在使用过程中的能源消耗情况与其他同类型常规建筑的差异性，可以知晓该建筑的绿色度是多少。要实现绿色建筑的节能效果，有很多种策略可以选择，但是一个基本原则需要确定，那就是因地制宜、应项目而异、被动优先，不能生搬硬套。不同的地区可以选择的节能策略是有差异的，在北方的严寒和寒冷地区适用的住宅建筑节能措施，放在上海地区可能未必适用。上海属于夏热冬冷地区，建筑节能策略优先采用被动式的自然通风技术，在过渡季节更多地采用自然通风的方式降低建筑使用能耗，合理采用建筑外遮阳，降低外窗的传热系数和提高建筑物的气密性也能显著提高建筑的节能效果。除了上述策略外，提高建筑的节能效果的手段离不开建筑使用者的行为节能，离不开后期运行过程中的持续对能耗数据的关注和改善。总体而言，绿色建筑的节能并不能仅仅是技术问题，还要把管理问题纳入。只有通过技术和管理两个方面的结合，才能保障长效的能源节约。

甘：绿色建筑将绿色生态理念及节能环保技术集成应用到建筑的设计、建设和使用中，既因地制宜，又注重效果。通过降低能源的消耗，节省土地资源和水源的使用，可以减少建筑对水土污染和环境污染，节约资源，减少人们对自然地干扰，实现建筑的绿色环保节能化，最终实现人与自然的协调可持续发展。

H+A：与普通建筑发展相比，绿色建筑的发展目前如何？有哪些优势和劣势？

裴：首先要承认绿色建筑和普通建筑不是两个完全独立的概念，绿色建筑源于普通建筑。过去几年，我国和上海的绿色建筑得到了快速发展，这得益于国家相关政策的推动和绿色建筑设计和评价等系列标准规范的出台，同时也与城镇化率迅速提高的建设背景密切相关。据统计，目前全国已有 3 500 多项标识项目，总的建筑面积接近 3 亿 m^2，上海市已有接近 300 项标识项目，总建筑面积超过 2 000 万 m^2，特别是 2015 年，我国绿色建标识项目增长比较明显，总计约 1 000 多个项目获得标识，创历年新高，主要原因是各个省市都在国家《绿色建筑行动方案》的指引下，推出了各个地区的绿色建筑的下一步实施目标和计划方案，特别是像北京、上海、江苏等发达地区已经出台了强制绿色建筑的要求，因而绿色建筑标识项目出现了井喷。

　　绿色建筑，特别是高星级绿色建筑，相比普通建筑，优势比较明显。因为在节地、节能、节水、节材、室内环境质量和运行管理等方面采取了多项绿色建筑技术策略，从而保障项目在后期运行过程中能够为建筑的使用者提供更好的室内环境；同时因为采取了相关节能和节水措施，会在实际运行过程中减少能源和水资源的浪费；更为重要的是使建筑内的使用者能养成绿色低碳的行为方式，为减少环境污染贡献自身力量。

　　要是说到劣势，我想应该是大家对绿色建筑的接受程度还有一些问题。一方面是绿色建筑的实际运行效果与大家的期待还有距离，可能会出现绿色建筑在实际运行中并不节能的现象。另一方面则是普通老百姓对绿色建筑的感知力还不是很强，绿色建筑还没有真正走入平常百姓家。所有这些问题都是未来需要重点研究和解决的方向，我想通过有识之士的共同努力，问题会得到解决。

甘：绿色建筑已经成为我们国家经济社会可持续发展的一项重要战略；2013 年，国务院颁布了《绿色建筑行动方案》，2015 年，国务院又发了《关于加快推进生态文明建设的意见》，其中提到了工业化、信息化、乡镇化、农业现代化和绿色化这五位一体的发展要求。党的十八届五中全会在讨论国家"十三五"规划建议时，把绿色理念作为我们今后相当一段时间要坚持的五大理念之一。2014 年，上海市政府也制定了《上海市绿色建筑发展三年行动计划》。

　　从国家层面也好，从地方层面也好，政府非常重视绿色建筑工作，把它和环境的整治、资源的保护和生态文明建设融为一体。所以我感觉推进绿色建筑是上海传统建筑业升级转型的一个重要的突破口，绿色建筑的发展应该从政府的重视推动转变为政府主导、企业参与、社会关注三位一体合力的推进。

这些年来，上海的绿色建筑也已经从原来单体建筑向区域规模化方向发展，这是件很好的事情。到目前为止，上海已经通过绿色建筑标识评价的项目达到 297 项，建筑面积已经达到 2 600 万 m²。其中三星数量占比较大，这里面有许多节能环保新技术、新材料、新成果的运用。应该说上海的绿色建筑无论是在数量还是质量上全国都是名列前茅的，在业内起到了领头的作用。

国内绿色建筑的发展现状

H+A：绿色建筑目前的推广程度如何？面临什么样的问题？

裴：近年来，随着我国绿色建筑评价标识制度的建立，我国绿色建筑的发展得到了快速发展。据统计，我国获得绿色建筑标识的项目已经突破 3 500 项，其中 2015 年一年就有 1 000 多个项目获评，创历年新高，其中二星和三星的项目约占标识项目总数的 60%，标识项目中公共建筑和住宅建筑所占比例大致相当。按照省份排序，江苏、广东、山东和上海分列前四位，可见绿色建筑标识项目的总数与一个地区的经济发展水平密切相关。

应该说，上海市在绿色建筑的研究、示范、标准政策、管理支撑和项目推广应用等方面取得了国内领先的成绩。首先，在绿色建筑的研究和示范层面，上海市在全国最早开展了绿色建筑的研究和示范工作；其次，在绿色建筑的标准制定方面，国家绿色建筑评价标准的主编单位之一来自上海（上海市建筑科学研究院），同时于 2012 年颁布实施了上海市的绿色建筑评价标准，也是国内唯一可以使用地标开展一星级、二星级和三星级绿色建筑评价的省市；再次，在管理支撑层面，上海市也是国内最早成立绿色建筑评价机构及出台绿色建筑相关管理办法的城市。2007 年，上海市就成立了绿色建筑评价标识办公室，可以开展上海市的绿色建筑的评价标识工作，并与 2008 年率先在全国开展了一、二星级绿色建筑的评审工作；最后，在项目推广应用层面，上海市在全国也是名列前茅，据统计，目前共有近 300 项获得绿色建筑标识，其中二星和三星项目占比超过 80%，总面积超过 2 000 万 m²。

在绿色建筑得到迅速发展的当下，也存在一些明显的问题，其中包括以下三方面内容：其一是绿色建筑运行标识项目数量偏少。目前全国获得绿色建筑标识的项目中，大多数是取得绿色建筑设计评价标识的项目，获得运行标识项目总数比例不到 6%。当然，这跟建设周期跨度长有较大关系。其二是缺乏绿色建筑竣工验收阶段环节的管控措施。目前绿色建筑的标识管理工作重点是对设计阶段的绿色建筑技术应用进行管控，尚缺乏对竣工验收阶段绿色建筑的管控手段和措施，无法真正了解在设计阶段中应用的绿色建筑技术和系统是否能在竣工验收阶段中真正应用。第三，绿色建筑的产业链的形成十分关键。建筑是个材料、设备、系统和管理高度集成、长期运转的特殊产品，需要产业链的完整、可靠和高质量支撑，但目前我国这方面还存在较大欠缺。

甘：上海推进绿色建筑主要来说采取了五大措施。第一就是形成了一个整体推进的机制，完善了绿色建筑管理的制度体系。比如说我们建立了上海绿色建筑发展的联席会议，形成了工作的推进机制。

第二，整体规划和专项规划相协调。"十二五"期间，绿色建筑已作为规划的一部分进行了部署。现在上海正在编制"十三五"规划，绿色建筑也作为一个重要的内容放在里面。同时又有专题规划——《上海市绿色建筑发展三年行动计划》，细化了我们的发展目标、发展的重点任务和工作措施，非常务实地在推进。

第三，完善了标准体系。根据国家标准，上海也相应地制定了地方标准和行业标准，包括住宅的绿色建筑标准和公共建筑绿色建筑的标准。到 2014 年为止，我们上海已经形成了工程建设标准体系表，其中有 15 个专项工程标准体系是和绿色建筑有关的。现在，本市与绿色建筑和建筑节能相关有 31 项现行的标准，13 项在编，18 项待编。上海非常注重标准的编制，这也是上海推进绿色建筑的一个非常重要的特色。

第四，健全了监管体系。比如首先在施工图审图环节增加了绿色建筑评价内容，把它作为一个强制性的工作流程。现在我们还在调研如何在今后的施工和竣工验收环节也能够关注和落实绿色建筑标准。另外，上海建立了"1+17+1"的监测平台，这样为监测公共建筑和政府办公建筑的节能，按照绿色建筑标准建设的建筑创造了很好的条件，监测绿色建筑运行的效果到底怎么样。当然了这个监管体系现在还有待完善。

第五，加强新技术的研发和成果的推广。上海的科研院校和企业有着很强的研发力量，这几年承担了大量部和市两级课题，围绕绿色建筑的课题就有几十项。上海市非常重视新技术的研发和成果的推广运用，对一些比较好的技术我们协会也组织第三方机构检测和专家认定，然后帮助企业进行推广，下一步还准备做一些推介目录，使企业研发的积极性能够进一步得到保护，通过市场竞争达到优胜劣汰。

这是上海主要采取的五个措施，取得了比较好的效果。但是现在还存在一些问题，主要是社会关注度不高，行业内部协同性不够，绿色建筑产业化水平低；已经通过绿色建筑评审的项目中，设计标识评价项目多，运行标识评价数量少等。

邢：目前国内的绿色建筑仅仅停留在理论层面，实际应用很少。因为从眼前利益的角度讲它往往需要我们投入，需要去钻研、去探索，但目前我们许多人不肯做这件事，认为何必先去实验呢，可能要多花钱，所以我觉得这是一个矛盾。

H+A：目前绿色建筑在我国的城市建设中遇到怎样的机遇和挑战？

裴："十二五"期间，绿色建筑的发展逐渐在行业中达成了共识，并且已取得了较为显著的成果。随着2014年《国家新型城镇化规划（2014—2020年）》的出台，"十三五"我国新型城镇化将重点实现"绿色低碳的城镇化转型"，绿色低碳转型之路已经成为国家和行业发展的战略选择。同时基于中美两国温室气体减排协议，我国承诺2030年左右碳排放达到峰值，建筑业必然走向以提升质量为主的转型发展的新阶段。上述建筑业的转型发展之路必然会给绿色建筑的发展带来进一步发展的机遇。

在看到机遇的同时，我们也不能忽视前进道路上的挑战。绿色建筑毕竟是一个新生事物，在行业中的实践和推广只有短短的十年时间，在很多共性问题上依然存在盲点，同时认识上也存在误区。比如中水的利用问题，在上海这样一个水质型缺水地区，中水是否需要大面积得到推广利用值得商榷。同时还有其他技术如太阳能光热和光电的利用，同样也需要解决建筑一体化和适用性等问题，除了上述技术性的问题需要研究外，还需要出台与绿色建筑发展的配套建设管理办法和标准规范，从而能够从监管层面更好地推动新生事物的发展。

上海作为我国经济中心，市场机制较成熟，绿色建筑的推广模式主要以市场方式为主，经过几年的理念传播、技术培训、教育宣传、市场推广，社会各界对绿色建筑认知与共识逐渐形成，市场需求日益规模化，将会对绿色建筑的发展形成良好的市场基础。

甘：按照现在的讲法就是绿色建筑发展还缺乏社会的认同感，也就是没有让老百姓有种获得感。比如说住房，绿色建筑的住宅和不是绿色建筑的住宅有什么区别？消费者并不了解。所以我感觉，发展绿色建筑不仅仅是建筑行业生产方式的转变，同时也是整个社会人们消费方式、行为方式和生活方式的转变。

邢：理念上还没有树立正确的绿色建筑理念，绿色技术和绿色材料还有待进一步的研究。

第一，观念上不要认为有公园绿化就是绿色建筑。公园绿化是绿色环境必需的，但更重要的是在建筑本身上采取措施，包括旧建筑和新建筑。所以我提出"五个先"，先要从绿色环境做起，先要从大量的商业办公建筑做起，先要从新建和改造做起，先要从材料和设备创新做起，先从个人家庭做起。只有从这五点做起，才是真正朝着绿色建筑的方向发展。绿色建筑实际上也是一个系统工程，绿色建筑设计也是如此。首先，建筑师在设计理念上就应该先一个绿色建筑的理念，在方案设计之初就考虑节能、环保、智能等方面，并有相应落实措施。

第二，运用技术解决设计与绿色节能的冲突。比如说做一个超高层建筑，材料既要轻质的，又要环保的，还需要能生产出来并且可以供应。另一方面，我觉得"窗墙比"是一个指标，但不能代替一切。如果今天我们的建筑只讲"窗墙比"的话，那最后又是千篇一律。所以，如果解决好材料和技术的关系，即使全部应用玻璃幕墙也不是不可以。比如，德国瑞士等国家采用可呼吸式的或者可调节的玻璃幕墙，因此技术的创新是不能停止的。

第三，材料设备还需要不断地研究和探索。现在市场上出现的低价竞争，或者是不规范竞争，造成了很多的假冒伪劣产品，所以建筑师要调查研究，到科研院去了解最新的节能材料，到材料商那里去看看真实的产品，对那些声称环保节能的假冒产品坚决不能使用。

第四，需要与业主加强沟通。有些业主由于招标需要，在最后的建成项目上并未使用合格的好材料。建筑师还需要参与施工环节，因为绿色建筑的施工要花费更多的工夫，比如屋顶绿化需要关注防水排水是否做到位等。我相信绿色建筑将来会成为建筑师必须使用的一种手段。

H+A：能否介绍几个给您留下深刻印象的绿色建筑案例？

裴：我国每两年会评选全国绿色建筑创新奖，在历年全国绿色建筑创新奖的评审工作过程中，上海市在各个奖项中均有斩获。据统计，上海共有 20 多个项目获得绿色建筑创新奖，其中获得全国绿色建筑创新奖一等奖的项目就有 5 个，包括上海市生态示范建筑、沪上生态家、南市电厂改扩建工程、上海崇明陈家镇生态办公示范建筑和北外滩航运中心等项目。除此之外，近些年落成的申都大厦改造工程、上海中心等项目都各有特色，有场馆建筑、办公建筑、既有改建建筑、综合体，还有超高层建筑。它们都为上海乃至全国的绿色建筑发展起到了引领和示范的作用。

甘：虹桥商务区、世博 B 片区、南桥新城、长宁凌空园区、漕河泾开发区都是绿色建筑区域规模化发展的代表案例。还有上海中心，被称为现在世界上最高的绿色建筑，2012 年通过了绿色三星的设计标识的评价，最近又获得 LEED-CS 白金级认证。此外，申都大厦是比较典型的既有建筑的绿色改造案例。

邢：莘庄工业园区就是一个低碳工业园区的范例。入驻工业园区的企业都是绿色无污染的企业，所有建筑本身有统一审查，并成立专家组进行审核保证建设全过程及建筑全生命周期中都是绿色无污染的。这说明绿色是从规划到建设，从城市到建筑单体的一个保障。

绿色建筑未来发展趋势

H+A：绿色建筑未来会朝哪些方向发展？

裴：未来总是充满了不确定性和未知性，但是我认为绿色建筑在行业中的实践和推广将是未来行业发展的主流。绿色建筑将逐渐从前期的"重设计"向"重运行"方向发生转变——更多的政策和技术将朝着这个方向努力；更多的建筑将会关注建筑物在建造及使用过程中的能源和资源消耗情况，关注在室内空间的环境质量是否能满足健康的标准。而且未来绿色建筑的性能评价将会用定量化的数据说话，借助互联网的发展、BIM 和工业化等发展趋势，加速技术的转变过程，真正实现绿色建筑的转型发展。

甘：虽然上海取得比较好的成绩，在全国也是领先的，但是还是要用发展的眼光看待绿色建筑，要不断地总结提升，如何把建筑的绿色化和建筑的工业化，建筑的信息化融合起来，产生更好的效益和效果。

下一步的发展是要实现绿色建筑全产业链的推进，提高装配化、集成化。重点抓住建筑的工业化，即装配式建筑。装配式建筑可以在施工过程中减少能耗，提高效率，确保质量。还有 BIM 技术的推广，BIM 技术能够在复杂的设计中做好衔接，保障工程安全、控制成本、确保工期，为运营维护提供技术支撑。还要大力推进绿色建材标识等工作，这些都是是绿色建筑推进中的重要内容。

邢：首先未来的城市规划将来会有更多的留白，作为绿地公园等，这是一个趋势。另外一个趋势就是随着城市的发展，为了节约土地资源建筑会向超高层发展。在城市的纵向发展上更要注意绿色建筑的普及。记得有一次会议上就谈到城市超高层建筑对人类是"天堂"还是"地狱"，那我的观点是超高层建筑可以做"天堂"也可以做"地狱"。如果不关注绿色建筑，不采取绿色技术措施的话，那它将来就是"地狱"——这么多人挤在这么高的楼里面，在一个密闭的空间里面有污染的空气、污染物的排泄以及交通的堵塞。

H+A：能描绘一下您眼中的绿色建筑发展图景吗？

裴：2014 年 7 月上海发布了《上海市绿色建筑发展三年行动计划（2014—2016）》，该行动计划的主要目标是通过三年的努力，初步形成有效推进本市建筑绿色化的发展体系和技术路线，实现从建筑节能到绿色建筑的跨越式发展，新建筑绿色、节能、环保水平明显提高，建筑工业化水平取得显著进步，既有建筑节能改造稳步推进，绿色建筑发展水平位于全国领先。根据该行动计划的要求，所有新建建筑都需要满足一星级绿色建筑，在八个"低碳发展实践区"和六个"重点功能区"内，新建建筑至少 50% 要达到"绿色二星"及以上标准。此外，单体建筑面积 2 万 m² 以上的大型公共建筑和国家机关办公建筑，也要至少达到"绿色二星"标准。

2016 年将是该三年行动计划的收官之年，同时也是"十三五"规划正式启动之年，管理部门将对上述目标和任务进行评估，对绿色建筑的发展目标和任务的实现情况进行总结，梳理绿色建筑发展过程中的难点和重点，同时为"十三五"的绿色建筑发展指明方向和目标。2015 年，管理部门已经启动了绿色建筑的"十三五"专项规划编制工作，其中相比"十二五"的绿色建筑工作，最大的变化体现在更多关注绿色建筑运行，将以绿色建筑运行评价标识为抓手，加快推进绿色建筑绿色化运营。

针对目前绿色建筑建设实施过程中的薄弱环节，将进一步将标准规范系列化，强化绿色施工管理，完善绿色建筑专项验收和长效要求，并且以此带动绿色建筑相关产业链的完善，从而推动绿色建筑从管理、市场、技术、产业的全方位发展。

甘：在未来绿色建筑的发展过程中，我感觉设计是龙头，建筑从规划设计到建设到运营维护，包括拆迁的废弃物的综合利用，都与设计有关。我们要非常重视设计的龙头作用，去年上海市绿色建筑协会下属的规划与建筑设计专业委员会，专门针对设计单位的设计人员开展基础知识和新标准的培训，并对设计单位也进行了能力的认定。审核其是否已经具备了绿色建筑设计的能力，其目的正是要让设计起到引领示范作用。

邢：我觉得是迈向环境生态型、资源节约型、建设绿色智能型的发展方向是必须的趋势，走向低碳低能耗的环保技术路线也是必然之路。推进旧城改造跟我们城市城镇化建设当中，绿色是种催化剂，可以通过绿色建筑，来催化创造时代的经典。

H+A：能谈谈您所在的领域未来在这一方面的发展计划吗？

甘：我们正在和准备做的有这样几个方面：一个是加强宣传，向社会宣传绿色建筑理念，增强绿色建筑意识。比如协会在政府部门的支持下开展绿色建筑进校园活动，让孩子们知道什么叫绿色建筑。并计划搞一个绿色建筑科普基地，目前已有一个华东地区绿色建筑基地，主要是给专业人士参观交流。绿色建筑科普基地主要是面向社会大众特别是青少年开放，向公众普及绿色建筑基础知识。

第二，进一步完善绿色建筑相关法规。上海政策很多，但除了政策还应该有法律法规的支撑。目前，协会受市人大和市住建委的委托，已经在开展上海绿色建筑立法的前期调研，并取得了初步成果。

第三，要加强监管，提高运行实效。要充分利用政府已经建立起来的监测平台跟踪运行绩效，保证设计理念及新的技术能够得到落实。只有这样才能够使这项利国利民的事能够健康有序地推进。

邢：第一，缩小教学跟人才上的差距，加强建筑师关于绿色建筑的培训。因为如果没有这方面人去研究，又怎么能在设计中落实呢？所以华建集团近年来做了不少原创设计方面的努力，这其中也包括绿色建筑。集团要把专业性的人才、专业性的队伍逐步推广到大量的建筑技术人员市场去，因为其他的建筑都是这些人在做，不能够全部集中到每个专业团队里面，普及上面要做工作。第二，绿色建筑应该列入我们的员工择业培训，每年有什么新的发展、新的材料、新的措施，通过这个讲座介绍给大家，提供一些教材、一些指标；最后鼓励一些项目的实践，好的绿色建筑项目、优秀设计应该给予得奖鼓励，加强绿色建筑的推广措施。

（注：其中甘宗泽访谈内数据截止时间为采访当天）

李群 / 文　LI Qun

用自然营造环境
用空间建构绿色
申都大厦既有建筑的绿色更新
Built Natural Environment and Green Space
Renovation of Shendu Building

申都大厦是上海高密度老城区内的老房更新项目，项目设计特别关注使用舒适度和建筑能耗性，提倡被动式技术与建筑空间的有机整合，用自然的本色塑造具有新意的建筑整体形象及充满诗意的绿色办公空间，并最终为使用者实现了"身边的绿色"。

申都大厦原为上海围巾五厂，建于 1975 年，3 层混凝土框架结构的厂房车间。1995 年进行钢框架结构的加建，改为办公使用，2010 年对老建筑进行绿色改造。申都大厦的整个改造设计积极提倡这种被动式节能，设计结合许多绿色元素对老楼进行改造，大量采用被动式设计，通过边庭捕风、中庭拔风、垂直绿化遮阳等方式，积极实现绿色技术与建筑一体化设计的有机结合。

1. 实景鸟瞰

1. 整合模式的空间调节

项目通过空间设计策略，用建筑的手法，以少能耗的方式来实现对室内环境舒适度的调节。从方案的初始，"被动式节能"就被作为整个改造设计的一个基本出发点。设计通过中庭、边庭及一些特别的技术措施的整合作用，以最小的空间支出换取舒适要求。

建筑的内部空间由一个贯穿各层的小中庭组织起来。这个 2m 宽的中庭是自然通风系统的核心。设计采用了上小下大的剖面形式，旨在利用"文丘里管现象"[1]，增强中庭的自然通风能力。同时，建筑师在中庭顶部增设高于屋面的玻璃光井，从热压差的角度，可利用太阳能进一步加强中庭底部的风力场加速度。但对于 L 形布局的平面使用来讲，中庭只能解决单翼平面的通风问题，为了将通风系统的作用面积扩大到整个平面，建筑师在另一翼平面的南侧退让出 2～3m 宽的边庭，这样春秋两季的自然风（上海本地主风向为东南）就从东南侧的开敞边庭空间导入建筑内部，经由主要使用空间，再通过中庭进行核心拔风作用，带有余热的空气顺利从中庭顶部的全开启天窗排到室外，完成整个通风降温过程。

这种中庭和边庭一主一辅协同作用的模式，可以使建筑在春秋两季实现最大换气量的自然通风，并保证了主要使用空间的受益均好性，缩短全年空调系统的运行时间，提高建筑自身的能效。

2. 带有四季表情的绿色表皮

项目位于典型的上海高密度老城区，土地资源稀缺，在空间上的水平发展受限，建筑师提出垂直维度的设计思路，即更新的东、南立面采用创新的垂直绿化模块，以最小的空间支出换取最大的景观资源。

建筑的东立面由 82 块 1.2m（宽）×3m（高）的标准斜拉模块构成，南立面由 60 块 1.2m（宽）×3.6m（高）的标准垂直模块构成。标准化的绿色模块可以解决原来建筑的非标问题，同时提高预制工业化程度，并为植物的箱式预栽培和后续的整体维护替换提高通用性。

为了丰富立面效果，建筑师设想单一模块采用多品类混种的配植模式，按照常绿类 50%、落叶类 30%、草本类 20% 的配比交替根系进行种植。在绿化物种的选择上，优先选用的是适宜当地气候和土壤条件的乡土植物。项目还利用植物本身落叶开花的季节性特征，将室内视野与建筑立面在春夏秋冬打造出不同的表情色彩，同时形成自然调节式遮阳。春季蔷薇和少量月季交错点缀，整体呈现浅绿色；夏季色调由浅入深，枝繁叶茂，可遮挡直射阳光；深秋的五叶地锦呈现出别致的红绿相间的色彩；冬季过半的植物落叶，建筑室内就可以接纳更多的阳光照射。建筑最终呈现出植物更替与建筑立面相容相生、不断生长、不断发展的一种状态。

3. 建筑能效性

整栋楼采用的生态节能技术以适宜为原则，主要有自然通风及自然采光的被动式设计，紧凑空间增设的循环资源再利用系统（包括雨水回用系统、太阳能光热系统、太阳能光伏系统、新风热回收系统），建筑能效监管系统和阻尼器消能减震加固体系。

其中，能耗监测系统是设计专业团队研发的智能型建筑设备管理系统，目标是获取实际能耗数据，对比设计数据，以此来评判建筑的性能。能耗监测的手段就是在设备终端预设监测装置，能耗数据将从用水、用电、空调、通

风和其他设施这五方面分别提取。

具体可以分为以下三点来解释：（1）能耗的分项计量。这是一项基本要求，意味着各种设备的耗能可以被分性质、分区域读取；同时这又是一项关键技术，重点在于如何保证数据的质量；（2）对比能量需求与实际能耗量，并分析差异的可能来源。这将给节能设计带来实际指导意义。申都大厦改造后的整体耗能量控制在 59kWh/m^2；（3）通过监测，可以找出在能源效率和环保方面需要改善的环节。比如对用电设备的规范和对通风设备滤纸的定期更换清理，提高物业管理效率。

4. 结语

申都大厦的更新设计回归到对绿色本体的理解与阐释，尤其关注建筑使用舒适度和建筑能效性。更新后的申都，作为一个自然生长、持续发展的绿色建筑：她与西藏南路共享，为街区带来活力，透绿的沿街立面已经成为一道城市的风景；她与相邻住宅共赢，边庭的"退界筑绿"为邻里住户带来景观，缓解不同使用功能之间的矛盾冲突；她与周边环境共生，在周边高密度水泥钢筋混凝土的映衬下，显得和谐而美好，创造了舒适宜人的微环境。

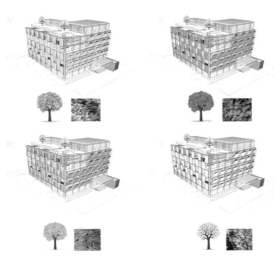

2. 带有四季表情的绿色表皮
3. 南翼办公区的边庭空间

注释：
① "文丘里管现象"：一种流体运动现象，其原理基于流体的连续性原理，即流经管道任一截面的流量为恒定。因此，流体在流经截流装置时流速加快。

作者简介

李群，女，华建集团华东建筑设计研究总院，创作中心主创建筑师，国家一级注册建筑师

4.5. 绿色斜拉模块
6. 生态节能设计

项目名称：申都大厦改造工程
建设单位：现代置业房地产有限公司
建设地点：上海
建筑类型：办公
设计 / 建成：2012
总建筑面积：6 230m²
建筑高度 / 层数：24m/6 层
容积率：3.06

设计单位：华建集团华东建筑设计研究总院
项目团队：汪孝安，范一飞，李大晔，李群，张伯伦，张聿，魏炜，沈冬冬
获奖情况：获上海市 2013 年优秀勘察设计项目一等奖、获上海市 2013 年建筑学会建筑创作奖优秀奖、获 2013 年中国建设部三星级绿色建筑设计标识证书、获 2014 年中国建设部三星级绿色建筑运营标识证书、获 2014 年全国绿色建筑创新奖一等奖、获 2014 年中国建筑学会建筑创作奖入围奖、获 2015 年全国优秀工程勘查设计行业奖一等奖

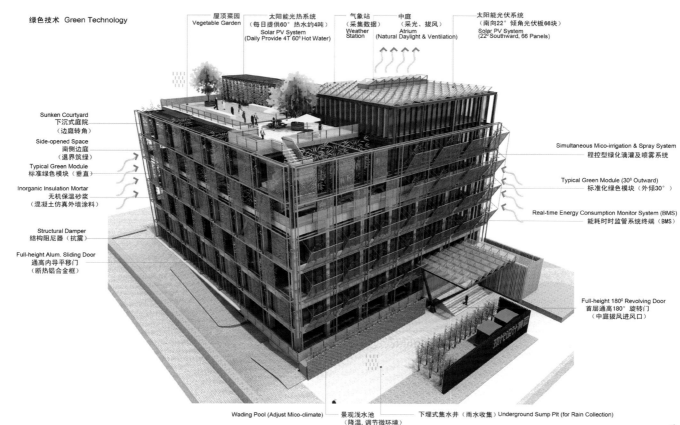

绿色技术 Green Technology

屋顶菜园
Vegetable Garden

太阳能光热系统
（每日提供60°热水约4吨）
Solar PV System
(Daily Provide 4T 60° Hot Water)

气象站
（采集数据）
Weather
Station

中庭
（采光、拔风）
Atrium
(Natural Daylight & Ventilation)

太阳能光伏系统
（南向22°倾角光伏板66块）
Solar PV System
(22° Southward, 66 Panels)

Sunken Courtyard
下沉式庭院
（边庭转角）

Side-opened Space
南侧边庭
（退界筑绿）

Typical Green Module
标准绿色模块（垂直）

Inorganic Insulation Mortar
无机保温砂浆
（混凝土仿真外墙涂料）

Structural Damper
结构阻尼器（抗震）

Full-height Alum. Sliding Door
通高内导平移门
（断热铝合金框）

Simultaneous Mico-irrigation & Spray System
程控型绿化滴灌及喷雾系统

Typical Green Module (30° Outward)
标准化绿色模块（外倾30°）

Real-time Energy Consumption Monitor System (BMS)
能耗时时监管系统终端（BMS）

Full-height 180° Revolving Door
首层通高180°旋转门
（中庭拔风进风口）

Wading Pool (Adjust Mico-climate)

景观浅水池
（降温，调节微环境）

下埋式集水井（雨水收集）Underground Sump Pit (for Rain Collection)

6

隋郁 / 采访者　郭晓雪 / 整理　SUI Yu(Interviewer), GUO Xiaoxue(Editeor)

田炜
华建集团上海建筑科创中心 副主任，中
国绿色建筑节能专业委员会 委员

申都大厦访谈录
华建集团上海建筑科创中心副主任田炜访谈
Interview Record of Shendu Building
Interview with TIAN Wei,Deputy director of Huajian group Shanghai Building Branch Center

1. 建筑立面采用标准化的绿色模块
2. 总平面

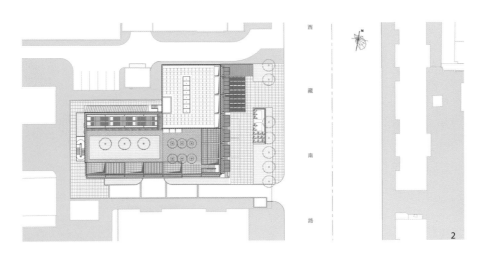

H+A：申都大厦建于 20 世纪 70 年代，当时是 3 层的厂房车间，90 年代改造成 6 层的办公楼，如今算是第二次改造了。第二次改造和第一次改造有哪些不同之处呢？您和您的团队在这次的改造过程中都负责了哪些工作？

田炜（以下简称"田"）： 申都大厦历经两次改造：第一次改造主要是基于功能上的改造，由过去的厂房变成了办公楼，同时为了满足使用的需求在顶层加建了 2 层，底层由于层高较高，于是挖出一个半地下室，这是第一次改造的内容。在第一次改造的过程中有很多不尽如人意的地方，包括办公区的环境、结构的振动影响等都没有得到改善。第二次改造原本只进行"装修改造"，因为它由藏在居民区里面的建筑变成了临街建筑，外立面的形象就变得重要，所以开始的时候仅仅是做修缮工程，并非是要做成一个绿色建筑的改造。但是随着我国绿色建筑事业迅速发展，及集团作为绿色建筑设计的领军企业，如何破解高密度的城市市区既有建筑的功能向绿色化方面的改造已经成为行业乃至全社会的共识。"十一五"期间，科技部在既有建筑的改造方面投入了1亿元的科研经费，"十二五"也投入了6 000万元。面对申都大厦这样好的载体，集团主要领导都认为这是一个很好的契机，因为我们既是这个项目的业主，又是项目的设计、施工、运维等全生命周期的执行者与参与者，我们是以用户为导向而进行的全过程的改造，由此集团领导提出以高水准的绿色建筑为目标去进行改造。从2008年起至今，经过上下努力，项目基本上达到了这样的目标。上个月月末，我们的设计标识已经通过了建设部专家的评审。所以说，第一次和第二次改造有着本质的区别，第二次改造是从四节一环保（即"节能、节地、节水、节材和环境保护"）的角度，以生态文明建设为重点出发而进行的综合性的改造，第一次的改造仅仅是功能上的改造。

第二次改造对我们技术中心来说也是一个非常好的契机。技术中心作为项目的绿色总监单位，我本人是这个项目的绿色总监，可以全过程参与、控制，从方案演化到绿色技术产品的招投标过程都能实实在在地把控。真正实现了绿色建筑最重要的特征即全过程、全生命周期。绿色建筑强调综合性，不是哪一个专业的工作。如何发挥技术中心在这方面的特长，在设计、施工、运维等过程中发挥作用是我们一直努力的目标。

举个例子，如申都大厦在设计立面方案的时候，由于要确定何种立面能在声、光、热方面起到何种作用，当设计单位推进到某个方案的时候，我们的技术支撑就跟进到某个层面。又比如中庭的设计，华东总院的设计团队提供了6～7个可选方案，我们对它逐一进行分析后得出的结论是：中庭不是越大越好，只要在合适的范围内达到采光、通风的效果，并且能够让建筑内环境中周边部位都尽可能地享受到这种中庭所带来的好处才是最重要的。现在很多绿色建筑认为只要开个中庭就能够自然通风了，但要考虑它的实际情况。就以申都大厦为例，当进深达到18～19m时，就要考虑如何让边缘的角落部位也能够享受到自然通风的效果。如果只有一个拔风口，说难听点就是一个"烟囱"，只能局部产生影响，较远区域的影响就比较小。要想让它形成互流，设置边庭就是一个比较好的手段。设计结合建筑边庭设计，让边庭风和烟道风结合起来有效地扩大了自然通风的影响范围，让更多的办公人员都能享受自然的新风效果。

H+A：提高了大楼里各个角落的舒适性。

田：对，把受益面积提高，而不是只做个拔风井就算是绿色建筑。其实，我认为绿色建筑和以功能分类的建筑含义是不一样的。比如交通建筑、居住建筑、医疗建筑等，都是以建筑功能为特征的，而绿色建筑并不是某一类建筑。从某种意义上来说，绿色建筑是精细化设计与环境共生的建筑，所有的建筑都有可能做成绿色建筑。目前虽然我们有地方的、国家的评价体系，然而就我的感触来说，前两年是国家鼓励性地推广，推进力度虽然大，但是没有给开发商、开发单位实质性利益的举措或政策。今年国务院颁布了一个绿色行动计划，财政部和建设部共同发文（167号文）力推绿色建筑，绿色建筑的奖励幅度也前所未有地得到了提升：三星标识的绿色建筑可以享受80元/平方米的补贴，二星标识的绿色建筑可以享受45元/平方米的补贴，地方还有补贴。比如上海市不管是二星还是三星绿色建筑都有60元/平方米的补贴，等于最低也可以享受到105元/平方米的补贴，最高可以有140元/平方米的补贴。这些举措都从前端就引导业主往绿色建筑方面推进。另一方面，由于公共建筑节能标准和其他相关标准的提高，原来的绿色建筑增量成本比较高，而现在普通建筑节能门槛高了，增量成本相对就降下来了：原来按照50%的节能标准，现在要求65%的节能标准，所以要付出相应的代价，但通过补贴，大大减轻了相应的代价。谈到这里，自己也有一些反思，我把目前很多绿色建筑称之为"图纸上的绿色建筑"，就是只拿设计标识而不拿"运营标识"，只做一些图纸上的工作。甚至有一些开发商为了节水指标就做一些雨水收集池，但是在真正运营过程当中却废弃了这些设施。为了绿色建筑而绿色建筑，这就违背了绿色建筑的初衷，怎样真正地实施在运营中的绿色建筑是我们非常重视的问题。申都大厦项目里，设计院和技术中心最大的区别是：设计单位由于时间的限制只做到施工图为止，而我们是全过程跟踪，涉及绿色方面的协调工作和相关产品的招投标工作我们都会全程参与。

再比如，我们在申都大厦里开发完成了一套能耗实时监管系统，这套能耗监管系统是我到美国ASHRAE总部考察后学来的。ASHRAE总部是暖通空调界世界公认的最权威机构，当看到他们那套能耗监管系统时，我觉得非常有启发。因为它不能够知道一个楼层的用电情况，它还可以分区域、部位，分照明、插座、空调……来了解各个地方的用电情况，分得清清楚楚，让你明明白白地知道哪些地方的能耗过高，哪些地方是有潜力可以节能的。并且通过能耗监管系统能够实现人的行为节能，为什么在技术中心我经常要求大家午休时随手关灯，我们的电费和前几年相比节约了很多，采用行为节能方式节约10%的能耗是很容易做到的。在这个过程中，各个楼层的电、水、太阳能收集系统、太阳能光伏发电及雨水搜集的相关内容我们都要收集，常规的电量计量中又包含空调用电、照明用电、插座用电等，并且这么多系统所有的接口必须要一致。曾经有一个单位在做能耗监管系统时，最后太阳能热水数据没办法上线，最大的原因在于太阳能系统的输出端口和能耗监管系统的端口不匹配，两个协议不一样。于是我们就担当起协调工作，召集所有涉及能耗监管系统的六家单位，经过多次协调把接口协议定下来，保证所有的数据都能够在监管系统平台里真实地表达出来。这是技术中心在项目实施过程中非常重要的一个例子。另外，在这个项目中如何实施垂直绿化植物的选配，常绿、半常绿还是落叶植物究竟选择哪种？对我们技术人员来说也是一个比较陌生的学科，在这个过程中我们不断向植物园专家学习，多次到苗圃、植物栽培基地去考察，包括在项目中将滴灌和模块化的盆栽技术相结合也是在边学习的过程中予以实施的。在这个项目里其实有很多故事可讲，所以我们今后会有一本关于申都大厦的系列丛书，把很多小故事串联起来讲述技术中心到底做了哪些工作。

H+A：刚才在您的谈话中多次提到申都大厦所用到的一些绿色技术，可以给我们系统地介绍一下吗？如果我们去参观的话，哪些点是值得我们关注和学习的？

田：如果从绿色技术层面来谈的话，应该说值得我们关注的点有很多。我们曾经做过"绿色技术的适应性研究"的课题，针对绿色标识建筑可以用的技术大概有40～50多种：有建筑被动式技术、主动设备技术、节能改造技术、结构技术以及给排水所对应的雨水回收技术等，各专业技术非常多。而如何选择适宜的技术，特别是适合申都大厦的技术，我们考虑了很多。从开始梳理了42项到筛选出21项，再通过技委会筛选，最终确立了17项。这里可以举几个例子，当时在这17项技术中有5项技术涉及空调暖通专业，原先计划是在每个楼层都做一套空调系统，但是根据调研以及权衡判断，我们认为不管系统多先进，最终还是和使用有关，设计单位办公空调系统一定是对应局部空间和局部时间的。所以最后我们把那些非常先进的高端技术全部取消，仅仅用了很简单的VRV系统，哪里需要用能，就开哪个主机这种直接对应的方式，用最朴实的技术达到最佳的效果。

当然我们也有一些其他技术，比如这个建筑最大的特点是夹在居民区里面，和居民区产生视线的对视。南面的居民楼距离申都大厦的墙边只有14m，申都大厦的南立面正对着居民楼的北面，而居民楼的北面往往安置的都是卫生间、厨房间等，这些视线对于办公场所来说都是不利的。那么在这种情况下，安放垂直绿化能够非常好地避免视线的干扰。同时，垂直绿化还有一个好处是能够局部遮阳，当夏天不需要阳光的时候，正是植物长得枝繁叶茂之时，从而遮挡住阳光；当冬天需要阳光的时候，植物正当落叶变得稀疏之际，阳光就可以直接照射进来。

此外，如果申都大厦的中庭要符合消防的要求，可能就要做成一个封闭的井道，这样就失去了让空气流通的效果。我们经过对消防性能化的分析，打通了拔风井，让周边的风、空气能够从这里疏散，同时又减少了空气在建筑内的时间，所以如发生火灾，我们的措施是让烟气蔓延的速度低于人流疏散的速度，这样保证了人群的消防疏散安全。消防疏散安全与自然通风的兼顾，这是我们的另一技术创新。

另外，在结构抗震技术的应用上，我们也考虑了很多。随着抗震规范的提高，国家对抗震性能的要求也随之提高，如果按照现在的抗震规范，用传统的加固方法就要增加柱子和梁的截面积。而如何有效地控制构件面积从而减少加固的工作量是我们考虑的问题。减少混凝土的用量一方面可以减少混凝土的占地面积，另一方面可以把混凝土这种不可再生的材料用量降到最低，所以我们最终选择了增设金属阻尼器的加固方式。最后计算下来大约节省了近15m²的建筑面积，如果按照3万元/平方米的使用面积来算，也是一笔可观的经济效益。此外，增加结构阻尼方法既节约了材料又能达到现有的国家抗震规范标准的要求，这也是我们从技术上对提高建筑物性能、重点考虑节材的一块内容。

H+A：在这个过程中，绿色技术和建筑改造肯定是相辅相成的，它们之间发生过矛盾吗？有没有存在一定的让步或者受到一些影响？

田：很多地方都有。在改造过程中很多地方可能过于重视技术本身而忽略了改造项目的环境。申都大厦的场地很小，在三面围合的情况下，能否同时满足交通空间与透水地面的需求，是一个非常大的矛盾。根据绿色三星的要求，必须有40%的面积是透水地面。但是行车是不能上透水地面的，因为透水砖或者透水混凝土的强度不够。这样就只能充分利用已有的绿化面积，也就是说，绿化面积达到40%就没问题了。但申都大厦是改造项目，没有那么多地方可以进行绿化的覆盖，所以这是比较突出的问题第二方面体现在对可再生能源的使用上。从水平衡的角度考虑，雨水收集的能源和使用需求是不匹配的。还有一点问题在于，办公建筑太阳能热水的需求量不大，但是绿标对总体能源又有一定的要求，这些方面也是矛盾的。

此外，最大的问题在于建筑功能的变化。在改造过程中经常受制于场地周边的条件，比如说风环境，当周边环境没有余地时就只能想办法在室内和边界做文章。而如果是一个新建建筑，则可以调整间距，调整布局来达到整个区域微环境的效果。

H+A：通过您的介绍，让我们对本不陌生的申都大厦又有了更深一步的认识和理解，包括它的绿色技术、建筑改造，而且也不难看出您对申都大厦抱有非常浓厚的感情，全心全意地在做这个项目，享受这个项目带来的欢乐，那么请您用一句话或者是一些心中所想来作为今天采访的结束语。

田：通过申都大厦这个项目，我理解的绿色建筑是一个综合性的绿色建筑，更是一个全过程的绿色建筑，它需要精细化的设计、绿色的施工、最优化的运维，只有打通所有环节才能实现真正的绿色建筑。

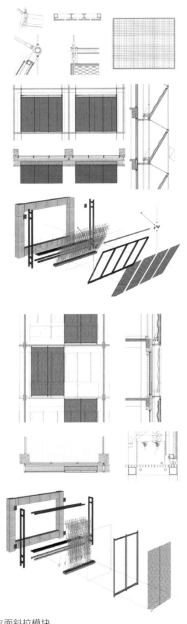

3. 申都大厦东立面斜拉模块
4. 申都大厦南立面垂直模块

4

徐敏/ 文   XU MIn

不利朝向下的绿色实践
上海崇明陈家镇能源管理中心（生态艺术展示馆）设计
Green Practice With East West Facing
Shanghai Chongming Chenjia Town's Energy Management Centre Design

项目名称：崇明陈家镇生态艺术展示馆

建设单位：上海陈家镇建设发展有限公司

建设地点：上海市崇明陈家镇

建筑类型：展览

设计／建成：2015

总建筑面积：5 511m²

建筑高度／层数：14.7m/2 层

容积率：0.099

设计单位：华建集团华东现代都市建筑设计院

合作单位：上海华城工程建设管理有限公司、
　　　　　长业建设集团有限公司

项目团队：戎武杰、刘智伟、林琳、郑沁宇、陈新宇、
　　　　　钱彦敏、张伟伟、肖黎迦

古往今来，"坐北朝南"被认为是好房子的必要条件。因为南北朝向的建筑冬暖夏凉，是最有利的建筑朝向。特别是在绿色建筑兴起的今天，南北朝向布局因更易获得自然通风和日照，成为业界普遍遵循的节能原则。国家新版《绿色建筑评价标准》要求建筑主要朝向一定要南北向布置，一些地方更将"建筑朝向避免东西向"写入设计规范。

当南北朝向的绿色建筑成为常态时，在崇明岛陈家镇生态实践区，却有一幢执念于东西朝向的绿色建筑——上海崇明陈家镇能源管理中心（生态艺术展示馆），而创造它的是一群执念于让绿色回归建筑本身的人们——华建集团华东现代都市建筑设计院商业地产研究室绿色设计团队。团队带头人都市院副院长、总建筑师戎武杰曾在微信朋友圈上给这份执念留下了注解："走走停停，磨耗了4年时光，小小项目总算走近尾声，每每摆脱魔都的喧闹，伫立它的面前的时候，凝望之际，居然有一种约会般的幸运感觉。GDP的滚滚洪流之下，它似乎被遗忘了。不过偏安一隅少有干涉的境遇倒是多了一份尝试、坚持、思考的从容。"

1. 项目入口与坡地结合，突出建筑与场地共生的理念

1. 尝试——不利朝向下的绿色建筑

陈家镇作为崇明岛近期开发建设的重点地区之一及正在重点建设的生态实践区,将不再延续以往建设的高消耗、高污染模式,而从建设全寿命周期角度全面贯彻低碳、绿色、环保的理念。位于实践区4号公园里的能源管理中心不仅将成为整个社区的能源管理枢纽,还将成为兼顾学术会议功能和新能源绿色建筑展示的中心,以及社区文化活动中心。

能源中心的选址位于一条楔形绿带中,南面正对着生态实践区的中心生态湖。如果按照一般绿色建筑的设计法则,项目将南北向横穿公园,"就像被拦腰截断一样",主创之一都市院商业地产研究所主任建筑师刘智伟每每提起

这一布局总不住摇头。"这是给设计师的一道功课,"业主方上海陈家镇建设发展有限公司规划设计部张君瑛博士显然也不满意南北向的布局,"我们希望设计师要充分考虑建筑与地块的关系,地块与周边环境的关系,真正实现建筑与环境的和谐共生。"

"建筑应与场地共生。"戎武杰对此深感共鸣,他认为能源中心不仅仅是一个个体的绿色建筑,更应成为整个生态实践区中的一个绿色展品,也是4号公园的中心景观。于是,已建成的能源中心位于公园的主轴视觉线上,东西向"一"字形的建筑主体被两旁的斜草坡挤压、托举着,宛如一艘破土而出的航母即将驶入面前的湖中。戎武杰介绍,东西向的布置将中央

景观引向公园纵深方向,营造了较强的序列空间,从而避免沿湖面形成一个横向界面,将湖面景观与公园景观割裂。

"东西向的建筑,真的绿色吗?"很多人问过设计团队这样的问题,包括绿色建筑三星级标识的专家评审们。"对,它就是东西向,也是绿色建筑!"戎武杰的答复很有底气——目前展示馆已获得国家绿色建筑最高级别三星设计标识,2015年上海市建筑学会创作奖,并入围南非2014年世界建筑师大会"可持续发展板块"。刘智伟还向记者出示了各种室内室外环境优化分析报告,复杂的模型与表格数据记录了设计团队7次易稿的创作过程,同时也证明了"东西向的节能效果和南北向没有差异"。

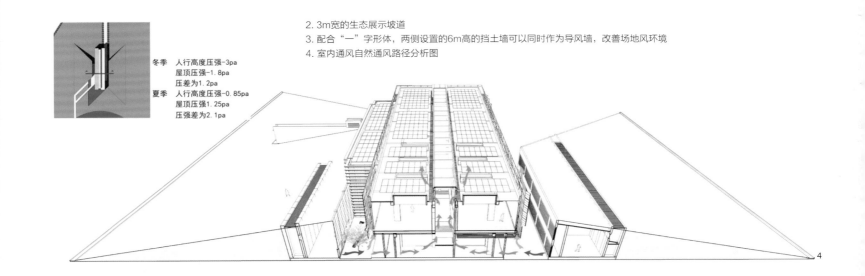

冬季 人行高度压强-3pa
　　　屋顶压强-1.8pa
　　　压差为1.2pa
夏季 人行高度压强-0.85pa
　　　屋顶压强1.25pa
　　　压强差为2.1pa

2. 3m宽的生态展示坡道
3. 配合"一"字形体,两侧设置的6m高的挡土墙可以同时作为导风墙,改善场地风环境
4. 室内通风自然通风路径分析图

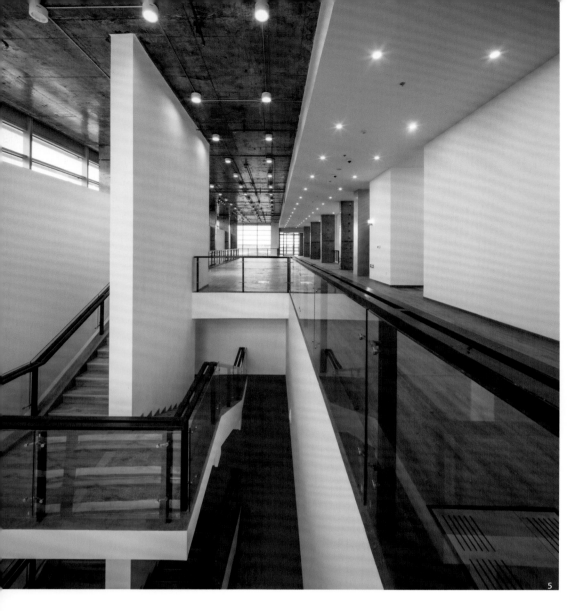

2. 坚持——绿色本体生态设计

绿色建筑的出现是建筑行业的一场革命，也成为不断涌现的高新技术与设备的展示舞台。然而，在此项目上，戎武杰却将大半舞台留给了建筑设计本身，他说："我想尝试一种绿色生态的建筑设计方式，而不是以技术、设备来堆砌绿色建筑。"这种方式被他归类为"绿色本体生态设计"模式。

戎武杰认为，应通过建筑设计本身也就是对空间、布局、细节等的设计，再适当采用一些构造方式而非设备手段，来实现建筑节能的目标。"绿色本体生态设计"模式是他对绿色建筑设计方法的一种提炼，强调从自然元素和传统建筑中获得灵感，通过利用导风墙、导风井、立面遮阳、立体绿化等建筑手段来实现绿色建筑。

这一模式的起源来自多年前戎武杰团队与上海陈家镇建设发展有限公司的首次合作项目——崇明生态示范办公楼。张君瑛代表业主对办公楼的绿色效果表示非常满意："无论是建筑造型和建筑内涵都非常出色，建筑综合节能率达到75%以上，运行过程中尽可能实现零耗能和零排放，所以它获得了国家绿色建筑创新奖一等奖。"同时，他也十分赞同"绿色本体生态设计"模式，认为"建筑除了要符合绿色建筑的条文标准，更要接地气，技术措施的应用必须因地制宜"。

于是，双方又有了第二个合作项目——能源管理中心，这也是"绿色本体生态设计"模式下的第二代产品。与第一代产品有所不同的是，能源管理中心项目中展示馆是东西向，而办公楼是南北向，难度无疑升级了许多。自然通风和遮阳是进行建筑节能设计时必须考虑的关键点。特别是东西向的建筑，更需要设计者具有"捕风捉影"的超强能力。为改善场地的风环境，展示馆"一"字形主体建筑的东西两侧分别设置了6m高的斜草坡，下方隐藏着报告厅和设备机房，斜坡作为导风墙可以对风的微环境进行整理，将自然风带入建筑内，同时斜坡还能阻挡一部分东晒和西晒的阳光直接进入室内。

除了具有导风墙功能的斜坡，主体建筑的东西两侧还采用了双层外围护结构。双层间距最大处达到2m，形成了一个自然通风的腔体，气流穿过空腔时能带走辐射到建筑墙体上的热量。此外，内层是满足保温隔热需求的砌块墙体，外层则是铝板与穿孔铝板，2层铝板间也留着10cm的缝隙，增强通风效果，同时穿孔铝板也能将光线引入室内。而在主体建筑的南北两侧则采用了可开启的"呼吸墙"，在春秋两季，南北外墙上的中轴立转窗将被开启，届时自然风可被直接引入室内，形成"穿堂风"的效果，达到通风换气的目的。

建筑顶部还设计了纵贯建筑南北的屋顶通风塔，在利用"烟囱效应"促进室内外空气流动的同时，通透的通风塔还为室内带来了采光。通风塔的设计在生态办公楼中已得到很好的应用，为此，戎武杰在能源中心的通风塔上作了更大胆的设计——贯穿建筑顶部。他将这次创意比作绿色技术与建筑艺术的一次成功结合。"结合建筑空间与布局，将作为采光带的通风塔放置在中轴线上，交通空间、视觉空间与拔风空间形成了有机的组合，让建筑空间在光线的表现力上富有艺术感与创意感。"

展示馆的主体建筑分为两层，一层是各类设备机房，同时也是对公众开放的展示品；二层是展览场所。一层通往二层的通道由缓缓的坡道代替了传统的楼梯，为观众营造了连续性的体验感。通道两侧随机开启了大小不一的观察孔，观众在一路上行的过程中，可对两侧的设备机房有个直观体验，同时这些观察孔在开启后，也能让引入室内的自然风更自由地穿梭在建筑各处，确保室内空气流通。

走到二层，主要功能房间也不像以往那样被安置在靠近外墙的位置，紧贴外墙的是走廊。走廊的两侧可以关起，形成封闭的空腔，通过空腔中的空气过滤，外界的温度变化将对内部功能房间的影响达到最小值，起到了保温节能的作用。

"待展示馆正式启用后，春秋天完全可以不开空调，只要打开窗户，就是一个舒适的空间。"刘智伟告诉记者，即使是夏冬两季，其节能效果相比其他南北向的绿色建筑也毫不逊色。据预测，该项目建成后的建筑综合节能率将达到70%以上。

5.6. 建筑室内通过楼层之间的自然转换，保持观众在空间场景中体验情绪的连续性
7. 建筑鸟瞰

3. 思考——让绿色回归建筑本身

回想起当初在方案设计过程中有关建筑东西朝向的布置引发的质疑，戎武杰很庆幸自己能坚持遵循"绿色本体生态设计"原则。他告诉记者："这次的尝试是为了证明，不仅仅是运用新技术、新材料才能获得更多的设计自由，建筑设计本身也能给予设计师更多的自由，而不是限制。"

"这是一个即使是外行也能一眼看出的绿色建筑作品。"刘智伟对绿色效果十足的建筑外形颇为满意。他认为，程式化的节能设计往往隐藏于结构内部，而限制了建筑的多样性和个性发挥；反之，利用斜坡、悬挑自遮阳屋檐、透光导风井、立体绿化等"接地气"的建筑设计手段，将会给建筑师带来更大的创作空间。很多人认为，绿色建筑是高成本的建筑，是很多高新技术的堆砌。"这是一种误解，"戎武杰说，"尝试以最基本的建筑设计手段，实现最主要、大部分的节能目标，正是我们设计团队对这种观点的反驳。"

对于业主而言，"绿色本体生态设计"也不仅仅意味着建筑能兼顾绿色与环境的和谐共生。张君瑛认为，这种设计手法充分尊重地域文化特性，更考虑了后续运营管理的操作性。戎武杰解释说，不主要依赖设备技术和材料技术的建筑设计，会让其实现的难度有所降低，包括前期的投入资金将会大大减少，同时，后期的运营维护也会更简易、人性化。张君瑛补充道："这种设计方法的应用也再次强调了绿色建筑并不是教条式地达标各个条文、不惜代价地应用各类技术机械堆砌成的建筑，建设绿色建筑是从全生命周期考虑，与人的使用需求密切协调，是与土地共生的大地艺术的作品。"

据悉，"绿色本体生态设计"的第三代产品也正在酝酿之中。戎武杰期待，这些作品能给予城市中的建筑更多可借鉴可推广的

经验，让绿色回归建筑本身的设计理念，以及引发对被动式低技术的绿色应用的重视，并能真正影响未来的建筑业。

作者简介

徐敏，女，建筑时报记者

郭成林 / 文　GUO Chenglin

中国第一栋"主动式建筑"
威卢克斯（中国）办公楼设计
First Acrive Building in China
VELUX Office Design

项目名称：威卢克斯（中国）办公楼
建设单位：威卢克斯（中国）有限公司
建设地点：河北廊坊
建筑类型：办公
设计 / 建成：2010/2013
用地面积：1 006.74m²
建筑面积：2 154.40m²
设计单位：丹麦总部 BI 部门
项目团队：亨里克·诺兰德·史密斯（Henrik Norlander Smith）、阿嘎涅什卡·希维尔切夫斯卡（Agnieszka Szwarczewska）、郭成林

1. 被动房与主动式建筑的概念及其简单比较

近年来，"被动房"的节能理念在中国可谓是一枝独秀，在各种如雨后春笋般出现的协会、联盟、培训班等组织的推动宣介下，正在逐渐为大众所认知。"被动房"的标准定义，在不同的组织之间，在不同的条件下，似乎还没有一个非常一致的版本，但其有以下两项关键内容：（1）不需要使用制冷、供暖设备，即能保持一个舒适的室内环境；（2）超低能耗。欧洲所认可的"被动房"的标准是每年的采暖能耗不超过15kWh/m²，全部能耗（采暖、空调、生活热水、照明、家电等）不超过120kWh/m²。为了达到以上的效果，"被动房"必须在三项关键的技术指标上达到很高的水平：（1）建筑围护结构的保温性能；（2）整个建筑的气密性；（3）建筑热回收通风系统。[1, 2]

2010 年，在研究了"被动房"理论利与弊的基础上，以丹麦、芬兰、德国、美国等国家的建筑师、工程师、建材企业、科研人员等为主，在布鲁塞尔又提出了"主动式建筑"的建筑理念，并且成立了由 40 多个国家的公司、科研机构、大专院校等组成的国际主动式建筑大联盟（www.activehouse.info）。"主动式建筑"的主要理念是均衡，即在现在能源紧张、环境恶化的情形下，保持、保证建筑在舒适性、

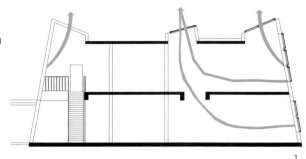

1

1. 建筑师采用双向对流通风及中庭通风的设计，达到了良好的自然通风效果，大大节省了建筑后期运营的电力能耗
2. 建筑造型呈上小下大的四楼台形状
3. 在建筑立面和地下空间，由296樘窗组成多条采光带成为办公楼的特色。大量窗户的应用带来了充裕的日光，创造了独特的工作环境。在工作时间几乎不需要使用人工照明

位于廊坊开发区的威卢克斯中国总部新办公楼，是中国第一栋主动式建筑（Active house）。设计将自然采光与通风作为基本设计理念，同时将顶尖的技术和优越的办公环境融为一体，最大限度地降低对环境的不利影响。

能效性和环境保护方面的均衡。其具体内容是：

（1）舒适性：建造更加健康、更加舒适的建筑，让建筑的使用者更加愉悦、健康、舒适、安全；

（2）能效性：主动式建筑在能源的使用上应该是高效的。主动式建筑提倡使用可再生能源，提倡利用当地可以利用的能源，不排斥使用电网供电；

（3）环境保护：在建筑的全寿命周期内，对建筑的环境荷载进行设计，并尽量利用当地资源，尽量重复使用自然资源。

从理论上来说，"主动式建筑"和"被动房"并非是有你没我的敌对关系，而是各自所秉持的理念不同，尤其是在如何对待建筑的健康、舒适、安全感、能源利用、环境保护方面，所持的理念有所不同。认真对比"主动式建筑"和"被动房"，我们可以简单总结对比如下。

（1）主动式建筑，把"舒适、健康、安全"作为建筑设计的主要指标，并提出"热舒适、湿度舒适、声学舒适、光舒适、室内新鲜空气"等较高的硬性指标进行设计指导。而被动房，在舒适性方面，并没有特殊的要求，遵循的是建筑设计规范的"最低防线"；

（2）由于"主动式建筑"没有"被动房"的不使用采暖、制冷设备的"紧箍咒"，所以"主动式建筑"在保证超低能耗（二次能源能耗）的前提下，在达到目的的手段上更丰富一些；

（3）"主动式建筑"增加了对保护环境这一因素的考量。"主动式建筑"理念直接把建筑对环境方面的关联，设为能源荷载，进行定性的专门考量。而"被动房"，则不具有这方面的要求。

2. 威卢克斯办公楼的实践

威卢克斯（中国）有限公司办公楼坐落于河北省廊坊市经济技术开发区。建筑造型呈上小下大的四棱台形状，主要开口北朝向，东西长49.35m，南北宽20.4m，建筑高度9.83m。办公楼主要功能包括办公、会议、展示及作为员工休闲健身等。办公楼的建筑设计秉承北欧极简主义的斯堪的纳维亚风格：外表使用与厂区内色彩一致的彩钢板作为饰面材料室内以现代流行的大空间、透明开敞式设计为主；家具、墙面、楼梯、灯具、管线、天花、地面的设计以造型简洁、经济适用、低调民主为主，力求避免繁冗、繁复、张扬、压抑等负面效果，呈现给员工一个现代、文明、活泼、高效的办公环境。

威卢克斯中国办公楼是国内第一栋按照"主动式建筑"理念设计建造的项目，在这个项目中，为实现"主动式建筑"的理念，做了以下考虑。

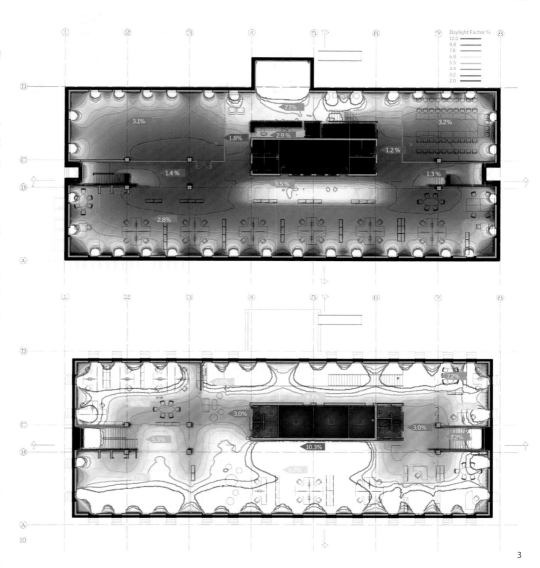

3

1）舒适性

舒适、健康、安全，是本工程追求的一个重要目标。在设计之初进行了通风设计（包括机械通风和自然通风）、声学舒适设计、热舒适设计及湿度舒适设计之外，还有一项"愉悦度"指标，即把使用者的个人心理感受等因素，考虑到设计中去。例如，设计了带有微波炉、冰箱、热水器、咖啡茶的橱柜的厨房；摆放了许多绿植；设置了乒乓球台、台球桌；在室外，还设计建造了足球场、排球场和开心农场。这些，都是围绕建筑舒适性的设施。

2）能效性

（1）自然通风和采光。自然通风和采光是绿色建筑必不可少的设计要素，其在大幅降低建筑能耗的同时，能给室内创造非常舒服的工作环境。建筑师采用双向对流通风及中庭通风的设计，达到了良好的自然通风效果，大大节省了建筑后期运营的电力能耗。项目建成后的新风系统的指标 (GB/T 18883-2002，室内空气质量标准，标准每人 30m³/h) 达到国家标准的 2 倍，即每人 60m³/h。

在建筑立面和地下空间，由 296 樘窗组成多条采光带成为办公楼的特色。大量窗户的应用带来了充裕的日光，创造了独特的工作环

境，也使建筑在工作时间几乎不需要使用人工照明。建筑师使用了获得国际照明协会（CIE）认证的"VELUX Daylight Visualizer"自然采光模拟软件进行科学的分析，并根据具体情况进行设计调整，以保证办公楼具有舒适的光环境和健康的室内气候环境。

（2）节能设计与技术。项目使用了地源热泵、混凝土埋管蓄冷蓄热、太阳能热水、加大屋面与墙体的保温能力，以及自动检测室内气候指标，自动调整供热、供冷、通风等技术。同时，项目中也使用了已经比较成熟的节能技术——地源热泵技术。从能效方面来看，地源热泵耗费一个单位的能源（电能），大致可以产生相当于 4 个单位的热能或者 6 个单位的冷能；从目前使用的效果来看，这项技术简单实用，效果良好。

为提高屋顶、一层地坪和外墙的外保温能力，外墙和屋面使用了厚度为 25～30cm 的岩棉；为增加一层地面与基础之间的保温能力，使用了 25cm 厚的挤塑板。在炎热的夏季和寒冷的冬季，建筑立墙和屋顶，就像一座储蓄"热源冷源"的能源库，能较大程度地消除建筑制冷和供热过程中的峰值，从而节约能源，增加室内舒适度。

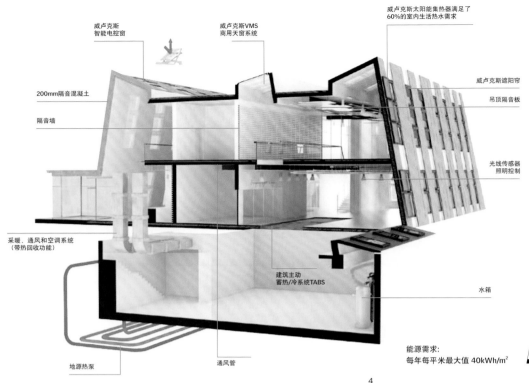

威卢克斯
智能电控窗

威卢克斯VMS
商用天窗系统

威卢克斯太阳能集热器满足了
60%的室内生活热水需求

200mm隔音混凝土

隔音墙

威卢克斯遮阳帘

吊顶隔音板

光线传感器
照明控制

采暖、通风和空调系统
（带热回收功能）

建筑主动
蓄热/冷系统TABS

水箱

地源热泵

通风管

能源需求：
每年每平米最大值 40kWh/m²

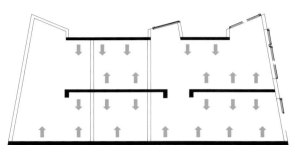

4.6. 建筑就像一座储蓄"热能冷源"的能源库，能较大程度地消除建筑制冷和供热过程中的峰值，从而节约能源，增加室内舒适度

5. 项目使用了地源热泵，混凝土埋管蓄冷蓄热，太阳能热水，加大屋面及墙体的保温能力以及自动检测室内气候指标。自动调整供热、供冷、通风等技术

由于不具备大面积使用太阳能进行太阳能发电的条件，设计使用太阳能热水器作为员工的洗浴用水。为了使用波谷电，以及热辐射的舒适性，设计还使用了混凝土蓄热／冷技术。根据日照辐射热的不同，建筑的东西南北四个立面分别使用了不同遮阳系数的玻璃，并采用了电动、太阳能电池、人工等不同驱动模式的室外遮阳帘，可根据太阳辐射的强弱、季节进行调控，并且根据不同的照度，利用调节使用全遮光、半遮光等不同的室内窗帘，进行自然光的控制。

（3）楼宇节能指标检测系统。威卢克斯办公楼，室内安装了温度、湿度、照度、二氧化碳等指标检测设备，室外安装了风力、风向、温度、湿度、二氧化碳、雨水感应等检测设备。把节能指标输入到特定的程序里，由程序按照预先设计好的经济、舒适、节能等优先等级，在窗户、室内外窗帘、空调系统、空气过滤系统、地源热泵系统等选项中，选择合适的选项进行调整，一旦指标超过设计标准，设备自行运转，以保证各项指标的优良，并确保环境的舒适性，从而实现办公楼能耗的精细化检测和精确控制。

3）环境保护

为了使建筑对环境和文化资源的影响程度降至最小，避免建筑对生态的破坏，建筑内的办公及卫生用纸均采购使用废弃木材、回收纸制造的纸张，建筑内办公所产生的废纸都被随时收集起来以便二次用纸，建筑采用内排水，部分雨水被收集起来，用以灌溉建筑周围的草地和树木。

3. 检测与运行效果

根据大楼的数据记录，整个大楼的实际年全部总电耗水平，包括取暖、制冷、设备、照明等所有项目，约为33kWh/m²，这个数值，相当于国内同类型公共建筑总能耗的1/5左右。2014年2月28日——2015年1月7日，受住建部的委托，中国建筑科学研究院环境与能源研究院，对威卢克斯办公楼进行了多项综合检测，大楼的气密性，达到了正负50Pa空气压差条件下换气次数0.78～1.1次／小时，这一结果，大体相当于被动房标准水平（被动房气密性水平一般认为应该达到在正负压差50Pa的条件下换气次数0.6～0.8次／小时）；大楼墙体的平均保温系数，达到0.23W/m²·K，大

楼的采光系数，一楼平均8%，二楼平均11%，国家要求值为3%。

作者简介

郭成林，男，威卢克斯（中国）有限公司设计总监，门窗节能专家委员会委员，全国建筑幕墙标准化技术委员会观察员

参考文献：
[1] 绿建之窗．被动房建筑设计的主要技术措施 [EB/OL].[2014-11-12]. http://www.gbwindows.cn/news/201411/7565.html.
[2] 张小玲．被动房是节能建筑践行者 [EB/OL].[2014-7-31].http://www.gbwindows.cn/news/201407/5918.html.

表 1 威卢克斯办公楼主要测试结果

测试项	测试值	备注
墙体保温	0.23 W/m²·K	中国国家标准，节能65%后，约为0.45 W/m²·K 丹麦标准 0.3 W/m²·K
办公室内舒适性指标	-0.21～0.95	国际通用丹麦 P.O.Fanger 教授 PMV 值，共7级，可理解为舒适
外窗气密性一（单位缝长透气量）	0.06m³/m	小于 0.5m³/m 为国家最高等级
外窗气密性二（单位缝长透气量）	0.29m³/m	小于 1.5m³/m 为国家最高等级
-50 帕大楼气密性	0.78 次／小时	基本属于被动房标准 0.6～0.8 次／小时
冬季采暖能耗	399.8kWh/115kWh （周中／周末）	据此计算全年建筑能耗水平应该在 35kWh/m² 左右，约为全国办公建筑能耗 1/5 左右。
主要办公区采光系数	8.65%	国家要求 3% 以上

4. 结语

　　威卢克斯办公楼，通过节能设计，比起一般的同类型同体量的建筑，每年减少碳排放 250 吨，这相当于一架大型飞机的排放量，从丹麦飞到澳大利亚 142 个来回所排出的二氧化碳的总量。这一贡献对环境的保护作用也不可低估，如果中国建筑都有如此的节能水平，那我们的环境清洁程度将会大大改善。此外，自 2009 年至今，在"主动式建筑"理念指引下，在全球范围内建造的众多示范性项目实践发现，示范性建筑对能效贡献的 70%，主要来自建筑的各项指标的精心设计，比如窗地比，体型系数，开窗方向、大小、形状，窗帘选择，玻璃选择等，而不是来自于建筑所使用的新科技、高技术。建筑设计只是相对基础的一个阶段，要完成预设的目标，必须在设计、施工、使用 3 个阶段中，分别投入大量的精力，才能成为真正的绿色可持续建筑。（摄影：马铁军）

葛海瑛，石川周一，金在虎 / 文　GE Haiying, Ishikawa Shuichi, JIN Zaihu

伫立在立体公园中的超高层
天津市滨海新区泰达广场综合体设计
High-rise Green Building Standing in Stereoscopic Park
Teda Square Complex Design in Tianjin Binhai New Area

项目名称：天津市滨海新区泰达广场城市综合体　　　容积率：3.80

建设单位：天津泰达发展有限公司　　　　　　　　　设计单位：株式会社日本设计（建筑、景观、室内、照明）

建设地点：中国天津市滨海新区　　　　　　　　　　合作单位：天津市建筑设计院（部分初步设计、施工图设计）

建筑类型：办公、商业　　　　　　　　　　　　　　项目团队：清水里司、茅晓东、葛海瑛、石川周一、赤掘彰彦、喜田隆、佐

设计/建成：2008—2012/2012　　　　　　　　　　藤正利、小林利彦

总建筑面积：505 000m²　　　　　　　　　　　　　获奖情况：2013年度全国优秀工程勘察设计行业奖 建筑工程公建 三等奖；

建筑高度/层数：120m/28层　　　　　　　　　　　2013年度天津市"海河杯"优秀勘察设计 建筑工程 二等奖

1. 屋顶花园和超高层
2. 水平绿化百叶
3. 遮挡超高层办公西晒的竖向百叶
4. 通过连续起伏的造型设计，使中央公园和屋顶庭园形成连续的、具有立体感的立体公园景观
5. 办公入口空间

近年来，株式会社日本设计（以下简称"日本设计"）秉持绿色低碳环保理念，以中国、东南亚为中心积极开展海外设计与施工旨在创造出具有地域生态环境特色的建筑文化，彰显城市的个性与魅力。由于各地的气候环境、历史文化、风土人情均存在较大差异，在日本建筑业界被誉为"绿色的"日本设计，利用长期积累的环境技术、城市开发经验与组织协调能力，积极探索符合地域特色的解决方案，致力于发展绿色建筑，打造节能环保的城市环境。

天津经济技术开发区致力于打造中国华北地区的低碳示范型城市，对建筑和城市环境的环保低碳提出了很高的要求。在泰达广场综合体项目中，我们按照LEED金奖认证的标准满足办公建筑的环保设计要求，通过中央公园和裙房商业屋顶花园的一体化设计手法，在高密度的城市中心缔造了立体公园，并结合项目用地的气候、土壤等条件，营造出常年绿意环绕、生机盎然的公共空间。

1. 开放的城市空间：城市型立体花园

天津滨海新区核心区——天津经济技术开发区于 2006 年举办国际设计竞赛，日本设计的方案最终胜出，我们也被选定为该项目的设计方。本项目位于（TEDA）核心区位，用地南侧有津滨轻轨市民中心站，北侧则是百米绿化带和文化设施区。项目用地面积 84 000m²、总建筑面积达 50 万 m²，是一个集办公、商业、公园于一体的大规模综合开发项目。

天津泰达中央公园（以下简称"中央公园"）与北侧百米绿化带、文化设施区在空间上一脉相连，在开发区核心位置形成城市尺度的外部开放空间与气势恢宏的城市景观。中央公园和屋顶绿化与开发区原有的市政绿化共同构建城市绿化网，美化城市环境，提升城市魅力。在中央公园北侧的裙房之上打造屋顶花园，从中央公园到百米绿化带，绿色景观绵延起伏，一气呵成。4 栋超高层办公楼分别矗立于中央公园及屋顶花园的东西两侧，与城市立体花园和超高层建筑群共同组成疏密有致、层次分明的空间结构。

2. 地域性景观设计大大提升了环境品质

低层商业裙房屋顶 2 万 m² 的屋顶曲线花园和超高层办公楼群中心 3 万 m² 的中央公园

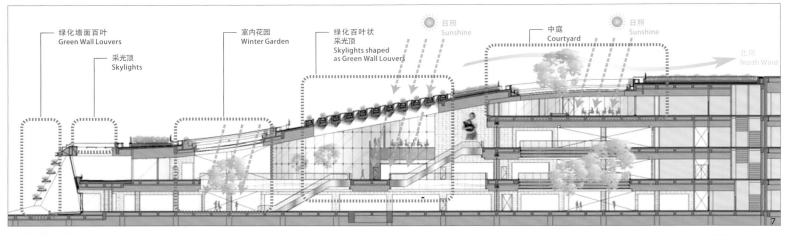

绿化墙面百叶
Green Wall Louvers

采光顶
Skylights

室内花园
Winter Garden

绿化百叶状采光顶
Skylights shaped as Green Wall Louvers

日照
Sunshine

中庭
Courtyard

日照
Sunshine

北风
North Wind

7. 裙房剖面概念图
8. 商业入口周边的回廊空间
9. 将自然光从采光顶和中庭引入商业空间
10. 采用陶板的办公大堂

构成起伏跌宕、绵亘不绝的立体化城市景观。这个立体公园连同基地北面的百米绿带一起，为干燥的华北带来了宜人的绿色和清新的空气。在植被设计中我们精心选用当地树种，竣工后经过了春夏秋冬，屋顶绿化的植被已很好地适应了当地自然气候条件。

屋顶花园绿化的优势，一是具有很好的保温效果。在夏季，水的蒸发带走建筑的热量，有效地降低环境温度，而冬季屋顶的覆土层可以阻止热量的散发。对于昼夜温差的控制也同样如此，在日本设计早年完成的日本福冈安可乐斯项目中机电团队对屋面温度变化的跟踪数据，可以清晰地看到这一点；二是可以遮挡大部分的紫外线，防止屋顶材质的劣化，缓解热胀冷缩现象引起的开裂，延长建筑寿命；三是具有良好的保水性能，通过其蓄积雨水的能力可以有效地控制暴雨雨水流量；四是可以吸附空气中的灰尘及二氧化碳、一氧化氮、二氧化硫等有害物质，有效净化空气。

由于地处干燥寒冷的华北地区，我们采用了围合式中庭和小型的室外空间来降低空间尺度和创造微气候的设计手法。本案建筑环绕中央公园而立，我们在中央公园及裙房的屋顶花园内打造了一个个造型优美的又有趣的围合式中庭和下沉式广场。利用中庭、下沉式广场和天窗为地面和地下商业空间带来自然光，营造出舒适宜人的室内空间。采光天窗与设在中庭侧面的通风窗有效地促进了室内空间的自然通风。

3. LEED金奖认证标准的办公楼

经过开发区主管部门与业主的共同协商，位于用地东西两侧的4栋超高层办公楼按照LEED金奖认证标准设计。

在办公楼东西两侧立面上设置有效遮挡日晒的竖向百叶。根据热供计算的结果，我们在办公楼南立面采用双层幕墙，保证了室内空间的充足光照和景观视线。通过这种根据不同方位的特点采用不同立面设计手法的举措，有效地降低建筑对环境的负荷。

竖向石材百叶端部注重细节处理，采用450mm和300mm两种不同的出挑尺寸，实现了精致细腻、富有韵律感的立面。南面的双层幕墙在玻璃之间设有可自动开关的遮光帘，在不同的季节通过开关切换提高隔热、保温效果。在办公楼的核心筒的高区部分，利用电梯井道的烟囱拔风效应，实现公共区的自然通风，为此在北侧公共区的茶歇间设有进风口。这一措施在夏季有效地降低了空调设备的能耗。

4.符合中国国情的工艺和技术

通过与中国当地设计事务所的协调，办公建筑选用可实施性高的结构类型。通过采用

CFT钢管混凝土柱、钢结构梁、SRC型钢混凝土剪力墙组成的大跨度结构，提高了空间灵活性。在中央公园的地下布置高度集中的能源中心，通过能源供应的集中化实现高效的设备运转。

作者简介

葛海瑛，女，株式会社日本设计上海代表处首席代表，日本注册一级建筑士

石川周一，男，株式会社日本设计国际项目群主管，日本注册一级建筑士

金在虎，男，日宏（上海）建筑设计咨询有限公司（株式会社日本设计中国公司）项目发展管理部主管、翻译科科长

轻之建造
工业化建造
INDUSTRIALIZED CONSTRUCTION

"轻绿色"轻在建造方式，从根本上改变传统湿作业、高人力成本的
建造模式，大力推进基于信息化技术的工业化建筑模式，实现建筑
产业现代化。

张桦/文 ZHANG Hua

明日建筑
建筑工业化过程中建筑师的责任

Architecture towards Tomorrow
Responsibility of Architect in Industrialized Building Process

作者简介

张桦，男，华建集团股份公司
总裁

　　早在 20 世纪 50 年代，国内就曾经开展建筑工业化的实践，借鉴苏联经验，开始在全国建筑行业推行标准化、工业化、机械化和模数化，发展预制构件和预制装配建筑。我国大概在 20 个世纪 70 年代初的时候就开始了"三化一改"，即：设计标准化、构配件生产工厂化、施工机械化和墙体改革。其最终目标是要实现"三高一低"，即实现建筑工业化的高质量、高速度、高功效和低成本。在构件工厂化、中小型建筑施工机械、预制装配式工业厂房、砌块建筑等方面取得一定的进展，预制空心板在全国民用住宅中获得大规模的推广运用。

　　进入新世纪，随着建筑科学的发展，工业化建筑已经成为我国建筑业发展的新趋势。为了以示区别，我们称 21 世纪的工业化实践为"工业化建筑"。工业化建筑与传统生产方式的区别在于传统建筑生产方式是将设计与建造环节分开，设计环节仅从目标建筑体及结构的设计角度出发，而后将所需建材运送至目的地，进行露天施工，完工交底验收的方式；工业化建筑生产方式是设计施工一体化的生产方式，标准化的设计，至构配件的工厂化生产，再进行现场装配的过程。从本质上讲，20 世纪的"建筑工业化"是在传统的建造体系中的施工工艺革新，而 21 世纪的"工业化建筑"是传统建造体制的革命，意义更加深远。

1. 继往开来的建筑工业化

要实现建筑工业化，要先弄清楚 20 世纪我国的建筑工业化与现在开展的建筑工业化的相同之处和根本区别：两者表现形式部分相同，都呈现"装配"形式。20 世纪建筑工业化主要是施工工艺的革新，提高施工效率。采用的主要方式是"标准化"，即建筑模数化、构件规格化、现场装配化。本世纪的建筑工业化采用工业化生产方式，呈现的特点是通用化、集成化和社会化。建筑尺寸和构配件不再追求标准化，体现个性化和多样化，生产工艺自动化、精准化和集成化。如果我们认识不到这点，就会出现旧瓶装新酒现象，形似神不似。

工业化建筑不是简单意义上的装配式建筑，它是传统建筑业的一场革命。首先，工业化建筑是要将制造业与建筑业嫁接，"像制造汽车一样建造房子"。传统建筑业建造主体主要是设计和施工单位，少有工业制造主体。未来建筑工业化制造业将介入传统的建筑业，并且将成为工业化建筑的主体之一。其次，建筑设计要了解适应工业化制造业工艺，而不是让制造业来适应传统建造工艺。设计创作要引入工业化制造思维方式，创作出反映工业化建筑时代的建筑作品；建筑结构体系要按照工业化建筑的工艺特点进行调整、创新和突破，而不是限制；具体的构造节点设计、工艺、规程要重新审视，符合工业化建筑的精细化要求。第三，工业化建筑不再是 1950、1960 年代装配式建筑技术体系架构的思路，追求部品部件的规格化、模数化和标准化。恰恰相反，现代的工业化建筑流水线能够提供个性化、多样化和集成化的不同构件。构件主要受控于工厂制造流水线和其他外部条件，如最大构件尺寸、生产效率、运输和吊装条件，以及构件之间的连接工艺和构造节点等。第四，工业化建筑未来还要从建筑物全生命周期可实施部件更新升级角度，研究"友善"连接，避免常规的"暴力"拆除，减少建筑物拆除产生的废弃污染，实现全生命周期的"绿色"工业化建筑。第五，建筑工业化发展需要插上信息技术的翅膀。通过 BIM 技术运用实现建筑物全生命周期数字建筑模型的共享，实现在复杂的设计、建造和运营过程中减少和消除协调协同障碍，减少不必要的"错漏碰缺"，保障建筑物的建造质量和运营效率。设计软件平台从以建筑体系的空间关系（点线面空间位置和建筑形体）处理为特征

的计算机辅助绘图形式，发展到以构件为对象（具有构件建筑属性）的集成化协同设计、制造、装配、工程管理（建造进度、造价和质量控制及信息管理）和运营管理的 5D 集成平台。建筑设计软件平台的变革可以提高协同设计的效率。采用 BIM 软件开展三维建筑设计，实现三维参数化设计（如德国 Allplan 软件）、二维图纸输出。信息化技术实现"设计—制造—施工—运营"的全过程数据传递。

工业化建筑发展需要满足建筑性能化提升的要求。在建筑平面布局方面，实现全生命周期建筑使用的可适应性、建筑形式的创新、使用者建筑环境的再创造、建筑更新改造；在结构体系方面，实现叠合结构、板式结构、结构构件连接技术、抗震体系等；在建筑集成化性能化设计方面，实现建筑节能、环境保护、建筑内部微环境的舒适性提升；在建筑结构构件与次结构的连接技术发展方面，实现门窗、室内管道、固定家具与墙体连接构造创新；在 BIM 信息化技术应用方面，实现建筑设计二维技术向三维技术回归，设计手段和图纸表达方式的变革。有人称为建筑业的 4.0 时代。

2. 建筑工业化主要目标是提高建筑质量

施工单位和业主总是抱怨工业化建筑造价高，市场接受度低。这其实是对市场误读和"误解"。工业化建筑不可能降低建筑造价，但是可以提高建筑的性价比，通过级数级提高施工质量，降低全生命周期的维护和社会成本，在房价一路高歌猛进的楼市情况下敏感度不高，只是因为宣传方向不准确，社会认识度底，引起社会误读。

传统的建筑质量是厘米级，保持对建筑施工尺度偏离的大容忍度。整个设计构造和技术建立在全手工制造的技术条件层面。建筑成果呈现渗漏多（屋面、墙面和管道漏渗水）、能耗高（构件交接部位渗、透、漏）。建筑物中的许多质量顽症是由建筑工艺粗放型引起的，质量隐患多，对人工技能依赖度高。工业化建筑能够在相对固定的工厂环境中进行制造，确保产品质量，通过集成化工艺，提高建筑构配件的完成度，实现产品精准度。因此，制造工艺的变革将带来建筑构造和技术的变革，建筑施工精度将从厘米级向毫米级迈进。

工业化建筑的外墙立面更加丰富。应用技术的创新，工业化建筑混凝土饰面可以创造超

乎想象的建筑造型、无限可能的建筑质感，形成混凝土一体化独特审美体验的室内外建筑环境。混凝土既是结构构件，又是墙面饰面材料，减少传统面砖、石材、饰面板等饰面材料的使用，减少构造层，节省成本、保护环境。

3. 建筑工业化需要建筑师和工程师转变设计思维，适应建筑工业化发展

在当前工业化建筑背景和"设计 + 制造 + 施工"新的建筑生产模式条件下，需要具备工业化的思维模式：在设计阶段，建筑设计要考虑工业化生产要求，合理利用工业化建筑立面技术，提高构件集成度和完成度；在制造阶段，工厂流水线要实现工业化建筑部件生产的多样性和灵活性，提高生产线生产效率。在施工阶段，要保障工业化建筑构件运输，吊装过程中的保护和精确安装。

面对工业化建筑迅猛发展，设计单位主要呈现出两种态度。一是远离，事不关己高高挂起。目前，这类人员逐渐减少。二是成为制作图（shop-drawing）绘制单位，成为施工单位的技术深化部门。好处是极大提高了我国施工单位的技术能力，填补了施工技术深化的空白。但是，从工业化建筑发展的层面来看，着眼点不高，从建筑设计方面主动适应建筑工业化不多，主动利用新工艺创新建筑创作方式和风格不强。工业化建筑发展是设计单位未来的责任，也是建筑设计行业发展的重要抓手。随着新型建筑材料和工艺发展，信息技术的不断融合，一个全新的建筑艺术、建筑技术和建筑产业在向我们不断召唤！

工业化建筑是集信息技术、可持续发展绿色理念，传统建筑业的一场深刻而又全面的革命。这不仅是一场技术革命，更是一种理念的更新。工业化建筑不是一个单独企业的内部产品体系，应该是行业的开放通用标准体系。工业化建筑应具有社会化的特性，不提倡技术垄断，强调产品的通用性和可替代性，从而有利于不同企业通过市场竞争，提高制造工艺和建筑构件质量，降低产品的成本。政府部门应进一步加强指导、鼓励工业化建筑发展，企业主体应提高投入研发和成果转换的能力，高校和科研部门要加强理论研究和人才培养，使中国建筑工业化保持持续健康的发展。

顾勇新 vs 杨联萍 vs 陈宁

顾勇新
中国建筑学会副秘书长，教授级
高工

关于时代背景

H+A：基于工业化建造方式的特征和要求，为何当下大力推动工业化建造方式？它最突出的特征是什么？

顾勇新（以下简称"顾"）：在大的环境背景下，城市雾霾越发严重，国家近几年力推绿色环保生态建筑，不断加大节能减排的力度以及各种鼓励政策和强制措施不断出台。低碳节能环保这套可持续发展的理念，使传统的生产方式不能适应。大幅的节能降耗、大幅降低了环境污染。节能降耗方面，与传统方式比较，建筑工业化生产建造阶段大幅减少了模板、外架的用量，改变了混凝土浇筑养护、钢筋加工的方式，做到了精确计量。绿色环保方面，与传统方式比较，工业化生产阶段大幅减少 80% 的建筑垃圾和生活垃圾，现场拼装不产生噪音、不产生扬尘、不产生污染物，不发生扰民问题和周边环境友好和谐相处。近年来雾霾天气的危害有增无减，根据环保研究资料揭示工业城市雾霾的 7.3% ~ 12% 来自建筑扬尘，非工业城市雾霾的 30%~40% 来自建筑扬尘，工业化的实施将对减污去霾起到重要作用。

从企业层面的推动主要是劳动力成本的上升，人工费越来越高，工人是流动性的，找起来也比较困难。而建筑是一种特殊的产品，建筑的特性决定它要求组织较多不同专业的人员在同一现场露天工作，要长期克服严寒酷暑从事重体力劳动，劳动效率低、劳动强度大、建设周期长。由于目前施工机械化程度较低，大量工程依然是手工操作。现场制作多、湿作业多、材料浪费多、高空作业多、工程质量安全事故居高不下、工程质量通病屡治屡犯、建设成本不断增加。建筑工业化改变了传统的生产方式，为彻底解决这些问题提供了方案。它以现代化制造、运输、安装和科学管理的大工业生产，来代替传统建筑业中分散的、低水平的、低效率的手工生产方式，实现了建筑设计标准化、构配件生产施工化、施工机械化和组织管理科学化，大大减少施工现场的劳动力和工作量，提高了生产效率，降低了生产成本。在日本、欧美等发达国家，建筑工业化率均达到 80% 以上，在工厂里先进行各种建筑构配件的生产，然后再到施工现场进行组装。在厂房内组织生产可以大大改善劳动环境和条件，消除笨重体力劳动，改变夏日酷暑、冬天严寒的露天操作，减少自然环境（如冬季、雨季）对施工的影响。通过组织流水线生产，提高机械化水平，加快生产速度，可以节约人工成本，提高经济效益和社会效益。

从控制产品精度、提高工程质量、追求品质出发，建筑工业化以工厂流水线式生产，从源头上控制质量问题，提高建筑构配件的工业化制造水平，促进结构构件集成化、模块化生产是解决房屋建筑质量通病的有效途径。设计单位根据建筑物的需要，提出标准化部件的技术指标，由工厂组织成批生产，不断改进产品生产工艺和技术，提高生产技术水平，控制产品的精度，依靠科技进步逐步提高产品质量，消除质量通病。这样不但大幅提

杨联萍
华建集团股份公司党委副书记、副总工程师，中国建设工程标准规范委员会常务理事，中国钢结构协会空间结构委员会副主任委员，中国绿色建筑委员会委员，上海市建筑工业化十三五规划编制负责人

高了建筑物质量，延长了建筑物的寿命，还大幅提升了建筑物的安全性、舒适性和耐久性，节约了大量的维护成本和运营成本。通过工业化工厂生产，部品构件质量得到了更好的保证。现场施工中受作业者素质、天气、设备、工艺等因素影响，混凝土振捣、养护、钢筋加工等质量波动较大，进而造成构件尺寸误差，在厘米级都基本算正常。而工厂生产中可以避免以上因素影响。工厂中混凝土的配料、搅拌、布料、振捣、养护基本都是自动化控制，部分手工作业都由熟练的产业工人完成，构件混凝土质量和尺寸精度得到大幅提高，误差将严格控制在毫米级，一般都不超过3mm。工业化生产作业者将是稳定熟练的产业工人，构件生产、现场拼装的质量将得到极大的保证;而现场作业者主要是农民工为主，流动性极高、熟练程度参差不齐，进而导致建筑质量不稳定问题。工业化生产作业者将是稳定熟练的产业工人，构件生产、现场拼装的质量将得到极大的保证;而现场作业者主要是农民工为主，流动性极高、熟练程度参差不齐，进而导致建筑质量不稳定问题。

陈宁
上海市住房和城乡建设管理委员会建筑节能和建筑材料监管处处长，教授级高工

杨联萍（以下简称"杨"）：工业化建设是采用工厂化方式生产结构构件，将构件运输到现场进行组装装配，组合成建筑物的方式。这种建设方式将工业制造引入传统的建筑行业，实现制造业与建筑业的融合，是"设计＋制造＋装配施工"的建设方式。建筑工业化的核心是标准设计、工厂化制造的现场装配化组装、一体化装修，从而达到增强建筑物质量、

Trialogue:
GU Yongxin vs YANG Lianping vs CHEN Ning

增强建筑物性能、减少现场手工作业、减少现场污染与排放的"两增两减"目标，是国内建筑行业转型升级的必然趋势。

建筑工业化通过"标准化设计、工厂化生产、装配化施工、一体化装修、信息化管理和智能化应用"的方式，彻底转变建筑业生产方式，全面提升建筑品质，实现建筑业节能减排和可持续发展。

建筑工业化的根本是一种建造方式的变化，建造方式的变化过程中作为建设过程前端的设计环节，在建筑工业化的发展过程当中依然起着引领性的作用。因为建筑物的设计会影响到它的建设过程，包括制造方式、组装形式、产品的质量及整个建造过程的成本造价等，应该说建筑设计是建筑工业化各个环节的第一环，也是一个主导作用的环节。

H+A：工业化建造方式意味着什么，将带来什么机遇与挑战？

顾：意味业化建造方式意味着生产方式的一种变革，是对传统生产方式的一种革命。我们从观念上一定要有转变时代发展需求的概念，不然就会被淘汰。新技术、新材料、新工艺可以大量的运用。新型建筑工业化主要体现在信息化与建筑工业化的深度融合，尤其是在 BIM 建筑信息模型技术在建筑工业化中的应用。BIM 技术的广泛应用使我国工程建设逐步向工业化、标准化和集约化方向发展。促使工程建设各阶段、各专业主体之间在更高层面上充分共享资源，有效地解决了设计与施工脱节、部品与建造技术脱节的问题，极大地提高了工程建设的精细化、生产效率和工程质量，充分体现和发挥了新型建筑工业化的特点及优势。

挑战就是很多企业不愿转型、不愿升级，跟不上这个时代的步伐，最后痛苦地被淘汰。我估计现在经济环境正在下行对施工企业是一种压力，同样这场革命也是对设计单位和施工企业的一次挑战。生产方式变化了，可能会有相当大的一部分企业会被淘汰。建筑师对此也很难接受，很多设计师认为建筑就需要个性，认为使用这种模式后建筑就失去个性，实际上他们没有真正理解。在国外工业化的生产在外形上是有变化，只不过生产的模板是统一的，形状是可变的。设计院不先改变模式的话施工企业是无法转变的，因为图纸是由设计院设计，之后施工单位才能配合，如果一开始就是按不同的现浇方式考虑，之后施工单位是无法实施的。

杨：首先建筑工业化将成为建筑产业结构调整的重要内容。打造智能、高效、绿色、低碳为特征的产业结构，将成为上海乃至全国重点发展、重点扶持的产业。建筑工业化与信息化、节能环保、人口要素升级的有效融合，完全具备了"四新"引领、创新驱动的产业特征。因此，建筑工业化有望成为上海建筑产业结构调整，形成稳定二产、提升产业发展质量和效益的新生力量。

其次、建筑工业化是建筑业转型升级的必然选择。"十三五"时期，上海市资源环境的底线约束更加趋紧，劳动力成本持续上升，建立在廉价劳动力、高消耗、高排放基础上的建筑行业，面临向绿色发展和集约化发展转变的迫切要求。建筑工业化作为一种新型建筑生产方式，带领建筑业从分散、落后的手工业生产方式，跨越到以现代技术为基础的社会化大工业生产方式，有利于提高劳动生产率、改善作业环境、降低劳动力依赖、减少建筑垃圾排放和污染、促进建筑业绿色发展、提高建筑业对生态文明的贡献度等，是建筑行业转型发展的必由之路。

陈宁（以下简称"陈"）:建筑工业化通过"标准化设计、工厂化生产、装配化施工、一体化装修、信息化管理和智能化应用"，可以彻底转变建筑业生产方式，全面提升建筑品质，实现建筑业节能减排和可持续发展，建筑工业化是上海建筑业发展转型的必然选择。因此，以建设国家建筑产业现代化试点城市为契机，加快推进建筑工业化步伐，研究制订上海装配式建筑"十三五"发展规划，对促进上海经济结构调整、助力新型城镇化、当好全国改革开放排头兵和科学发展先行者具有重要意义。

关于工业化建造模式发展

H+A：当前我国发展工业化建造模式的重要性和必要性，请比较目前国内外建筑工业化建造的发展现状？与发达国家相比如何？

顾：国内目前作为起步阶段，与国外的差距还是很大。差距之一是我们的理解不够充分，不是简单地使用 PC

（Precast Concrete）板就是工业化，另一个不是简单的装配率就是工业化，因为工业化是系统的概念。首先它是从标准上下手，政府应该从国家层面派大量的研究人员进行研究，设计标准规范不能按传统的进行验收，需要有针对工业化的验收标准规范，设计规范与施工规范都需要改变，都需要按照工业化的体系来验收，否则无法全面实行。

同时，我们也应看到我国的建筑业与发达国家相比还有一定的差距，特别是在施工管理、生产效率、经济效益、绿色施工、节能减排等方面较为落后，满足不了新时期国家对工程建设的需要，高能耗、低产出，大大制约了建筑业的快速发展，大力推行建筑工业化是破解建筑业发展瓶颈的一项重要举措。

杨： 新技术革命和产业变革驱动建筑工业化的发展。"十三五"期间，在技术创新、市场需求驱动下，各类新技术、新业态、新模式、新产业将出现大发展，为上海市站在更高起点推进建筑工业化创造了条件。新一代信息技术与建筑工业化的深度融合，将推动建筑工业化实现智能升级，促进上海落实"中国制造2025"战略。建筑行业中具有科技创新能力的智力密集型企业，可以通过商业模式创新，将建筑产业链与价值链、创造链相融合，自主构建涵盖产、学、研、用的产业生态网络，使上海建筑工业化实现突破发展。发达国家的建筑工业化已实现建筑功能与建筑性能的一体化，如：建筑物功能与装配体系、建筑物采光、通风、采暖、厨卫等机电设备一体化，已达到比较成熟的程度，不是仅强调装配率而装配率。

陈： 进入21世纪后，伴随着我国城镇化和城市现代化进程的快速发展，能源与资源不足的矛盾越发突出，生态建设和环境保护的形势日益严峻。随着建筑业人口红利的逐渐消失，原本建立在劳动力价格相对低廉基础之上的传统建筑行业，正在遭遇劳动力成本不断上升、技术工人后继乏人的瓶颈，建筑工业化——以生态文明、绿色发展为目标的可持续发展的生产方式，快步进入发展"机遇期"。

自20世纪90年代中期以来，上海从住宅产业化入手，探索推进本地装配式建筑的发展，经历了三个发展阶段：一是1996—2000年的试点探索期。期间制定了《上海住宅产业现代化试点工作计划》等文件，初步形成住宅产业化的工作框架。二是2001—2013年的试点推进期。通过行政监管与市场激励相结合等手段，稳步提高住宅产业化水平。三是2014—2015年的面上推广期。将装配式建筑的覆盖范围扩大普及到公共建筑领域，并通过政策法规先行，着力发展预制装配式建筑，培育形成建筑工业化产业链，积极开展相关标准规范的编制工作。

H+A：目前国内在发展工业化建造方式上存在哪些问题？

顾： 从国家层面来说，国家机构需要进行系统性的研究，现在政策都是红头文件，只有指标是行不通，研究人员需要联合学校、设计院和产业集团三者，一起形成国家层面的工作小组，配套地出标准规范。没有标准设计人员都很盲目，资源浪费太大。

建筑工业化的发展也不是一蹴而就的，需要一个长期的发展过程，涉及多个行业和产业链条，是在不断改革和创新的过程中逐步形成的。包括体制改革、技术创新、管理方式的转变、协调工作的加强，涉及建筑设计、建材、机械，以及其他相关行业的配合、支持，更需要政策的引导和投资，经济的支撑，绝不是建筑业企业自身能够解决的。因此，必须分地区、分阶段、有步骤地实施，按照建筑结构、装饰装修和设备安装等专业分期分批实现建筑工业化的目标。**杨：** 目前我国开展建筑工业化尚属起步阶段，离通过建筑工业化提升建筑产品质量、提高建筑产品性能的目标还有很长的距离；建筑工业化一体化建设的能力尚显不足，目前建筑工业化的技术体系以结构体系为主，缺乏建筑功能、结构体系、装饰装修一体化的技术体系；与建筑工业化一体化相配套的标准规范尚不完善；适应建筑工业化各环节的技术人员缺乏；适应建筑工业化的监督管理体系尚不完善。

陈：“十二五”期间，上海以住宅产业化为先导，以政府引导、市场主导为推动方式，装配式建筑得到较快发展，但也存在认识不统一、资源分散、人才匮乏技术支撑不足等问题，一定程度上阻碍了建筑工业化的深入推进。

H+A：有什么案例给您留下深刻印象？

顾：我们应该走出去学习一下在建筑工业化方面做得比较好的国家，例如德国与日本等。日本的墙板都是很轻的，工业化之后就不用砌装了，不存在砌体，很薄的墙板隔音保温效果都很好。大量的厨房和卫浴都是工业化的。整体卫浴和装修一体化，使室内装修一次到位，保证质量的同时，也大幅避免了二次改造施工、二次污染；严格把控的装修材料更加环保，为消费者带来安全和健康的环境。在日本会有几种模数，根据自己家里的条件来选择模式。可以减轻劳动强度，又符合模数。我们中国没有一个统一的模数。2015 年，建设部出的一套意见标准中，对于厨房和卫浴只是提了一下需要工业化，没有标准图解。如果国家能出一些标准图解，生产商就可以直接生产此种型号，可与互联网结合，通过一套软件可以共享。而在国内这些都是各自独立的。

新型建筑工业化的两大核心问题：一是完善产业链，整合、优化资源。住宅产业链是按照住宅建造过程的上下游关联企业之间的技术经济关联关系，前后延伸并辐射带动相关产业而形成的行业价值链。完善产业链使整个产业链上的资源得到优化配置，并使其发挥最大化的效率和效益是住宅产业化过程的目标和任务。二是建立一套成熟适用的建筑技术体系住宅技术体系，包括以下四部分：(1) 主体结构技术，例如：预制装配整体式混凝土结构技术、高层钢组合结构技术。(2) 住宅部品技术，例如：外围护部品技术、厨卫部品技术、内装部品技术。(3) 设施设备系统技术，例如：水、暖、电、气、空调、燃气、电梯、智能化等技术系统。(4) 建造工法与 BIM 技术。

杨：已经竣工完成的有一定影响力的是惠南镇 23 号楼，这个项目从功能上来说主要是以保障性住宅为主体，但是这个项目是上海市第一根生产流水线上建成的第一个建筑工业化项目。这个项目的最大亮点或称为特点是：建筑工业化与建筑功能、与建筑物的可持续性结合得很好，可以说是建筑工业化与建筑使用功能可持续性集成的典范。这是个保障性住宅，为应对上海老龄化社会的热点问题，我们进行了一些科研研究，建筑设计上主要表现在没有框架柱的剪力墙结构体系，对住宅使用功能的便利性；另外是大开间的房型，对住宅使用功能变化的可调性，实现了以人的生命周期为主体的可变房型，同时卫生间的马桶排水运用同层排水技术，使可变房型，即以人的全生命周期房型成为可能。这个可变房型实际上是结合人的生命周期来进行全生命周期的房型研究，包括两代人是一种什么房型，三代人是一种什么房型，然后到了老龄以后，是全护理还是半护理，我们都有充分的考虑。同时结合工业化，除了对房型进行研究以外，对一些比如说卫生间马桶的排水方面，也是和可变房型、工业化进行结合。为了保证质量，我们还进行了很多科研试验，叠合剪力墙的结构体系在上海也是第一次采用，并在上海市科委的支持下承担了市科委的重大课题，进行了结构体系构建的试验研究，包括抗震性能的研究等。这个项目现在已经建成，并引起了业界的很多反响，参观的人也很多，我相信随着这个房型的建成，对我们建筑工业化及住宅的可持续发展会起到一些引领性的作用，为我们保障性住宅的质量、性能和功能的发挥，也奠定了很好的基础。

陈：印象比较深刻的是由宝业集团开发建造、华建集团设计集团设计的浦东新区万华城 23 号楼，预制率在 30% 左右。该项目在建设过程中，较好地采用了 BIM 技术进行设计、施工和管理，工程建设的精细化程度较高。同时，运用工业化的内装方式，包括装配式天花体系、整体隔墙体系，基本消除了传统施工常见的质量通病，也满足了“空间可变性”需要。在施工过程中，噪声、粉尘和固体废物等环境影响方面控制得较好。总体来说，该项目在标准化设计、工厂化生产、机械化施工、信息化管理等方面，对推动上海市装配式建筑和建筑工业化发展将起到较好的示范作用。

关于未来

H+A：工业化建造产业发展未来是怎样的？

顾： 当前，建筑工业化应首先从量大面广的住宅工程抓起。我国沈阳、深圳、南京、天津都相继建立了住宅工业化、产业化基地，这是建筑工业化的起步，通过住宅产业化带动整体建筑工业化的发展。住宅工程一般可分为三类：一是保障性安居工程，二是中等收入人群住宅，三是收入较高人群的小康住宅。根据不同标准在住宅的结构、装修、设备等方面的设计都是不同的。由于设计户型的多样性，构建模数的复杂性，建筑工业化在住宅工程中的设计工作难度很大。应以先解决社会保障性住房为宜，逐步发展其他两类用房，采用标准构件，灵活组合成不同布局的住宅建筑。短期需要由政府引导，动员大家一起参与，在国家投资的保障性住房项目开展建筑工业化试点，做好技术经济分析，制定定额标准，为全面推广奠定工作基础。

另一方面，BIM 的运用是很好的。从设计院出来，图纸出来后工厂加工，在国外每个预制构建都有唯一一条形码，可以对构建终生管理。可以用"互联网＋"的思维，一起协同工作，把几个企业联合起来进行联合体攻关。一家企业能力有限，联合体攻关才能解决问题。例如，上海地区远大筑工的强项就是预制构件，可以在这方面多多研究；现代集团强项是设计，据我了解张桦院长已经在两三年前就组织团队花费很大精力来进行研究。设计院是标准领先，可以出一些标准。再找一些承包企业例如浙江中强，成果共享，建立开放式的平台。在中央经济工作会议上，提出的五大发展理念：创新发展、协调发展、绿色发展、开发、共享。这样企业细化后与国家政策才能统一起来。

杨： 生态环境的建设、建筑物品质的提升，给建筑工业化带来广阔的发展空间。建筑工业化的特征是建设过程的一体化，主要是设计、制造、装配、装修一体化，更应该是基于信息技术把建设全过程联通的一体化。同时信息技术融入建筑工业化，使得建筑物全生命周期的品质得以保证。建筑工业化集成技术的发展，将推进建筑工业化的发展。为此，加大提高建设全过程各环节的建设能力；加大开发相关技术研究并形成产品，是建筑工业化发展的基础，如部品部件的研究，包括建筑饰面、建筑维护体系、连接件、结构体系、隔墙体系等。其次要大力发展 EPC、建设信息化集成平台，建设的运营模式要从现在的设计、施工等环节互相割裂调整为一体化的集成模式。

陈： 首先，发展装配式建筑将成为上海建筑产业结构调整的重要内容。"十三五"时期，上海将以提升核心竞争力和国际创新影响力为主线，打造智能、高效、绿色、低碳为特征的产业结构。核心竞争力强、绿色可持续发展、智能化水平高、辐射整合能力强、市场主体活力大的产业将成为上海重点发展、重点扶持的产业。上海建筑工业化能与信息化、节能环保、人口要素升级有效融合，完全具备了"四新"引领、创新驱动的产业特征。装配式建筑有望成为上海建筑产业结构调整，形成稳定二产、提升产业发展质量和效益的新生力量。

其次，装配式建筑是上海建筑业转型升级的必然选择。"十三五"时期，上海市资源环境的底线约束更加趋紧，劳动力成本持续上升、建立在廉价劳动力、高消耗、高排放基础上的建筑行业，面临向绿色发展和集约化发展转变的迫切要求。装配式建筑作为一种新型建筑生产方式，带领建筑业从分散、落后的手工业生产方式，跨越到以现代技术为基础的社会化大工业生产方式，有利于提高劳动生产率、改善作业环境、降低劳动力依赖、减少建筑垃圾排放和污染，促进建筑业绿色发展，提高建筑业对生态文明的贡献度，是建筑行业转型发展的必由之路。

第三，新技术革命和产业变革驱动装配式建筑突破发展。"十三五"期间，在技术创新、市场需求驱动下，各类新技术、新业态、新模式、新产业将出现大发展，为上海市站在更高起点推进装配式建筑创造了条件。新一代信息技术与建筑工业化的深度融合，将推动建筑工业化实现智能升级，促进上海落实"中国制造 2025"战略。建筑行业中具有科技创新能力的智力密集型企业，可以通过商业模式创新，将建筑产业链与价值链、创造链相融合，自主构建涵盖产、学、研、用的产业生态网络，使上海装配式建筑实现突破发展。

H+A：请结合您的经验，给建筑工业化建造产业发展提出一些相关建议？

顾： 国外发达国家的工业化发展得益于政府的政策主导，集中资金和技术进行大规模生产，使得工厂化完全代替传统的半手工、半机械的建设模式。以日本为例，在工业化发展过程中出台各项制度法规，确立工业化的建造技术体系，规范工业化产品的生产和销售；在成本方面，不同生产方式的基础成本、土地成本、改造宅基地成本、场地准备成本等均相同。工业化带来的成本不同点主要集中在建筑成本和资金成本上，其中工期缩短带来的资金效率和人工成本的降低弥补了工业化自身增加的建筑成本。而日本人力成本较高，通过工业化生产减少了工人在现场的工作时间，促使劳务升级，大大降低了劳动力成本，从而有效控制了工业化的成本。

在我国，工业化成本构成与日本相似，传统建筑工程造价主要由直接费（含材料费、人工费、机械费、措施费）、间接费（主要为管理费）、利润、税金等构成。整个建造周期内工业化建筑较传统现浇建筑增加的费用包括部分材料费用、构件厂中的构件生产费用、构件运输费用以及现场施工增加的费用等。

在工业化施工的项目中，虽然在生产、运输、施工全过程中产生了一定的成本增量，但同时也带来了建筑品质和效率的提升。工业化施工相比传统施工方式施工周期短、资金回收快、建造质量高，工厂预制能有效解决以往墙体开裂与漏水问题，保证了建成后的用户使用体验，建造方式也更为节能、低碳、环保。工业化建造方式提高了生产效率，缩短了工期、保障了建筑质量、促进了节能环保、优化了劳动力配置，从整个生命周期看，也减少了后期维护成本及人力成本。但在实际项目中，工业化的成本影响因素较多，其最终成本并非某一环节主导控制的，而是各方面因素综合作用的结果，我们应当以综合的成本观来看待工业化成本。在未来的工业化项目中应控制设计、生产、施工各个环节，合理设计、高效生产、优化施工，将工业化建设推向规模化，这样才能真正达到工业化成本可控。

杨：先要统筹规划，这不仅是土地资源的统筹规划，也包括项目建设的统筹规划；其次要不断完善装配式建筑的技术标准体系，包括对抗震方面的技术体系；其三政府要加大力度推动建设模式的转变，如 EPC 总承包的模式，要加强设计、施工、装修一体化的项目建设；其四要加强信息技术与建筑工业化的融合，尤其是 BIM 技术在建筑工业化的应用；其五要加强建筑工业化的宣传力度，让广大技术人员、市民知晓并接受建筑工业化。

陈：一、整合管理资源，形成建筑工业化发展的推进合力。严格落实装配式建筑项目的源头控制，强化施工图审查、竣工验收等环节的过程监管。研究通过扬尘、防噪控制等手段，倒逼传统建造方式向工业化转型。进一步完善区（县）建筑工业化推进工作的监督考核机制。

二、技术先行，拓展装配式建筑的内涵与外延。加大装配式建筑的技术研发力度，着力完善装配式建筑结构技术体系，在推广装配式混凝土结构体系的同时，积极推广钢结构、钢混结构等体系的应用，并出台钢结构体系的预制率认定方法。加快研究出台建筑项目装配率的计算方法，推广装配式建筑机电管线、轻质内隔墙、吊顶、整体厨卫等部品部件应用。推进建筑部品和构配件的标准化研究，率先在保障房项目中推广标准户型，在政府投资的学校、医院中推广教学楼、病房等类型项目的标准化应用，带动装配式建筑标准化水平逐步提高。

三、创新建设模式，促进全产业链深度融合。推广以设计为龙头的 EPC 总承包管理模式，在政府投资项目中率先试点，并逐步延伸至社会投资项目。完善工程总承包招投标办法及相关指导文件，以适应装配式建筑设计施工一体化需要。推广 BIM 技术应用提高项目管理水平，将建筑信息模型（BIM 技术）融入装配式建筑项目建设全过程，开展模拟拼装、部品部件协调检查等技术的推广应用，提高装配式建筑设计深度及现场施工管理水平。鼓励企业增强自主创新意识，加快"四新技术"的研发和应用。依托产业联盟，加速科研及成果转化，助力建筑工业化全面发展。

H+A：能谈一谈您所在的企业未来在这一领域的发展计划吗？

顾：目前，国家住建部在全国已先后批准建立了 37 个国家级住宅产业化（建筑工业化）基地。北京、上海、深圳、沈阳、浙江、黑龙江、新疆等地区已经出台了推动建筑工业化发展的产业规划、扶持政策和地方技术标准，完善了建筑工业化体系，有效推动了产业化进程。与此同时，一大批企业也在积极开展住宅建筑工业化技术的研发和工程实践，均取得了一定的科研成果。目前发展建筑工业化的基础和条件已经具备，时机已经成熟，建筑工业化即将迎来新一轮的大发展。最近在谢龙理事长的带领下，中国建筑协会建筑理事会收到几个企业要求关注成立工业化分会和专业委员会，我们正在做一些资源协调整合的工作，在建筑协会中将会成立建筑工业化的学术机构，共同促进建筑工业化的发展，此项目已经在行动中。

杨：华建集团股份公司已经承担了 100 多万平方米的建筑工业化项目，项目涵盖了各种结构体系，各种建筑功能，承担了 10 多项市级以上科研课题，形成了科研、建筑创作、设计、深化设计、构件生产的建筑工业化布局。2015 年 7 月 26 日，我们成立了上海市建筑工业化技术产业联盟。作为主要的发起单位和第一届盟主单位，我相信建筑工业化在发展过程中，华建集团一定会科技发展和设计技术以及建造技术，包括整个建筑工业化一体化的技术发展过程中，起到主导地位和引领作用。

杨雄市长在多次会议上强调，要发挥好企业的创新主体作用。作为国内建筑设计行业的领军企业和上海城市建设的主力军，现代集团发挥建筑设计的龙头作用和综合型设计企业的辐射效应，协助编制了《上海市建筑行业转型发展"十三五"规划》《上海市建筑工业化发展"十三五"规划》《上海市 BIM 技术发展"十三五"规划》，承担了《上海市建筑工业化标准规范》的编制工作，主持编写完成《上海地区预制装配式建筑设计培训教材》（初稿），对推广建筑工业化，增进设计人员建筑工业化共识起到积极作用。未来现代集团将继续发挥"设计为龙头，建筑工业化 EPC 总承包模式"的发展模式，加强培养建筑工业化全产业链各环节掌控能力的人才，加速建设建筑工业化集成平台，推动上海地区建筑工业化的设计水平提升，产业链的完善和建造模式创新！

陈：除了推动装配式建筑发展以外，明年还将在绿色建筑、建筑材料监管和建筑废弃物资源化利用等方面开展以下工作。

一、以建设生态宜居城市为目标，提高绿色建筑发展水平。促进绿色建筑规模化发展，以八个低碳发展实践区、六个重点开发区和五个转型发展区为单位，发挥区域规模效应，打造上海和国家级绿色生态城区。提升绿色建筑发展品质，探索在上海市推动低能耗建筑的技术路径，鼓励太阳能光伏发电等可再生能源应用。不断优化建筑能耗监测平台，研究编制不同建筑类型的能耗定额标准。引导绿色建筑认证逐渐从设计走向运营，搭建绿色建筑运行监管平台，研究达到一定建设规模的政府办公楼强制落实绿色运营标准。强化绿色建筑示范引领，探索建立绿色施工激励机制，宣传普及绿色施工工法，鼓励绿色施工发展。组织编制绿色建筑施工验收标准规范，突出施工现场节能、节水、节材和环境保护控制。

二、以绿色环保为导向，促进建材行业可持续发展。推进绿色建材发展研究，启动本市绿色建材发展的顶层设计研究，理顺管理机构职能。编制上海绿色建材评价标准，选取部分节能节水的重要功能性材料，试点开展绿色评价工作，探索在试点示范项目中予以推广。重点落实《上海市建设工程材料使用监督管理规定》，确保本市建材监管平稳过渡。加强建材备案流程监管，建立考核评价和投诉机制。完成建材监管信息系统一期建设，启动二期建设的可行性研究。制定《上海市建材诚信管理办法》，将涉及结构安全和功能性材料纳入诚信管理体系，及时记录生产企业、项目使用情况、历次盲样抽检结果、奖惩记录等内容，推动市场主体参与社会监督。结合建筑工业化发展和节能环保要求，梳理公布上海市禁止或者限制生产和使用的建材产品目录。

三、以规范化管理为手段，抓好建筑废弃物资源化综合利用。重点强化《上海市建筑废弃混凝土资源化利用管理暂行规定》监督执行。完善建筑废弃混凝土再生利用技术体系，编制再生产品标准、综合利用技术指南、再生新型墙体材料生产标准和应用技术规范等标准规范。研究扩大再生骨料应用面，加大在砌块、石膏板、混凝土等方面的应用力度。推动建筑废弃混凝土处置企业规模化发展，将全市中小型处置企业纳入规范化管理。探索建筑废弃物规模化利用，对前滩等集中建设区域内的建筑废弃物进行统筹消纳，实现拆旧运输、处置生产、即时利用的循环经济模式，减少企业暂存和运输成本。

朱望伟，朱华军，刘啸，雷杰，李远 / 文
ZHU Wangwei, ZHU Huajun, LIU Xiao, LEI Jie, LI Yuan

全生命周期的工业化
挑战未来的新住宅

Industrialization of Full Lifecycle
Challenge to New Housing in Future

项目名称：惠南新市镇 17-11-05、17-11-08 地块
23 号楼

建设单位：上海宝筑房地产开发有限公司

建设地点：上海市浦东新区惠南新市镇

建筑类型：居住建筑

设计 / 建成：2013/2015

总建筑面积：9 838m²

建筑高度 / 层数：41.9m/13 层

容积率：2.00

设计单位：华建集团华东现代都市建筑设计院；华建集
团上海建筑科创中心；华建集团现代建筑装饰环境设计
研究院公司

项目团队：朱望伟、刘啸、李远、朱华军、雷杰、王剑锋、
钱彦敏、张科杰

1. 鸟瞰图

上海市浦东新区惠南新市镇17-11-05、17-11-08地块23号楼是上海市装配式
住宅工业化示范项目，该项目采用了装配整体式（双面叠合板式）剪力墙体系，在
项目工业化实践过程中，确定了基于全生命周期的可变房型建筑设计原则和基于信
息技术的高度集成化设计方法，以装配式建筑的标准化、模块化为基础，进行标准
化构件的拆分和深化设计。通过该项目的工业化设计实践和探索，为上海地区双面
叠合板体系的规范编制提供了理论和实践依据。

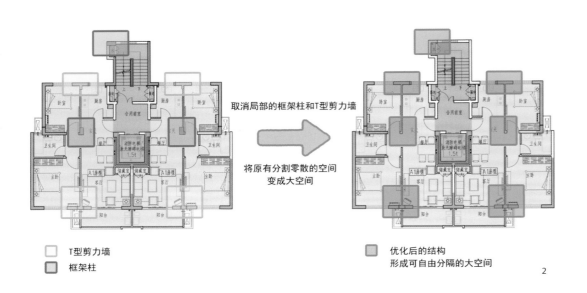
取消局部的框架柱和T型剪力墙

将原有分割零散的空间变成大空间

□ T型剪力墙
■ 框架柱

■ 优化后的结构
形成可自由分隔的大空间

2

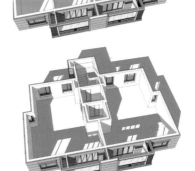

3

1.打造工业化示范项目

上海市浦东新区惠南新市镇 17-11-05、17-11-08 地块 23 号楼，位于上海西南部浦东新区惠南新市镇，是华建集团股份公司（以下简称"华建集团"）和宝业集团合作打造的一个上海市工业化住宅示范项目。在对项目进行工业化改造设计之初，该项目设计和规划审批均已经结束，已进入施工实施阶段。为了上海市推进建筑工业化，宝业集团和华建集团对 23 号楼进行改造，一起打造工业化建筑的示范项目，该建筑地面 13 层，地下 1 层，总建筑高度 37.7m，建筑面积 9 755.24m²，建筑立面采用 Arco-deco 风格。项目平面外廓尺寸和立面造型风格均需在原设计的基础上进行，不能做大的调整，这给项目的工业化改造设计造成了多方面的约束。

23 号楼的工业化改造采用双面叠合板式混凝土剪力墙体系，单体预制率达到 30%。项目采用了 BIM 技术，将建筑、结构、机电一体化设计，实现建设全过程的控制。项目建成后，建筑的各项品质较采用传统建造方法建成的小区内其他建筑有显著提高（表 1）。

2.全生命周期房型设计

随着国家政策的调整与社会老龄化程度的日益增长，家庭结构也将随着时间发生变化。设计团队通过研究家庭居住人口变化与老龄化社会发展趋势，在 23 号楼的设计中创新性地采用了大空间的设计手法，确立了基于全生命周期的可变房型建筑设计原则。

在方案阶段，设计团队对原设计的室内结构构件的布置进行了改造——取消了室内框架柱、优化了局部 T 形剪力墙，将剪力墙全部布置在空间外围，使建筑内部形成可自由分隔的"大空间"，集中布置竖向管井，从而满足建筑使用空间灵活变化的要求。

设计团队在同一个大空间的基础上，对各种家庭生活模式的空间需求都做了一定的空间变化设计，布置了适用于两口、三口之家的夫妻家庭和核心家庭户型平面；布置了适用于三代同堂的主干家庭需求，将相邻两户合并，扩展居住空间的户型平面；布置了适合老龄化生活的住宅，研究了大空间设计对使用者可变要求的适应性。

设计还提出了大空间分隔变化的各种具体技术措施，如家具隔断与机电布置一体化设计，解决了机电设计如何适应房型的可变；采用了同层排水技术，解决厨卫空间的可变，每种措施随着房型变化在项目中的实施而落实，为设计团队在基于装配式住宅的可变空间设计取得了实践经验。

4

5

6

3. 装配式建筑的核心——集成技术

装配式建筑的核心是"集成",而信息化是"集成"的主线。在 23 号楼的设计中设计团队采用了如 Revit 和 Allplan 等软件,通过协同设计的方法将建筑、结构、机电集成设计,将信息化技术贯穿运用于从方案到施工图、构件深化设计图纸、工厂制作和运输、现场装配的全过程,真正实现了建筑全生命周期的设计和控制。

设计团队运用 BIM 技术,以参数化设计的构件建立三维可视化模型,提前将门窗、孔洞、管线,安装部件位置精确预留,从而指导工厂生产建筑部品部件。设计团队通过 BIM 技术进行钢筋碰撞检查,在三维效果中预先制定施工吊装、钢筋绑扎方案,及时调整构件间碰撞钢筋的相对位置,在计算机中模拟施工预拼装,达到构件设计、工厂制造和现场安装的高效协调,从而提高设计图纸质量,有效减少变更和控制项目造价,保证了项目按照既定的工期、造价、质量目标顺利完工。

4. 设计的标准化

标准化的设计是工业化建筑的特点,本项目设计了标准化户型单元模块,将厨卫、阳台及交通核的功能模块设计标准化,统一了门窗、结构构件的形状和尺寸,有效地减少了预制构件的种类,增加了预制构件模具的利用率,提高了装配式建筑的经济性。项目通过合理的拆分技术,以尽量少的结构构件组装成建筑主体,减少了构件间连接处理,提高了建筑的整体性,提高了组装效率,大大缩短了施工周期。

7

表1	工业化建造方式与传统建造方式的对比	
	工业化方式建造的23号楼	**传统建造方式**
防水	多道防水措施,效果佳	接缝砂浆易于开裂,存在漏水隐患
保温	保温一体化制作,保温性能好	保温易脱落开裂
隔声	楼板叠合,隔声好	隔声较差
户型可变	户型可变,适应性强	固定户型
建筑品质	产品质量及精度都有大幅提升,整体品质提高	精度难以保证

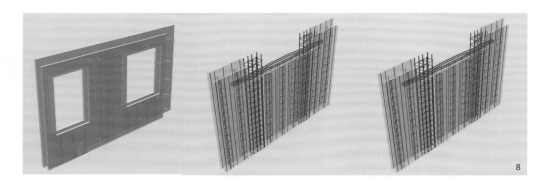

8. 构件钢筋碰撞检查
9. 装配式信息化技术，采用如Allplan软件，将建筑、结构、机电集成设计，实现全过程工业化和信息化
10. 双面叠合板式剪力墙工法展示示意图

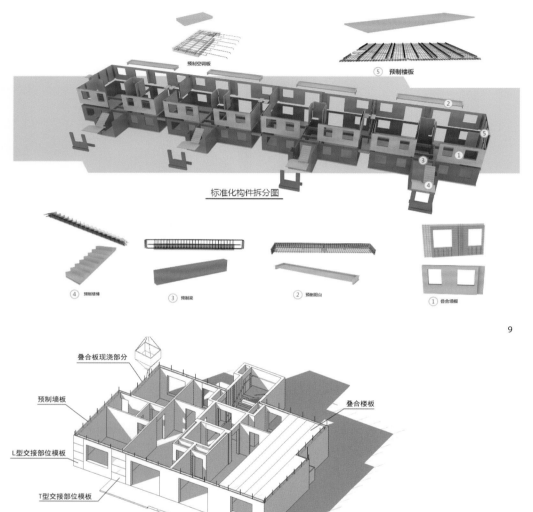

预制空调板

⑤ 预制楼板

标准化构件拆分图

② ② ①

③

④

④ 预制楼梯　　③ 预制梁　　② 预制阳台　　① 叠合墙板

9

叠合板现浇部分

预制墙板

叠合楼板

L型交接部位模板

T型交接部位模板

10

作者简介

朱望伟，男，华建集团华东现代都市建筑设计院 副院长、副总建筑师，教授级高级工程师，国家一级注册建筑师；

朱华军，男，华建集团华东现代都市建筑设计院 副总工程师、事业一部 副部长，高级工程师，国家一级注册结构工程师；

刘啸，男，华建集团华东现代都市建筑设计院 副主任工程师，事业一部 副部长，国家一级注册建筑师；

雷杰，男，华建集团华东现代都市建筑设计院 技术研发中心 结构工程师，国家一级注册结构工程师；

李远，女，华建集团华东现代都市建筑设计院，事业一部 建筑师

5.安全可靠的结构设计

双面叠合式混凝土剪力墙体系是以叠合板为基本构件，由经两次浇筑叠合而成的钢筋混凝土板状构件叠合式墙板和叠合式楼板组成，辅以必要的现浇混凝土剪力墙、边缘构件等共同形成的剪力墙结构。与传统的剪力墙体系相比，具有施工速度快、工业化水平高、增量成本小等特点。该体系在上海地区首次运用，为验证双面叠合剪力墙体系的抗震性能，本工程分别进行了构件试验、整体试验。通过高轴压比下的静力推覆试验，重点研究不同预制构造方案的破坏形态与破坏机制、承载力、延性、耗能能力等抗震性能指标。通过三层缩尺模型的振动台试验，重点研究叠合板式混凝土剪力墙结构在地震作用下的反应及破坏机理。基于上述两组试验结果，相互验证了双面叠合板式剪力墙体系所采用的节点连接方式的安全有效性，并为该体系规范、规程制定提供了理论依据。

6.结语

在本项目中，通过工业化建筑设计理念的一系列实践，最终实现了可适应住宅全生命周期的建筑空间，探索了建筑、结构、机电各专业的集成设计和预制构件的拆分和深化设计。希望通过本次的实践，有助于推动工业化技术在住宅项目中的运用，促进住宅的标准化设计及可变房型设计，推进住宅产业化进程，实现住宅的可持续发展。

隋郁/采访，赵杰/整理　SUI Yu(Interviewer), ZHAO Jie(Editor)

"数"造是技术变革，更是思维创新

华建集团华东现代都市建筑设计院
副院长、副总建筑师朱望伟关于23号楼项目访谈

Digital Construction is Technical Innovation and Creative Thinking

Interview with Zhu Wangwei about No. 23th Building, Vice-president and Deputy Chief Architect of Shanghai modern architectural design (Group) Co., Ltd. Modern Urban Architectural Design Institute

H+A：请谈谈惠南镇项目的特点？

朱望伟（以下简称"朱"）：上海市浦东新区惠南新市镇 17-11-05、17-11-08 地块 23 号楼作为工业化住宅的示范楼，建筑面积为 9 755.24m²，地面 13 层，地下 1 层，总建筑高度 37.7m，设计采用叠合板式混凝土剪力墙结构体系，楼板采用叠合楼板，预制率达到 30%，这个项目主要有三个特点：

第一，基于全生命周期的可变房型设计，这是设计的一个亮点。设计通过开放空间、厨卫管线的集中布置等，使得房型和套内空间可以根据家庭结构或适老住宅的不同需求进行灵活变化。

第二，基于信息化的建筑、结构、机电的高度集成化设计。集成是工业化建筑的核心，不仅是建筑外墙一体化、设备管道、管线洞口预留等，还从方案到施工图、构件深化设计图、工厂制作和运输、现场的装配等都通过专业的软件进行全过程控制，信息化技术真正实现了建筑物全寿命周期的设计和控制。

第三，基于构配件标准化的深化设计。结合我们的设计理念，通过设计的不断深入，实现了单元、构配件和连接节点的标准化设计，体现了工业化建造对于提升住宅品质和性能的突出作用。

惠南镇项目在工业化建筑理念的指导下，提高了住宅的品质，提升了建筑性能，加快了建造速度，提高了生产效率，有效地控制了建造成本，运用信息化集成手段，真正实现了能适应全生命周期的住宅建筑。希望通过本项目的示范作用，在住宅可变房型设计、标准化设计等方面的有益尝试，推动工业化技术在住宅项目中的推广运用，从而实现可持续发展的社会意义和价值。

H+A：工业化建筑将给建筑设计带来怎样的变革？

朱：我认为主要是设计理念的转变。工业化建筑是提高效率、提升建筑质量的重要方式，它的基本途径是建筑标准化、构配件生产工厂化，以达到加快建设速度、提升建筑性能、提高工程质量的目的。所以工业化的设计思路与传统的设计方法有所不同，需要在前期方案时就充分考虑制作、生产的工艺和流程。

首先，建筑工业化应从建筑方案设计开始。传统的建筑设计，设计与建造的连接是通过现场的施工联系在一起的，需大量的现场作业，没有充分考虑建造过程中施工工艺和建造方式。而建筑工业化是设计制造一体化的，改变了传统的建筑设计方法。它是通过构配件的标准化设计和工厂化生产、再进行现场装配的过程，体现了可持续发展的设计理念。所以我们在方案设计阶段就要把工业化的思路加进来，必须从生产的标准化、制造的模块化入手。

其次，建筑工业化是运用信息化手段集成设计的全过程。工业化建筑的核心是"集成"，信息化是"集成"的主线，设计中采用如 CAD、Revit 和 Allplan 等软件，通过信息化技术的应用，实现工业化建筑的全生命周期的建筑设计。从方案到施工图、构件深化设计图、工厂制作和运输、现场的装配的全过程，以及后期的运营维护，都可以通过专业的软件实现全过程控制，工业化建筑和信息化技术真正实现了建筑物全寿命周期的设计和控制。

H+A：工业化建筑对建筑师提出怎样的要求？

朱：建筑师我觉得可能也是从几方面：一个是要转变建筑师的设计思路，特别是在方案前期过程中，把工业化的思路引入到设计中去。第二，建筑师在深化图纸中要充分考虑到后期的制作、施工、验收等全过程的需要，总结设计的要素、方法，设计必须贯穿工业化全过程。第三，建筑师要充分利用信息化的一些工具，比如通过一些软件作为载体，把设计和制造连接在一起。总体来说，工业化给建筑师提出了更高的要求，需要设计师创新设计思路，引领工业化建筑的设计理念。

H+A：能具体谈谈您所在的都市院在该领域的工作进展么？

朱：近几年都市院一直致力于工业化建筑方面的研究、实践，目前组建了研发、施工图设计、深化设计团队，并在 2015 年 6 月成立了工业化技术研发中心，工作推进以建立适应建筑设计、咨询、管理和研究一体化的"专项化产品团队"为目标，团队以工程项目实践、技术研发为依托，遵循"产 - 学 - 研"一体化发展模式，有效推动工业化的专项技术发展。承担和参与了 10 余项上海市科委、集团的工业化建筑方面的课题研究，参与编制、出版《上海市建筑工业化实践案例汇编》、《预制装配式建筑系列培训教材（设计篇）》、上海市标准《装配整体式叠合板混凝土结构技术规程》，另外完成装配式政策、案例、论文和考察汇编 4本；同时也承担了多个具有特色的工业化建筑的实践工程项目，目前在手工业化项目十余项。例如惠南镇 23 号楼的科委试点项目是工业化住宅标准体系研究课题的示范项目。希望通过项目实践及试验研究，建立上海地区工业化住宅建筑技术的标准规范体系，为制定上海住宅工业化建筑技术标准和其它工程建设提供重要技术支持。另一个是绍兴的中纺城 CBD 项目，该项目包括一个 4-5 层的商业和一个高层办公楼，总建筑面积 18 万 m²。通过这个项目，探索了 PC 在公共建筑中的运用。

沈钺，杜静/文 SHEN Yue，DU Jing

绿色集成建筑设计
以精工·柯北总部办公楼为例
Green Integrated Architectural Design
A Case Study of Jinggong•Kebei Headquarter Office Building

精工·柯北总部办公楼是设计在集成化、模块化营造的背景下，以绿建筑的理念，在创意的建筑造型、丰富的场所空间、生态的办公环境等方面的一次设计探索，打破集成化、模块化相当于简单罗列、缺乏创意的固有观念，为营造生态的、富有创意的集成建筑树立典范。

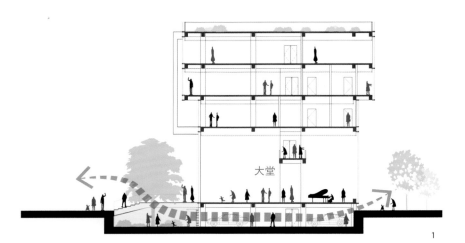

1

项目名称：精工·柯北总部办公楼

建设单位：绍兴精工绿筑集成建筑系统工业有限公司

建设地点：浙江省绍兴市

建筑类型：办公、实验

设计：2015

总建筑面积：15 000m²

建筑高度：23.5m

设计单位：华建集团上海建筑设计研究院公司

项目团队：

设计总负责人：沈钺

项目经理：贾水钟

主要方案设计人：高喆，杜静，王晔，胡延康

结构专业负责人：贾水钟，贾京

给排水专业负责人：殷春蕾

电气专业负责人：胡戎

暖通专业负责人：乐照林

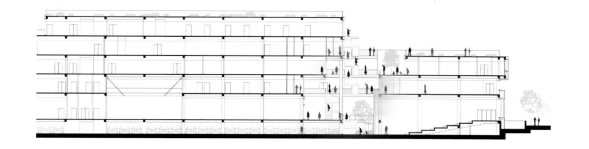

3

集成化不仅体现在建筑设计的一体化、标准化中，还体现在生产系统化（产品模块化、单元模块化系统生产、生产工业化）和装配施工上（施工装配化、管理信息化、安装标准化）。标准化的建筑构件更加适应工厂预制和现场拼装的精准化施工作业，有利于提高生产效率降低生产成本，钢结构集成建材的生产过程排碳量少，保温性能好、使用寿命长，寿命期到达后材料可回收再利用。建筑垃圾、建筑施工噪声都减少到最低程度，抗震性能高，改建和拆迁容易，材料的回收和再利用率高。装配施工过程节材节水节地，施工过程中无须木模板和脚手架，建筑自重减轻，减少30%的基础，实现全过程绿色施工。

作为一种低碳高效的新型建筑模式，集成建筑[1]的发展近年来受到越来越多的关注。但由于建筑部件工业化水平低、缺乏有效的集成和整合、预制装配式模块外形单调等原因，我国目前集成建筑技术水平还比较低。在此背景下，本文以精工·柯北总部办公楼为实践案例，将"绿色"理念及技术在集成建筑上的运用进行深化和创新，以"绿色模块"为设计单元，"开放流动"为设计手法，构筑集生态办公、景观展示、产品示范为一体的总部办公建筑，以期为绿色集成建筑的设计提供一定的经验。

1. 设计策略与内涵发掘

绍兴精工钢构集团专业生产绿色集成建筑配套的集成建筑产品，集产品研发、设计和加工制作于一体。作为集成建筑领军企业的总部办公楼，不仅具有一定的总部形象，更要能够展现企业的技术与内涵，使得办公建筑本身在绿色建筑、工业装配式方面具有一定的展示性和示范性。

以此为基础，建筑的整体布局及造型设计都体现了绿色和集成的概念。

建筑基地南侧和东侧临近城市道路，成为建筑的主要展示面，北侧为企业的厂房区，与办公楼通过地面景观设计进行联系。建筑设计采用U字形布局，西侧受西晒影响大，布置采光要求不高的实验楼，东侧布置食堂等休闲空间，中间为东西横向展开的办公空间，以获取最佳的采光和通风。建筑所围合的绿化庭院朝向街道、对市民开放，成为城市公共空间的延续。

建筑整体造型采用模块化设计，根据平面功能设计一系列大小盒子，这些盒子在三维空间中排列、咬合、叠加、错落，是对集成化和装配式的暗示。根据甲方生产的产品，不同的盒子模块采用不同的立面材料，但用"框"这一形式语言和立面上相似的材料分割方式进行统一和整合，避免了多种立面材质导致整体建筑风格不协调的局面。每个盒子都承载着不同的模块化表皮做法，采用模块化生产拼装的形式，创造出一种新的秩序，成为公司装配式幕墙体系产品的实体展示窗口，强化了公司总部形象。

2

4

2. 空间营造

"流动空间"的引入，使建筑内部、建筑上下层、建筑内外之间的联系都得以加强，这种紧密的联系增强了空间的灵活性和适应性，同时强化了人与环境的互动，营造出令人愉悦的场所体验。

1）下沉庭院

建筑南侧两个下沉庭院的设计，将阳光引入地下一层建筑内部，优化了采光通风，减少了人工设备的使用，起到生态节能的作用。下沉庭院侧墙垂挂藤蔓植物，生态绿色界面营造出宜人的微环境。此外，边庭的设计减少了外部视线干扰，保证了一层办公空间的私密性。

2）多维立体的空中花园，三维流动的公共空间

建筑本体通过错落有致的盒子，形成了多维度、多类型、连续流动的室外空间：半围合的庭院、空中平台、屋顶花园、景观外廊等，在统一模块化的基底上营造出亲近自然的趣味空间，建筑室内空间向室外延伸，人的活动也可延伸到室外平台上来，在此办公的人们随时可以走到户外、亲近自然；空中花园的植入打断了建筑连续封闭的实体，增大了建筑与环境的接触面，使得每个房间都可获得自然采光和通风。

此外，结合建筑丰富的立面表皮，这些平台将成为建筑装配式立面的参观展示空间，参观交流的过程在上下游走、室内外转换的过程中完成，可游可赏，形成独特的绿色参观游览路径。

3）开放的交流展示空间

建筑东侧的次入口处底层架空，形成南北贯通的半室外展览空间，该空间与其西侧的展厅及东侧阶梯教室一起，共同构成技术、文化交流场所。这一设计加强了南北两侧的空气对流及步行联系，同时，该入口处结合室外景观楼梯及逐层退台的空中花园处理，营造出充满活力和趣味的空间氛围，丰富了入口的步行体验。

4）大堂

作为建筑的核心枢纽和前端接待展示空间，两层通高、南北贯穿的大堂很好的串接了厂区与办公区、室内与室外，营造出一气呵成、开阔敞亮的空间感。大堂南侧连接下沉庭院上空的入口天桥，北侧以精致的园景作对景，并与生产区建立步行连接。

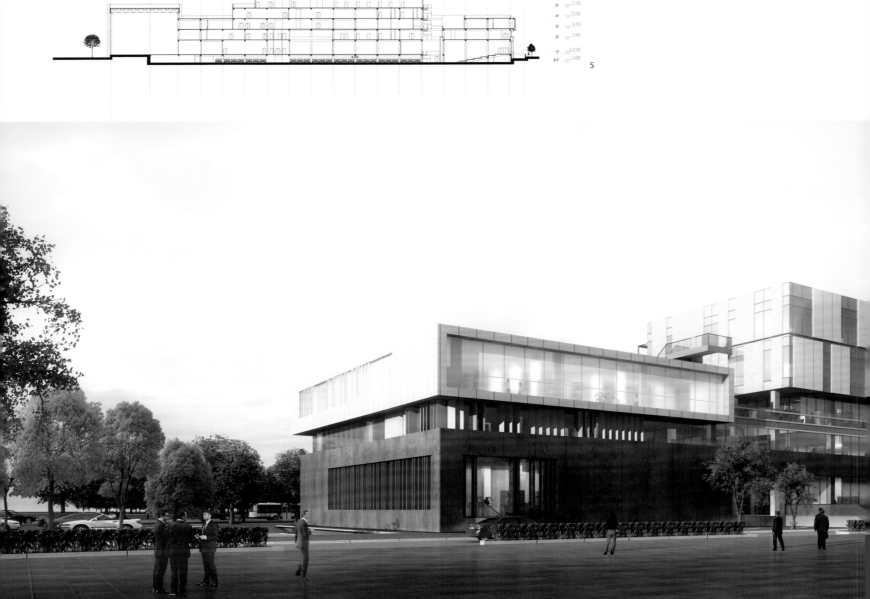

5. 剖面图
6. 立面外观

5

3. 立面表皮

立面表皮在体现模块化设计的基础上，还承载了通风采光、遮阳、视野、产品展示的整合功能。垂直绿化、金属遮阳构件、锈板、铝板、仿石材、玻璃、通风百叶等材质被运用为表皮，跳跃与变奏，为整个路段带来活力。并通过标准模块化设计这一新秩序形成丰富细节与整体形象的统一协调。

4. 垂直绿化

建筑的西侧部分为试验楼，对采光要求不高，立面设计了垂直绿化系统，兼具景观展示与夏季遮阳降温的功能。该系统以模块化的钢构架为骨架，构架内嵌入不锈钢钢丝网，种植常绿植物与落叶植物混合搭配攀爬植物，使建筑立面随季节变化呈现不同的效果。以模块为单元的垂直绿化便于对植物形成整体效果的控制及日后更换维护管理。此外，钢构架在平面上与墙面呈一定的倾斜角度，最大限度利用阳光，促进植物生长，而垂直绿化模块以楼层为单元错位排列，在阵列统一的图案中赋予灵动的变化。

5. 金属遮阳构件

建筑中部的办公体量南立面设计连续的金属构架，形成纵横交错的模块式构成，延续着立面上"框"主题，在框内嵌入活动遮阳百叶，使得 50% 的透明围护结构设置有外遮阳，遮阳构件可根据太阳辐射强度及室内光线强度需求控制遮阳板的角度调节进光亮，在统一建筑风格的同时，有利于节能，不断重复的竖向构件形成有韵律的光感。

精工·柯北总部办公楼的设计回归到对总部建筑内涵的解读和再现，将绿色技术、装配式技术与建筑设计一体化。绿色理念贯穿于建筑策划、设计、建造到使用维护的整个生命周期中，传统绿建设计技术通过灵活的"模块化"的手法运用于建筑设计上，实现高效节能与人的绿色体验。

作者简介

沈钺，男，华建集团上海建筑设计研究院公司 总建筑师，工作室主任；

杜静，女，华建集团上海建筑设计研究院公司 建筑师

注释
①集成建筑是将建筑物的结构及其相配套的设施、服务等各种体系优化组合而成的建筑产品，从而为用户提供一个低碳、高效、舒适的建筑环境。其具体表现为生产工厂化、产品标准化、施工装配化、供应系列化、服务定制化、整体可持续。

6

1

1. 施工现场
2. 建筑效果图
3. 预制外挂墙板
4. 内剪力墙螺栓连接示意图
5. 叠合楼板
6. 预制楼梯

项目名称：周康航工业化居住社区项目
建设单位：上海建工汇福置业发展有限公司
建设地点：上海周浦
建筑类型：住宅
占地面积：24 501m²
总建筑面积：59 887m²（其中地下建筑面积 9 060m²）
建筑高度 / 层数：3 栋 18 层、1 栋 17 层、1 栋 14 层、1 栋 13 层
设计单位：上海建工设计研究院有限公司
施工单位：上海建工二建集团有限公司
项目团队：龙莉波、马跃强、李卫红、徐月桢、何飞、乔福平、瞿燕平、赵波

龙莉波 / 文 Long Libo

预制化与装配式
周康航工业化居住社区项目
Precasting and Fabrication
Zhou Kanghang Industrialized Residential Community

周康航工业化居住社区项目首创使用的预制叠合保温外挂墙板。本项目中，为了提高墙板的施工质量，配套研发了一系列的新型装备，如高精度测垂传感尺，快速支撑体系、新型围栏体系等，为墙板的施工质量提供了有力的保障。项目进行了多种工程配套装备的研究与开发，包括高精度预制构件测垂传感尺、预制墙板快速支撑体系、无脚手架多功能安全防护体系。项目中还采用施工升降平台，提高施工效率。本文结合周康航工业化居住社区项目特点，介绍了该墙板建造过程的关键技术与优点、技术研究与装备开发，对预制装配结构的应用、推广具有较强参考借鉴价值。节能、环保、可持续发展对建筑技术提出新的要求，推广建筑工业化，是发展预制装配式建筑是实现绿色建筑的重要途径。

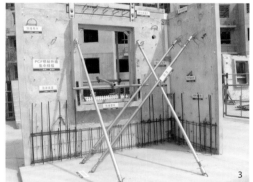

1. 工程概况

周康航工业化居住社区项目为保障性住房中的动迁安置房，由上海建工集团总承包，建设单位为上海建工汇福置业发展有限公司，施工单位为上海建工二建集团有限公司，设计单位为上海建工设计研究院有限公司。

项目位于上海浦东新区周康航基地 C-04-01 地块，占地面积 24 501m²，总建筑面积 59 887m²（其中地下建筑面积 9 060m²），共 6 栋住宅楼，其中 3 栋 18 层、1 栋 17 层，1 栋 14 层，1 栋 13 层。

结构形式为剪力墙结构形式，预制构件包括外墙板、剪力墙、叠合楼板、楼梯、空调板、女儿墙。3 号楼预制率为 29.2%，其余住宅楼预制率为 16.5%~17%（图 2）。

2. 预制构件体系研发

1）预制叠合保温外挂墙板

本工程研发的外墙板是一种复合保温、构件功能高集成度的新型外挂墙板。这种技术在不改变建筑结构受力体系的同时提高了建筑构件预制装配化比例，切实解决长期困扰传统建筑外保温、防水、外装饰存在的诸多问题。

在防水设计方面，本项目将预制外墙板与建筑主体结构连接成一体，增强结构的整体性；在相邻外墙板安装就位后以自粘胶带密封缝隙，保证空腔的完整有效；同时在板面拼缝处采用合成高分子防水油膏嵌缝，预防水气进入墙体内部，以保证外墙板接缝防水构造的可靠性（图 3）。

2）预制内剪力墙

对于装配式剪力墙结构来说，预制构件之间的可靠连接是保证结构整体性和抗震性能的关键。装配式螺栓混凝土剪力墙采用创新的螺栓连接技术：安装时，下层墙板预留插筋伸入内墙预制板预留螺栓孔。从螺栓孔中灌入水泥砂浆灌浆料，随后通过螺栓固定，将剪力墙与结构连接成可靠的整体（图 4）。

在施工中，螺栓剪力墙的连接处螺栓居中放置。这样既可以不影响预制墙体竖向钢筋的连续性，也不会削弱预制剪力墙混凝土，且比浆锚套筒连接更可靠、方便。因此，可以降低连接成本，同时减少湿作业和对周围环境的影响。

3）叠合楼板

本工程叠合楼板采用叠合层（8cm）加现浇层（7cm）的做法。叠合楼板上预埋套管，钢筋叠合楼板施工过程中不用搭设下侧模板，利用支撑和木板及可构成叠合楼板施工过程的受力体系。这种做法节省材料的同时也能加快施工进度（图 5）。

4）预制楼梯

本工程预制楼梯结构一次成型，下端连接板采用焊接，在楼梯翻边上预埋埋件安装围护栏杆，护栏安装后与楼梯一起吊装成型。这样大量节省后期安装的时间，提高施工效率（图 6）。

5）预制空调板

本工程预制空调板采用双层配筋，钢筋直径为 10mm，间距 200mm。空调板预埋地漏、滴水线、栏杆安装埋件，泛坡坡度一次成形（图 7）。

作者简介

龙莉波，男，上海建工二建集团 总工程师，教授级高工

7. 预制阳台
8. 斜撑端部示意图
9. 新型安全防护围栏
10. 升降平台
11. 新型传感尺
12. 斜撑示意图
13. 领导视察施工现场
14. 立面外观效果图

3. 配套装备

1）高精度预制构件测垂传感尺

预制装配式建筑装配率的提高和建筑高度的不断增加，对垂直度精度的要求越来越高[3]。传统靠尺检测精度仅为 1/150 左右；精度低，效率差，无法远程控制。依托本工程开发的"新型测垂传感尺"检测精度可达到 1/1000 以上，实现了现场操作和远程实时控制的双重作用。传统调垂设备受施工条件影响无法实现墙板的全方位检测，特别是外墙面的垂直度检测，新型测垂传感尺不受墙面位置影响，大大提高墙面垂直度检测的使用范围，对整体提升墙面的施工质量有很大的促进作用（图 11）。

2）预制墙板快速支撑体系

预制构件在装配时，需要使用临时斜撑对构件进行固定。同时可通过调节支撑的长度，对构件的水平及垂直度进行调节。临时斜支撑的结构和使用方法将会对施工的安全和效率产生影响[4]。

本工程中开发了一种可快速调节的新型支撑体系：支撑的杆件与连接件之间通过挂钩与圆环连接，安装速度快；固定端头与连接杆件可重复利用，降低施工成本。同时本工程将配合墙体底端的扣件连接，使得同一墙板只需两根支撑即可完成墙板的固定，降低了施工成本的同时提高了效率（图 8）。

3）无脚手架多功能安全防护体系

预制装配式建筑的施工中常用的防护系主要有搭设脚手架和墙体外挂悬挑式围栏[5]。搭设脚手架需大量原材料，成本高；挑式围栏在搭设中相比脚手架的搭设有所简化，但围栏的固定需要在预制的外墙板上开孔，对墙体的整体性造成损害。

本工程开发了一种针对预制装配式建筑的多功能新型施工围栏。施工围栏的固定利用预制墙板上的预埋螺栓，不需要重新在墙上开孔，保护了墙体的整体性；同时，固定施工围栏的连接钢片可作为下一阶段墙体安装的定位装置，提高墙体安装精确度。新型围栏自重小，安装拆卸方便快速，重复利用率高，节省了材料和场地（图 9）。

4）升降平台体系

本工程所采用的施工升降平台相对于传统的脚手架有着极大的优势，施工升降平台是一种高空作业时的工作平台，它可代替钢、竹、木脚手架，用于高空施工。使用升降平台实现了施工现场作业的无脚手架化，大幅度提高施工效率，对整体工期促进有很大的积极作用（图 10）。

4. 结语

预制装配式结构是建筑工业化发展的主要结构形式之一。目前我国对该体系的研究日趋完善，预制装配式结构工程也越来越多。在研究和开发 PC 相关施工工艺的同时，我们也必须认识到配套技术及装备发展同样至关重要许多工艺受到限制的根本原因正是相关配套设备的欠缺导致。要想真正做到建筑的产业化，所需要思考和完成的不能只停留在构件的预制加工上，更是要从相关配套设备、新型材料的运用上去找寻新的突破口，这样才能真正意义上的推动建筑产业化，为我国的建筑工业化推进做出更大的贡献。

参考文献
[1] 许德峰. 装配式剪力墙结构外墙板问题研究 [D]. 沈阳建筑大学，2013.
[2] 李泽亮，周立新，田广平，等. 预制装配式墙板及叠合板安装施工技术 [J]. 天津建设科技，2012，05 期：14-16.
[3] 施嘉霖，唐婧，张凯. 上海预制装配式建筑发展研究与对策 [J]. 住宅科技，2014，11 期.
[4] 张鹏，迟锴. 工具式支撑系统在装配式预制构件安装中的应用 [J]. 施工技术，2011，22 期.
[5] 易谦. 悬挑脚手架在高层建筑施工中的应用研究 [D]. 中南大学，2007.

项目名称：杭州支付宝大楼
建设单位：杭州邮政科技实业有限公司
建筑类型：办公、公寓和商业
建设地点：浙江杭州
用地面积：1.99 hm
总建筑面积：95 795 ㎡
设计单位：维思平建筑设计（WSP ARCHITECTS）
项目团队：吴钢，陈凌，张英，陈江，刘韬，陈昕，张翼，
王红丽、余凡、王丽娜，李光明等

Beauty of Order in Rationality
Model System of Hangzhou Alipay Building

吴钢，谭兴渝 / 文   WU Gang, TAN XingYu

理性中的秩序美
杭州支付宝大厦的模数系统

1. 景观建筑相映效果
2. 底商雨棚

勒·柯布西耶曾经说："建筑是超越一切其他艺术之上的艺术，要求能达到纯精神的高度、数学的规律、理论的境界、比例的协调。这就是建筑的最终目标。"

西方工业革命使建筑业从传统的手工业生产转向大工业生产的方式。通过建筑标准化，构配件生产工厂化等途径，实现建设速度和质量的提高。但这样的生产方式也出现了诸如建筑形象缺乏变化，技术与艺术"不可兼得"等问题。这就要求建筑师在设计过程中，准确拿捏设计与建筑工业化生产的关系，利用工业化建造优势的同时，保证建筑的艺术质量。文章以杭州支付宝大厦的设计过程为线索，从技术的角度，分析建筑师如何理性的运用模数化设计方法，实现建筑功能、标准化的预制构件和优美的建筑形象这三者的高度统一。

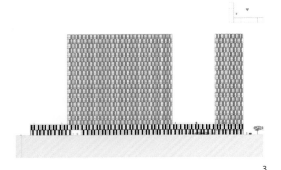

3

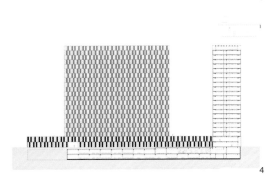

4

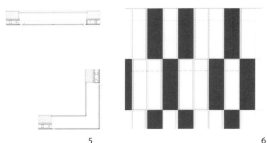

5   6

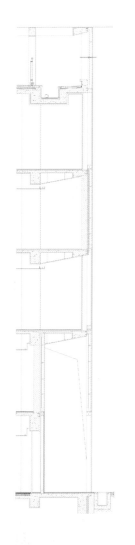

7

1. 项目概况

    杭州支付宝大厦位于杭州城市传统的商务区,基地南侧与天目山快速路干道相隔30m的城市绿化带,西侧至规划俞家杵路。建筑高层为板式办公和公寓,临街底层布置餐厅、银行、超市等商业。维思平建筑设计(WSP ARCHITECTS)根据该城市区域的环境特点,建筑采用 L 形的体量将基地分割成南向的城市面和北侧的内庭院两个部分,在 A、B 座底层交接的地方有一个可穿过的空洞,使外部广场和内部庭院彼此联系,形成与城市既分且合的宜人空间。整个基地内人车分流,是完全的步行环境。

    项目属于大规模的标志性高层建筑群,设计采用单纯的几何形体,形成极具雕塑感和视觉冲击力,以此符合杭州"西大门"所需求的建筑形象和气质。巨大体量的建筑因得当的立面设计产生出优美的韵律感,其双层立面和不同材质玻璃的组合,让建筑宛如两块晶莹的"白玉"一般亲切宜人,符合杭州"温润、通透"的城市氛围。大型建筑群内部往往功能多样、空间复杂。这就要求建筑师不仅需要对杭州城市气质进行深入的分析,更需要理性地从办公环境、建筑节能、立面形象等技术层面着手。在杭州支付宝大厦的设计过程中,模数化设计成为解决问题的巧妙办法。

2. 秩序之美: 模数化设计

    西方建筑史上的许多伟大的建筑如帕提农神庙等,均运用精确的度量体系呈现出地完美的形象,代表了建筑艺术的最高成就。杭州支付宝大厦的设计完全从对功能、节能的理性分析出发,通过模数对建筑空间、建筑结构和建筑材料进行组织。理性的逻辑在建筑上由内到外、从整体到细节逐层展现,使建筑最终呈现出时代感、通透感、精致感和如白玉般温润的亲切感。

1)平面设计的模数使用

    杭州支付宝大厦主要功能分为办公、公寓和底层商业三个部分:底层商业部分需要较大的面积、无柱的室内空间,以便满足不同商铺的经营需求;办公部分则需要建筑提供尺度相对灵活的工作空间;公寓部分要求在有限的面积中使家具和卫生间的布置更加合理。设计结合三部分功能的特点和必要的交通组织,平面结构采用 8.4m 的柱网外加四边各 2.1m 的挑空。建筑单体的短边仅为两跨,整体构成总厚度为 21m 的薄板。在这样的尺度下,标准层中主要的使用空间均可得到充足的自然采光和通风,公共空间形成宽度限于一跨内的"一"字形的走廊和其一侧的竖向交通模块,可自然通风的独立卫生间则紧邻于交通模块外侧,这也正是建筑平面向外挑出 2.1m 的原因。在建筑首层中,统一的柱网使商业可根据不同需求进行灵活的分隔,楼上出挑的 2.1m 巧妙地成为临街店铺的雨棚。8.4m 的柱跨在公寓的标准层中也体现出高效的优势,公寓房间宽度为跨距的一半,4.2m 恰可满足卫生间模块和入户门并列在临近走廊的一侧,这也使得公寓户型可拥有最大的使用面积。在研究不同功能的空间需求后,支付宝大厦的功能组织可以通过恰当的模数选择对其进行整合,使建筑空间更加紧凑、内部功能组合更加高效。

2)立面设计中的节能思考

    杭州支付宝大厦的立面设计主要从两方面进行考虑:其一便是如何通过设计来降低建筑使用过程中的能耗。建筑设计采用双层立面,以建立微气候空间的方式进行节能。其节能原理是内层使用落地窗和白色墙体作为维护结构降低热能损耗,外层为缝宽 110mm 的开放式玻璃幕墙。自然风可穿过相邻两个玻璃单元间的竖直缝隙进入夹层空间,进而通过内层立面的开启窗在室内形成自然气流循环。空腔中形成了"热缓冲区"和"通风区",通过微气候中和过冷或过热的自然风降低建筑能耗,也为室内带来更加舒适的通风效果。

    除了自然通风,适宜的遮阳设计也可极大地提高建筑的节能效果。在幕墙的主要材料上,设计从低碳角度考虑选择了釉面玻璃。釉面玻璃釉点的密度和大小在经过严格计算后,不仅可以使玻璃透过充足的光线还具备抵消太阳辐射的能力。结合室内功能和开窗位置,设计在外层幕墙的不同位置布置三种透明度的玻璃单元,使建筑在采光和抵消热辐射中获得最佳平衡。

    上述的节能方式如何理性的与建筑平面、功能结合,成为本案设计过程中需要思考的

3. 立面图
4. 剖面图
5. 大样节点外墙非转角处平面详图
6. 大样节点外墙转角处平面详图
7. 大样节点墙身剖面图
8. 实景图

地方。若生硬地进行立面安装，不仅使建筑出现"两层皮"的状态，在今后的使用过程中也未必会达到理想的节能效果。这里便出现了杭州支付宝大厦立面设计中的第二个亮点——模数化的应用。

3）立面设计中的模数思考与材料组织

本案中立面的模数设计解决了两个问题：一是立面形式与功能的理性结合；二是创造出建筑美好的外观。考虑到幕墙中玻璃单元的尺寸和分隔方式将会决定立面形成的韵律，设计分隔在保证建筑表皮性能的基础上，将平面所采用的模数延伸至立面。双层立面水平向均以1.05m为模数基础进行划分，即8.4m柱距的1/8，立面竖向则按照建筑的层高划分。这样，建筑在立面上清晰地呈现出其空间逻辑。杭州支付宝大厦幕墙优美的韵律是与其建筑模数系统完整的连续性直接相关的。单纯的几何形体和双层立面的通透效果奠定了支付宝大厦的整体气质，这是一种由逻辑而产生的秩序美。

外层幕墙所使用的釉面玻璃除对其节能因素的考虑，设计师也着重分析了使用者在建筑内部的视觉感受。设计采用了透明玻璃、釉点玻璃和全彩釉玻璃这三种不同透明度的玻璃单元。当内层立面为全景落地窗时，外层立面相对应的采用全透明玻璃或以10mm^{2}方块矩阵图案的白色釉点透明玻璃，这样既满足节能和遮阳的效果又不影响内部观景的视线。全彩釉玻璃对应设置于内层白色墙面前，玻璃上的矩阵图案与釉点玻璃互为图底关系，即矩阵中方块透明，其他部分为白色。三种玻璃均为反射率低、透明度高的超白钢化玻璃，被结合建筑功能，理性的组织于整个建筑表面。设计通过模数控制建筑内部空间与城市之间透明度，同时也让建筑立面呈现出通透、精致、洁白的效果。

4）单元式幕墙的安装

设计注重建筑的基本问题。在保证高性能的内部环境的前提下，适宜的技术和低造价是建筑师优先考虑的。建筑构件标准化、安装施工模块化既可保证建筑的质量，还能提高工程的建设速度。本案的设计伊始，精准完整的模数系统和细部的构造设计的采用便为幕墙预制和单元式安装提供了良好的基础，因此，省时省力的单元式幕墙安装方式是必然的选择。

杭州支付宝大厦的幕墙设计和安装简约却不简单。为了确保双层立面间完全通透的效果，大厦的玻璃单元上下两边采用金属横梃固定，外露金属边极小，左右两边则以玻璃肋加强。这样的设计极大减少了玻璃表面与金属型材的接触，保证了幕墙立面的透明感。结合本楼的模数系统，杭州支付宝大厦玻璃单元进行预制生产。在安装形式中，标准化的幕墙单元采用了组合式金属横梃插接形式，上横梃与建筑结构主体固定，下横梃与下方单元的上横梃插接，保证幕墙平整度的同时，使现场施工简单快捷。单元之间极细的拼缝与立面的模数划分相对应，强化了立面线条的关系和韵律感。

在中国大规模高速度建设的现实中，设计与建造的规则是与原创性及实验性同等重要的命题。建筑工业化所提倡的模数化设计、标准化的预制构件等都是有利于建筑设计、建筑建造的好方法。但得益于工业化成果的同时，设计也不应被其所束缚。杭州支付宝大厦拒绝冰冷、单调的钢铁盒子，将艺术与工业化建造中展现的规律性、精致性结合，设计出柔润、晶莹、充满秩序美的玉石形象。

3.总结

在杭州支付宝大厦的设计过程中，维思平建筑设计（WSP ARCHITECTS）将整个建筑系统的功能、结构、材料和形式都体现了设计上的主动和理性。建筑所展现的一切都源于对城市空间、使用者需求、生态节能及建筑技术的思考。由于严密的逻辑规则始终贯穿于建筑的每一部分，建筑无论是从内部空间的使用到外部立面的表达，都可呈现出清晰完整的秩序与优美的状态。设计师利用模数和工业化在设计上的优势，庖丁解牛般探索建筑各部分内在联系，使技术和艺术相辅相成，让建筑在理性中运用秩序创造出美丽的艺术效果。（摄影：陈尧，広松美佐江，施峥）

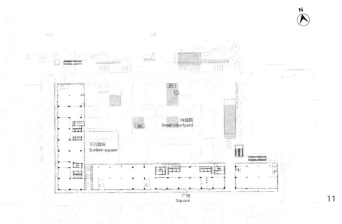

10. 鸟瞰图
11. 首层平面图
12. 标准层平面图

作者简介

吴钢，男，维思平建筑设计（WSP ARCHITECTS），主设计师

谭兴渝，男，内蒙古工业大学建筑学院 在读硕士

轻之方法
BIM 信息技术
BIM
TECHNOLOGY

"轻绿色"轻在方法，拥抱互联网时代，与互联网的融合，将虚拟技术与实体建筑相结合，通过新技术、互联网、物联网、云计算，提高节能、节水、节材，进而全面提升绿色建筑的质量，使未来的建筑更加生态和友好。

"X+" 带领行业突围 | "X+" Leading the Industry to Breakthrough

李邵建 / 文　LI Shaojian

从古至今，技术发展一直引领工程建设行业变革趋势，技术不断地颠覆建筑、工程和施工行业的实践过程。作为建筑设计的卓越典范，意大利首都罗马的万神庙建于公元2世纪，它拥有当时世界上最大的无钢筋实心混凝土圆顶，圆顶重达4 500多吨，直径43.3m，它的建成要归功于当年古罗马时代建筑工匠们的颠覆性创新，他们开发了一种包含浮石的新型轻质混凝土，这个辉煌的纪录一直到1 800年后才被在罗马所建的直径达100m的新体育馆大圆顶打破。

古人以一座座巧夺天工的建筑征服了我们的审美，体现了无尽的智慧；而现代，人们则以发达的技术，不断挖掘工程建设行业的巨大潜力。目前，随着技术的持续发展和深化，全球建筑、工程、施工及基础设施行业已进入新一轮迅猛发展和变革的浪潮中。新技术的兴起让我们可以提高成本效率、重塑自身的设计和建造方式，不断革新我们对于建筑和基础设施的设计理念。

作者简介

李邵建，男，欧特克大中华区销售经理

1. 技术+

未来，将呈现一个设计更完善、可持续性更强的建筑环境，以下七大新技术及新趋势将持续引领工程建设行业的发展方向。

1）云计算

现在，云几乎无处不在，这将对未来的设计产生深远的影响。从 SaaS（Software-as-a-Service）到基于云的无限计算，它成为互连生态系统的支柱。

云计算功能不仅有助于创建可在站点级别表示单个项目的基础设施模型，还可扩展到更大的地方，如邻近地区或整个城市规模，而不会丢失细节，其准确性和丰富的 3D 空间信息的也不会有任何更改。通过利用大数据、使用云分析，实时计算众多设计方案的三重底线结果并确保战略投资的成果，这在以前是不可能实现的一个目标。

2）物联网

物联网是通过射频识别 RFID、红外感应器、全球定位系统、激光扫描器等信息传感设备，按约定的协议，把任何物品与互联网连接起来，进行信息交换和通讯，以实现智能化识别、定位、跟踪、监控和管理的一种网络，也就是"物物相连的互联网"。互联网生成的数据可为城市规划者提供实时洞察的功能，帮助他们明确城

市基础设施建设之初的规划是否合理，以及做优化性能的调整。目前，许多城市已开始实行将嵌入式传感器中的数据与市民智能手机中的数据相结合。传感器将被部署到新建筑和改建建筑中，用于收集分析数据，进行建筑物的关键性能衡量，这些性能主要包括建筑物的能耗、舒适度、安全性及自来水的使用情况。

在工程建设方面，该技术的应用可实现对人员、机具、环境的监测，降低安全风险，也可在巡检、抢修工单、物资管理上进行移动现场作业。物联网技术中的关键支持技术，如 RFID、无线传感网络技术、MEMS 技术、智能技术等的广泛应用，使信息采集更为方便，将这些信息有效整合在工程建设管理信息系统中，使工程建设信息化的集成化程度、自动化程度更高。

3）3D 打印

3D 打印技术有助于取代繁重的手工劳动，从数字直接到物理，3D 打印技术必将取得迅猛发展。建筑部件的场外预制和 3D 打印能让建设过程更加高效，同时减少浪费、增强安全性。这对长期以来因生产率提升缓慢、浪费严重、安全堪忧而饱受诟病的建筑行业而言，无疑是重大的进步。如今，3D 打印技术纵深发展，从 GPS 机械控制到预制及计算机控制程度更高的施工，再走向 CNC 控制的预制、机器人制造和全新方式的 3D/4D 打印，即从优化的数字设计直接转化为复杂的物理资源。

4）现实捕捉

现实捕捉和计算在未来将继续改变各行各业的项目规划、设计、生产及运营与管理。这些通常利用激光扫描仪来捕捉的点云数据会被录入现实计算软件和云端服务，这个过程能提高数据收集的准确性，同时加快进度，进而降低成本。任何人都可以通过激光扫描、摄影、无人机等以数字方式捕获对象，这些信息被上传到实景捕获工具中以执行测量和分析，然后将 3D 数据导入相关软件供日常操作使用。

未来从建筑到基础设施的各类工程建设行业项目中能够创建和利用精密复杂的 3D 模型，这些模型将为设计师和管理人员提供前所未有的丰富洞察视角，让他们能够将自然因素和社会因素等纳入项目建设考量。不仅如此，通过现实捕捉和 3D 模型，并结合强大的云端能源仿真软件，设计师可以对现有建筑结构进行定制化无损改建。

5）移动作业技术

移动作业技术将掌上电脑与自动识别技术、全球卫星定位系统等多种技术手段相结合，完成移动中的设备定位和数据采集。近年来，工程建设行业开始逐步采用红外技术、无线通信或有线通信等手段将后台企业信息发布到移动设备上，与现场工作人员实施协同工作。在工程项目的现场管理中，移动作业技术也将大有用武之地。在工程项目管理的日常业务中，存在大量户外作业工程，如现场安全监控、质量监管、物资到货验收、物资仓储管理、远动现场操作、巡检、检修维护等，通过运用移动作业技术，有助于提升工程建设管理人员在户外工作的工作效率，有助于提高服务质量。

6）社交网络

社交网络含义包括硬件、软件、服务及应用。企业社交网络作为企业私密的社交平台，其信息流通实现了从"一点到多点"向"多点对多点"传播方式的转变，打破了传统的传播瓶颈。可以为企业提供信息交互的竞争优势，使需要协作的员工更方便、有效地进行交流与分享，降低企业沟通成本，提高工作效率。未来随着工程建设行业应用互联网比重的加大，社交网络会得到越来越多的应用。社交网络与

工程建设管理等信息系统的整合应用，将实现公司对非结构化数据的有效管理和应用。

7）电子商务

电子商务与传统商务相比，具有以下特点：电子商务打破了传统商务活动的时空限制减少了中间环节，降低了交易成本，提高了效率，充分体现消费者主权，电子商务是一种全新的信息交流方式，是一种虚拟化、透明化的交易模式。这些特点和优点，决定了电子商务服务系统必将在工程建设行业基建项目管理工作中发挥不可替代的作用，因为与物资供应商、分包商广泛存在着信息流、物流和资金流，非常适合电子商务的工作模式。

2. BIM+

顺应时代发展潮流，迎接数字技术大潮的到来，未来 BIM 也将呈现"BIM+"态势，引领工程建设行业搭上新技术的快车。

1）+ 云端

2015 年，广泛应用的建筑信息模型接入云端，无疑将推动众多建筑领域的变革。全球各地的城市规划者正纷纷创建包含丰富数据的整个城市的实时模型，这些被集成到 BIM 流程中的数据一旦与云计算的强大能力相结合，可使工程师得以仿真操作，了解关于城市规划与建设的相关情况。此外，在施工现场使用 BIM 模型有助于提高施工准确性、减少返工并降低成本，这将共同促进施工的可持续性、安全性和生产效率的提升。利用"BIM+ 云端"服务，项目团队可轻松部署和管理信息，并结合增强现实和现实捕捉数据来更新工作进展，使工作流实时反映在项目进程中。

2）+ 互联网

时代的进步要求建筑业必须要实现与互联网的融合，在 BIM 技术出现以前，按传统的管理技术手段，行业内没有一家企业能做到像制造业一样的精细化管理。但 BIM 技术的发展和进一步成熟，将彻底改变这一被动局面，完全可以轻松实现精细化管理。BIM 技术在创建、计算、管理、共享和应用海量工程项目基础数据方面具有前所未有的能力，让建筑业的管理与制造业的差距大大缩小。从全专业建模、计

算工程量，到分析各专业技术冲突、输出预留洞标注图，专业团队可以 10 天时间完成 10 万 m^2 建筑面积的体量作业，比传统作业方法下的综合工效快 5 到 10 倍以上，工作质量（数据质量、技术成果质量）更是提升数倍。互联网革命的根本机理是通过提升最终用户（消费者、客户）对产业链全过程的信息对称（透明化）能力，对产业链价值进行重分配，更有利于消费者和价值创造者，低水平的资源控制获益能力将降低。对于建筑业而言，确实仅有互联网还不够，需要"BIM+ 互联网"，才能对建筑产业链进行透明化。

3）+ 三重底线

三重底线既传统的利润底线、社会底线和环境 / 生态底线，在整个设计过程中综合评估拟建项目在经济、社会和环境方面的成本与效益将成为一种常态。这将带动更多零净能耗建筑、低影响开发项目、健康型产品以及可持续城市与社区规划举措的出现。BIM 能让设计师不再局限于财务指标，帮助他们更全面地了解基础设施项目在环境和社会层面将会产生怎样的效益和风险。对于承包商，BIM 能帮助他们实现流程标准化、遵循当地建设要求，与建筑设计公司、咨询公司、传统的设施管理服务商以及其他企业展开竞争。同时，BIM 相关技术平台的涌现将让制造商能够更轻松地了解其产品将产生的具体影响，并将这些数据传递给需要的专业设计人员。

3. 结语

多种技术革新和不断变化的市场将使竞争异常激烈，驱动行业变革，工程建设行业面临着巨大挑战，必须采取全新的思维模式和工作方式才能稳渡变革。布局工程建设行业大数据，让工程项目的业主方、设计方、施工方及其他所有参与方在同一个平台上开展工作，并遵从统一的数据格式标准，以最高效的方式获得工作必要的资源，实现基于"技术 +"的协同工作，在切实提高生产率，节约工程投资，提高工程质量的同时，也是行业未来的发展方向。

的人介入，让更多的人访问数据，基于不同的方式进行协同，同时有无线计算能力。而现在所谓大数据时代就是万物互联时代，我觉得是刚刚开始。虽然每一个阶段都是跳跃式的发展，但它还是有完整性和一定传承性的。

H+A：看看我们自己的坐标吧，目前信息化工具在我国工程领域发展到什么程度？与发达国家相比如何？

高：工程建设是相对传统的行业，其技术和管理水平的提高依赖于信息化与建筑业的相互融合，也称为"两化融合"。近十几年我国建筑业的投资总量位居世界前列，但总体仍处于粗放型的发展阶段，"两化融合"程度还处于初级阶段。我们应该通过信息化手段去改善这种现状，至少要将它的融合度进一步提升。国外也在这方面做了些改变，比如说在美国，它的工程建设强调集成项目交付（IPD）的模式，这种模式能把割裂的环节更好、更紧密地联系在一起，使业主单位、设计单位、施工单位一起坐下来围绕工程的需求展开相应的工作，成为一个共同体，利用 BIM 开展虚拟设计和虚拟建造，从而降低工程返工浪费，并缩短工程建设周期。

我们国家工程建设产业链环节还是相对割裂的，当然，我们也在致力改变，比如用工程总承包模式来推动产业链融合。我们也主编了上海市的 BIM 应用标准，这个标准是针对全过程的，有望采用 BIM 为手段加强产业链的集成和融合，提高建筑业的生产效率。

于：我们一直强调要把 BIM 落到实处。我们施工企业有八大员，什么时候八大员自己掌握了 BIM 操作，那么 BIM 的应用点才算真正落地。BIM 目前还是在一个示范推广阶段，真正要在面上将 BIM 推广出来，那就看在施工企业中是谁在用，未来施工企业层面的 BIM 机构是起引领和指导作用，是一个研发的机构，而不是一个操作机构。我们现在很多企业有 BIM 中心、BIM 工作室……都是自己在操作，那这个覆盖面还是有限的。

李：在我们工程领域应该是初步进入了优化时代，也就是说 BIM1.0 的时代，我们要去具备建模能力。基于三维的模型，里面产生的建筑属性、信息进行相应的分析、模拟和优化，这是我们现在初步进入的时代。再往前，我们有高度，但宽度不够。像上海中心、迪士尼这些项目都已经非常领先了，但我们在普及度、人才培养、利用这些技术产生价值点等方面还有很多工作要做。

国外 BIM 已经非常普及了，但细分领域的发展程度也不一样。比如，建筑设计、结构设计使用率非常高，但在机电、暖通设备设计还是有相当大的差距的。而施工领域，现在发展的速度是非常快的，普及的速度已经开始超过设计。在我们国内施工领域的普及速度也是非常快的，当然与国外还是有很大的差距，我们现在还比较关注在施工深化设计、业主投标这些方面，如果能从施工准备阶段一直到施工现场管理阶段，就意味着又跨过了一个应用的鸿沟。当然，我们比较希望政府主管部门能够出台一些新的措施来推动 BIM。基本上，我们在 BIM 推广的路径上和发达国家几乎完全一致，国外也是政府主导。

H+A：现在对于我们行业来说，这个BIM运用到什么样的程度呢？

高：说到 BIM 的应用，在国内其实已经应用很多年了，尤其是在 2015 年得到比较大的发展，主要有这几个特点：一是应用范围从点到面的发展，从以往几年的设计环节、施工环节和项目管理环节逐步向运维环节发展。在设计环节我们比较多地运用 BIM 技术来解决复杂造型、复杂功能关系、复杂性能要求的一些建筑设计；施工环节也运用BIM 技术来解决关系复杂的施工工艺和有效地施工组织，通过数字模拟的方式来进行虚拟施工和精确算量，以此来有效地控制建设成本；在运维阶段进行了探索性的应用，通过模型积累的数据，能否用到将来建筑的运维，从而发挥作用，这就是从点上的运用逐步到面上运用的深入。二是应用深度由浅入深，我们对 BIM 逐渐由可视化主导的模型应用深入走向项目管理乃至数据管理，通过编制一些标准来实现 BIM 在数据、协同、模型等层面规范化应用。三是应用主导方权责逐渐明晰，早年 BIM 的应用是以设计为主导的或者以一些施工企业为主导的，主要是解决设计和施工中突出问题的应用，逐步转向由业主、建设单位主导的 BIM 应用，这也是比较明显的转变。

于：以我们上海建工集团为例，BIM 已经在设计板块、施工板块和运营维护板块运用，但运营维护板块还处在萌芽阶段。集团下面的子公司很多，大家对 BIM 的理解能力和层次都不一样，为此，我们建立了上海建工 BIM 发展联盟，以此做一个资源共享、技术交流和培训服务的标准化平台。我们希望能通过联盟平台，把标准确定好，今后子集团就按照标准来实现 BIM 标准化作业。

至于在 BIM 这一块，相比于国外施工单位，我觉得从每年国内各种大赛的量来看，我们并不比他们落后。甚至可以说很多方面已经领先。我们有大量项目可以实施验证，人家没有这种机会。但是在一线的操作层面上，操作人员的差距还是蛮大的。在国内好像做了 BIM 是件光荣的事，但国外是一个基本的要求，在这个岗位上，就必须掌握这个技术，落地应用理念已深入精髓。现在的差距，是我们在操作层面上的操作人员理念和运用实效的差异。

H+A：有什么印象特别深刻的具体案例可以谈谈吗？

高：近年来现代集团 BIM 应用的案例较多，参与全国 BIM 大赛获奖项目也在国内名列前面，包括上海后世博基地、南京禄口机场、长沙冰雪世界等 100 余项。其中 2015 年实施的瑞金医院质子诊疗中心是一个项目全过程应用 BIM 技术的典型案例，同时也是上海市推进 BIM 应用的一个试点项目。这个项目中我们采用 BIM 进行协同设计，并为业主方提供了多参与方协同工作的 BIM 数据管理云平台，通过 BIM 加强了设计方与其他参建单位的协同工作。这个项目是医院项目，参与方很多，由于质子诊疗设备是高端装备，对建筑空间有较高要求，我们就运用我们搭建的 BIM 虚拟工作平台进行协同工作，大家都在这个平台上进行工作，采用该平台进行施工阶段的配合工作，确保了工程项目高质量完成。

于：对我们来说，无疑上海中心和迪士尼是最具代表性的案例。其实上海中心当时在做的时候，整个行业对 BIM 还是比较"朦胧"的，很多人还是持有怀疑的态度。在这种情况下，我们义无反顾地配合业主全方位"杀"了进去，最后取得了满意的成果。BIM 到最后也成为上海中心施工的一个亮点。其实，整个上海中心的建设过程，就是中国施工企业对 BIM 认知的转变过程，它正好在这个时间段上。第二个就是迪士尼，是让我们将 BIM 深入细化上台阶的运用，迪士尼运用的深度要比上海中心高得多，因为迪士尼公司对我们有明确的合同要求，把所有的线管、末端全部综合进去，相对来说模型的精细程度比较高。其实我觉得迪士尼项目是我们最好的一个借鉴。它把模型作为一个工程信息载体，不管所有的成果交付，都是先有模型再有图纸，所有的方案讨论都是基于模型的三维可视化，有力提升方案的可靠性和工作效率。

李：我认为迪士尼和上海中心两个项目到目前为止还是最典型的应用，迪士尼像一个项目群体，也是代表国外项目的一个典型案例。上海中心是一个单体的项目，但又是业主驱动的项目，它的建成基本完美诠释了在 BIM1.0 时代的应用。

未来之"势"

BIM技术无疑已成为未来的发展趋势，BIM带来的不仅是技术冲击，也是对行业传统的冲击，正处于技术变革期的中国建筑行业该如何正确应对？

H+A：BIM技术发展未来是怎样的？还有哪些领域会进一步发展？

于：我觉得未来施工企业 BIM 应用的突破方向，一个是工业化建造，建筑业改革在"十三五"课题中有三个子课题：绿色建筑、BIM 应用和工业化建造。我认为这三个是一体的，绿色建筑是目的，工业化建造是手段，BIM 是载体、平台。施工企业未来转型发展，就是工业化建造，这是它的出路，所有的东西都是围绕这一点展开的，如果说还是停留在传统的施工模式上，随着劳动力成本的上升、农民工的减少，我们的传统技术手段将会越来越吃不开，而且越没有效益、越是不敢动、越是会被其他东西颠覆。所以说工业化建造是未来一个出路，我们 BIM 今后在施工环节的落地，主要是围绕在这一块，手段上必须要改变。

第二，BIM 是提升我们管理能力的一个很好的手段。看看建筑垃圾，要从工地上运出去多少？其实运出去的都是花钱买来的东西。这种粗犷的管理，在建筑业是非常明显的，未来在精细化管理上，BIM 给我们创造了条件。

第三，随着 BIM 运用的深入和数据采集的积累以及技术手段发展，未来可能五到十年以后会产生大数据分析，那个时候 BIM 价值又到了一个新的台阶。未来肯定是大数据帮我们做分析，当然这是建立在我们这几年踏踏实实把 BIM 信息的数据输入积累下来，做到人人都是数据库，人人都是数据源，未来才会有大数据的落地应用。

李：我前面说过，我们现在正处在 BIM1.0 阶段，BIM2.0 还没到，但未来肯定能到这个阶段。1.0 阶段我认为主要关注在模型，所以会有优化；2.0 阶段关注的是信息的应用，同时和新的信息化技术的结合，关注成果。

H+A：能描绘一下您眼中的 BIM 技术的发展图景么？

高：其实 BIM 的核心是数据，BIM 的关键是协同。通过 BIM 的应用，基于模型我们可以进行有效的整合产业的各个环节，使得协同度大大提高；另外通过模型的应用，我们可以积累大量的数据。通过协同，使得我们产业的劳动生产率大大提高。BIM 技术对行业的应用可能有这几个方面：一是改变设计方式，BIM 技术可以实现参数化、可视化、装配式的设计，大大提高设计效率和质量；二是改变项目管理方式，通过以 BIM 模型为中心的信息化协作方式，工程项目参与方的管理效率会提升；三是促进建设思维的转变，设计与施工过程中要面向后期长期运维思考，因为从 BIM 的本意来讲，希望能在全生命周期都能发挥数据的价值；四是促进工程行业新业态的产生，促使传统产业走向互联网和大数据，BIM 的发展趋势是越来越关注到大数据的价值。因为现在大家谈得比较多的"大数据"，通过应用积累数据，通过数据挖掘价值，这是发展趋势。

H+A：能谈谈自己所在的企业未来在这一领域的发展计划么？

高：前几年，现代集团在 BIM 的技术应用、标准制定、课题研究等方面取得了丰硕的成果，BIM 的发展一直处于国内领先水平。在此基础之上，面向"十三五"和围绕集团改制上市后新型产业发展的要求，我们也制定了集团的 BIM "十三五"规划。

首先，我们要在 BIM 的三维正向设计应用能力上寻求突破。在国外 BIM 建模已经变为专业设计师的基本能力，不再是翻模方式，我们需要延伸和发展二维协同设计积累的 ECVS（元素 / 构件 / 视图 / 图纸）模式，实现真正的 BIM 协同设计。

其次，我们要结合工程总承包（EPC）业务发展，提供基于 BIM 的 EPC 项目管理解决方案。这几年我们已经转向平台的建设，在这方面也做了一些研究和探索，现在已经在互联网混合云的架构平台上做一些工程的应用，比如在瑞金医院质子诊疗中心项目中，我们搭建了一个以公有云和企业云为主的基于互联网的 BIM 运用的云平台，来推进项目各个环节的密切配合与融合，提高项目的配合度。

第三，我们要加强 BIM 标准和关键技术研发，积极引领行业发展。2015 年我们参与主编了上海 BIM 应用标准和上海市的 BIM 十三五规划，为未来的 BIM 发展梳理了脉络。除了 BIM 在设计中的应用，我们还要重点研发 BIM 在工业化建筑、绿色建筑中的应用解决方案，促进以 BIM 为支撑的建筑新产业发展。

第四，我们要大力推进 BIM 的产业化，建立 BIM 服务新业态。现代集团在 BIM 咨询方面的队伍建设应该说这两年也有比较大的发展，除了专业团队和信息中心数字化部门之外，华东总院、现代建筑咨询、都市院、环境院、上海院都有专门的团队，我们的设计团队也在深入地应用 BIM，和咨询团队进行密切的配合。在新一代信息产业快速发展的时代，我们还要加大 BIM 相关的信息产业发展，提供面向集团内外全覆盖的 BIM 平台服务，拓展云平台和大数据服务能力，建立面向互联网的服务新模式。

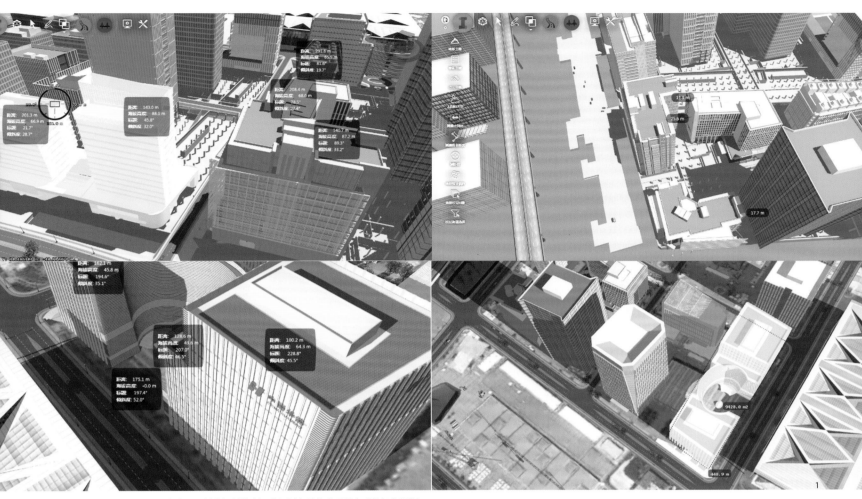

1. GIS规划控制：通过GIS 平台实现区域性规划控制，并通过多种技术手段实现精细化规划
   和设计，对各方的工作界面进行精确划分

项目名称：后世博央企总部基地

建设单位：中国商飞、宝钢、国家电网、华电集团、华能集团、中信、中建材、中国铝业、中国黄金、招商、中化、中外运、国新、世博发展集团、上海电力

项目地点：后世博 B 片区，世博轴西侧，西至长清路，东邻世博馆路，南抵国展路，北至世博大道

建筑类型：项目群

建成时间：在建

总建筑面积：地下 45 万 m²；地上 60 万 m²

建筑高度 / 层数：高层及超高层

设计单位：华建集团上海建筑设计研究院公司、华建集团华东建筑设计研究总院、北京建筑设计研究院、同济建筑设计研究院（集团）有限公司、中船第九设计研究院等

合作单位：华建集团股份公司、华建集团信息中心、华建集团数字化技术研究咨询部、建工集团、上海建设交通委科技委、上海市城建设计总院、上海市建筑科学研究院、世博发展集团

项目团队：刘恩芳、李定、王凯、张晓菲、范文莉、杨晨、李奇彦等

王凯，李嘉军 / 文　WANG Kai, LI Jiajun

超大项目群的多元设计协调技术探索

后世博央企总部基地项目

Exploration of Super Project Cluster's Multiple Design Coordination Technology

Central Headquarter of Post-Expo

作者简介

王凯，男，华建集团数字化技术研究咨询部 技术总监，中国图学学会土木工程分会 专家委员，上海市青年 BIM 发展联盟 联合创始人，联合国青年志愿者中日英法西翻译，数字化设计与理论硕士

李嘉军，男，华建集团信息中心主任，华建集团数字化技术研究咨询部 主任，高级工程师（教授级）

文章以后世博央企总部基地项目为背景，结合项目特点，实践基于BIM的设计总控在后世博央企总部基地设计中的应用，并列举应用策略做了说明。该项目作为后世博开发建设的示范项目，将为上海城市建设工作带来更广泛的借鉴意义。

2. 项目群光环境模拟：大规模建筑群的性能化分析不能脱离周边环境，孤立地对单体进行研究，群体自然光模拟可以避免分析结果偏误，更具系统性、宏观性

1.项目背景

后世博央企总部基地是上海市的第一个"集地块出让、各央企分属、规划设计统一、建设管理统一"等特点于一身的片区。规划总用地18.72hm²，总部基地共有28栋建筑，分属13家央企和本地3家国企。

世博央企总部基地项目的主要特点是：超限设计多、地下工程庞大、园区全绿色、工程周期短、协同要求高、协调工作重。

2.总体设计技术思路

正是由于项目的这些特点，基于BIM的多元设计协调在整个央企总部基地中发挥的作用就至关重要。在本项目的实践过程中，华建集团上海建筑设计研究院公司（以下简称"上海院"）作为总控设计需要把影响社区的各个元素——"串"起来，串联的途径就是总体设计思维和BIM技术。

后世博央企总部基地设计总控工作主要包含以下几方面：（1）确定各设计团队工作界面。后世博央企总部基地的设计就像拼合积木，多个设计院分工设计好各自的区域，不能出现空白区，也不能重叠，最后再将设计成果BIM模型整合起来；（2）制订总体设计导则和BIM工作指南。在子项进行具体设计之前，上海院设计总控团队为业主制定了一个设计导则，华建集团信息中心协作业主制定了BIM工作指南。导则为单体设计提供了一个大致的框架，设计指南对BIM的建模规则、流程、应用等做了详细定义，确保28栋建筑BIM模型基于同一个标准下进行设计；（3）设计协调与配合。上海院的设计总控一方面对于一些突破设计规范或现实情况下操作性较差的修改意见，会及时提醒相关方，并要求案例设计方进行调整，另一方面对于案例设计中遇到的困难，设计总控则以专业意见进行引导，并为协调提供便利条件。

3.设计总控BIM技术研究与应用

1）整合协调

通过GIS平台进行BIM模型整合。也就是在每个阶段的方案制定过程中，以BIM为载体，充分协调各方利益、各方规范，由政府或建设开发主要部门组建开放性的总体设计与协调过程，提出将各种最不利因素降至最低、公共利益最大化的优化方案，并随着工作阶段的推进而灵活推进。

2）规划控制

通过GIS开展总体设计规划工作。在GIS平台上绘制出6个街坊的外围建筑主体，严格遵循建筑控制线。在通过GIS对周边环境和城市肌理研究的基础上，确定方正连续的街区建筑立面，设计12m高的建筑底层控制线，塑造人性化界面。临街的建筑入口的标志性，控制在6.5m，产生近人尺度。

3）动线模拟

项目群以办公为主，辅助以商业和服务业。办公人流集中在9：00～17：00，商业人流集中在10：00～23：00。通过BIM结合人工AI实现虚拟动线模拟，重点具体分析"共享枢纽大厅"的流线、垂直交通的效率等。

4）停车场管理系统

项目拥有6 000个车位的整体大环通地下车库。通过BIM进行全盘统筹，智能管理规划，对车行交通和停车进行模拟，优化出入口大小和位置，实现不同央企通过区域停车平衡，停车场、车道出入口高效集约。基于BIM开发地下车库系统，设计实现地下车库智能化管理，单体建筑的停车场管理系统与综合管理指挥平台进行数据交换，实现实时车位显示和区域引导、移动收费，提高地下车库使用效率，在高峰期减少无效交通，迅速疏散车辆。

5）消防空间共享

基地建筑密度高、空地少，与消防规范存在冲突：消防规范要求各高层建筑的底边至少有一个长边或周边长度的1/4且不小于一个长边长度设置消防车施救面，相应施救面设计消防登高场地。围绕各单体建筑需确保消防车畅通，同时消防否认单体紧邻的市政道路兼用作消防登高场的可能。在详细分析消防扑救的技术要求后，在BIM技术验证的基础上，设计师提出相邻建筑共用消防应急环路、共用消防登高场地的策略，将地面消防应急设施整合，减少建设成本，集约建设用地。设计方案通过BIM进行模拟和技术评审，得到了项目业主的支持和相关政府主管部门的认可。

6）绿化布置优化

由于本项目高密度的现状，难以实现绿化规范要求各独立项的地块绿地率大于20%。设计师经过总体平衡计算，明确各地块的绿地率指标，为弥补总体绿地率的不足，单体建筑确保不小于30%的屋顶绿化作为绿化补充。此外，通过BIM进行植物配置分析与优化，提高树苗栽植的存活率，同时将苗木与小市政进行协调。

7）大规模环境性能化分析

大规模建筑群的性能化分析不能脱离周边

3. 消防模拟：基地建筑密度高、空地少，通过BIM设
置合理的消防车施救面和消防登高场地，并虚拟一
栋或多栋单体出现紧急火情时的应急措施

环境，孤立地对单体进行研究。在宏观环境及外力影响下，单体项目势必会存在不确定性。常规性能分析多以项目单体为主，难免会出现分析结果偏误，导致顾此失彼，缺乏系统性、宏观性。在本项目中通过 BIM 与 GIS 技术相结合，精确地再现了整个世博片区的地理信息和建筑群，包括建筑、公共设施、道路、水体等为性能模拟提供了前提条件。

项目群的集群性能仿真分析，避免了单体分析局限性的同时，提升了项目群性能仿真分析的可靠度，为优化设计提供了有效手段，为项目群的整体性能参数提升提供可靠保障。分析遵循从群体到单体，再从单体到群体的逻辑，通过"设计—分析—再设计"的流程形成了交互式性能化优化设计，真正意义上优化设计成果，提高了设计的品质，为全园区实现二星以上的绿色建筑的目标，提供了有力技术支持。

自然光的引入可以有效降低室内照明使用率，节约空调能耗。通过 BIM 模拟区域自然采光和热舒适度，在设计早期从光线效果、照度和能耗三个参数上进行平衡设计。

通过 BIM 对上海地区气候进行系统地分析，并对太阳能的朝向进行了深度分析结果的基础上，设计师研究选用太阳集热系统。水平铺设的太阳能集热系统，实现完美的建筑一体化要求，保证建筑的外形美观，同时达到节能环保的目的。

8）管线协调策略

通过 BIM 来实现各单体自身的管线设计合理性，并最终实现总体管线和小市政接口衔接。项目通过将管线设计成果整合到 GIS 平台，进行广范围的管线协调策略。

9）公共地下空间三维协同工作

世博会地区会展及其商务区 B 片区地下空间的开发贯彻了四统一的基本原则，即"统一规划、统一设计、统一施工、统一管理"，将地下空间开发利用与城市建设、经济建设、市政交通设施、城市抗灾救灾和人防工程建设相结合。因此，控制各地块地下空间设施规模、开发层数，地下空间的布局以及与轨道交通的对接接口、预留通道、公共设施的设计就变得十分重要。

以往项目设计过程中，单体项目受限于平台及技术手段，在设计协同上无法达到完全一致，在坐标、专业及功能方面的协同上，均可能会存在异步的问题。坐标异步，可能造成不同项目的地下空间交接区域出现较大的误差，亦可能影响市政管线布置；各专业沟通不足和疏忽，则可能会造成地下空间之间可能的设备管线冲突、功能空间流线未达到最优化设计。通过全三维协同设计，可以有效避免冲突，并提升复杂地下空间的工作效率。

10）项目群体工程进度（4D）协调与模拟

前期分项报批报建与统一建设统一管理的原则存在矛盾，需要设计以整体进度协调统一、具体细节问题分项解决，严格控制建设过程中的关键节点，避免不规则沉降。同时，对工程进度实际值和计划值进行比较，早期预警工程误期，动态控制整个项目的风险。实现了不同施工方案的灵活比较，发现了影响工期的潜在风险。

11）项目群体工程进度及成本（5D）模拟

施工阶段是设计图纸转向实物的重要阶段，同时也是业主投入最大的一块。为了能够动态的控制工程成本，在项目群中实践 BIM 5D 技术。主要分为两个步骤：首先，总包单位研究制定模型的竖向和水平区域施工分割方案，根据讨论好的施工方案将属性赋予到主体模型中，为 5D 的实施做好前期准备。然后，将 BIM 模型和信息导入广联达 5D 解决方案，经校对、调整和设置后，实施 5D 模拟计算出相关时间段的费用，并可视化注明区域进展状况。5D 模拟为项目部提供更精确灵活的施工方案分析以及优化，BIM 实现了精确管理，监控控制项目设计和施工进度；在此基础上进一步实践了实际进度与计划进度对比，进度款支付控制，成本与付款分析等应用。

4. 结语

后世博央企总部基地项目从规划到单体设计，依托 GIS 和 BIM 为代表的一系列新技术，自始至终贯彻低碳社区、节能建筑的理念。总控设计策略在设计阶段实现了小地块、高密度街坊的统一设计，达到集约用地、节能减排的设计理念，还将进一步指导统一绿色建设施工，并对未来运营管理产生有利影响。后世博央企总部基地项目虽然只是一个个例，但它对国内大规模建筑群建设将起到很好的示范作用。

王万平，刘雯 / 文　WANG Wanping, LIU Wen

融合与创新
苏州工业园区体育中心项目中的BIM应用

Integration and Innovation
Application of BIM in Sports Centre of Suzhou Industrial Park

本文以苏州工业园区体育中心项目为例，介绍在BIM设计环境下，设计工具、设计方法及设计流程发生了怎样的变化，以及作为设计总包如何尝试运用BIM应对协作和管理上的挑战。

作者简介

王万平，男，华建集团上海建筑设计研究院公司数字中心工程师

刘雯，女，华建集团上海建筑设计研究院公司数字中心 工程师

1.2.苏州工业园区体育中心外景效果图

项目名称：苏州工业园区体育中心
建设单位：苏州工业园区体育产业发展有限公司
项目地点：江苏省苏州工业园区内，基地西邻星塘街，北至中新大道东，东至规划路，南至斜塘河
建筑类型：体育建筑
占地面积：47.25 万 m²
总建筑面积：35.5 万 m²
设计单位：华建集团上海建筑设计研究院公司
施工单位：中建三局、中建八局

1. 工程概况

苏州工业园区体育中心项目（以下简称"苏体中心"）位于金鸡湖东核心区，规划总面积近60hm²，总建筑面积约 35.5 万 m²，是集体育竞技、休闲健身、商业娱乐、文艺演出于一体的多功能、综合性的甲级体育中心，可以举办全国综合性运动会和国际单项体育赛事，是一个绿化环保的生态型体育中心、环境优美的敞开式体育公园。

2. 挑战与应对

华建集团上海建筑设计研究院公司（以下简称"上海院"）作为设计总包单位，承担了包括一场两馆、配套设施、中央地库以及室外总体在内的整个体育中心的施工图设计和管理协调工作。本项目功能的多样性和独特的方案造型决定了设计的复杂性，分包顾问和专项设计内容多达 44 项有余，对于设计总包而言隐性的协调管理工作量大难度高。加之本项目位于苏州工业园区，该园区是中国与新加坡两国合作具有国际一流水准的合作项目，因而园区管委会作为业主方在项目之初就确定了精益化设计和精细化管理的目标。如果沿用二维协同设计和传统设计总包协调管理手段，可能无法从容地应对此大型项目在技术、协作、管理方面的三重压力，因而项目团队将基于 BIM 的项目设计管理手段作为破解项目难点的解决方案的一部分。

3. 融合创新

本项目采取一种被称之为"伴随设计过程"的 BIM 实施模式。

"伴随设计过程"的 BIM 实施模式不会像全员全面铺开三维协同设计般对现有组织结构和设计主业流程造成太大的影响，进而影响正常的设计进程，也不会像所谓的第三方 BIM 顾问咨询那般游离于设计工作以外。这种工作模式是历年项目的实践经验，结合企业现状调研形成的一种适用于目前国有设计院大型设计项目 BIM 实施的模式，其理念是在 BIM 与设计业务融合的过程中对技术、流程有所突破与创新，主要表现在设计优化、设计检查和设计表达三个方面。

1）BIM 整合下的设计优化

在施工图设计过程中往往面临大量的设计优化工作，这些工作中有些涉及外方方案与本地规范的匹配统一，有些涉及多工种的协调一致，可是在二维协同设计环境下，很多设计信息受到现有图纸目录体系的限制往往被离散地反映在若干张图纸上甚至是不同专业的图纸上，一定程度上影响了设计意图表达的连续性，也给保证设计成果的协调一致增加了难度。从某一张单一的幕墙节点详图来看，建筑、幕墙、结构之间相互协调，构造合理，符合设计要求，可一旦这些信息被模型化整合后，就会发现诸如详图与详图之间构造节点不连续，防水保温收边做法不明确等一系列问题，而且往往涉及多个专业，可谓牵一发而动全身。借助 BIM 这一工具，模型能较直观的反应原本二维设计中不易发现的问题，弥补二维图纸表达不完整的内容。使设计优化工作更周到更高效。

2）基于 BIM 信息的创新设计检查

可视化是 BIM 的基本特性之一，通过对 BIM 模型的动态观察能让设计师、管理者、其他参与方提前体验项目建成后的效果。然而 BIM 之所以有别于以往三维模型是因为它还包含了除几何信息以外更丰富的设计信息。在没有 BIM 的设计环境下设计团队会通过检查技术经济指标、多专业拍图和图纸的三校两审等手段控制设计质量和解决协调性问题，然而在苏体中心项目中设计总包在既有成熟手段的基础上，又融入了诸如"多专业模型集成审阅、模型数据判定、预设的模型检查流程以及模型化过程中实时检查"等基于 BIM 模型信息的设计检查方法。例如设计模型与数据明细是实时同步的，建筑专业可以利用房间明细快速地筛选出疏散条件不佳的房间以及不满足机电布置的机房并显示具体所在楼层和平面位置。又例如，对于一场两馆这样有着异型造型的单体，设计团队就利用模型对异型双曲幕墙的可开启面积进行分析，研究是否满足防火规范，利用预设的多套参数组合提供暖通专业不同的排烟开启方案进行对比，帮助设计团队在比选中找到功能与造型的平衡。

各专业拍图过程也从以往单一的二维图纸

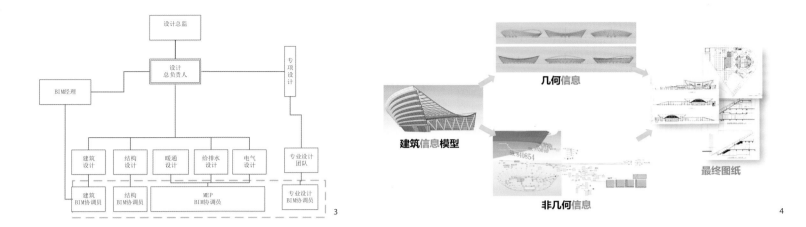

几何信息

建筑信息模型

非几何信息

最终图纸

3

4

拍图逐渐演变为借助模型进行 2D+3D 的多专业综合模型审阅协调，不仅增进了沟通效率也提高了专业间提资的有效性。在利用模型检查各专业协调冲突问题方面，设计团队摒弃利用软件自带功能进行全专业全构件的碰撞检查，因为这种简单粗暴的检查方式所获得的成千上万个碰撞点对设计团队及时发现问题解决问题没有任何帮助，相反大量无效的碰撞结果（例如梁与柱、管件与管线的碰撞）会额外消耗大量的时间和精力。因此设计团队从以往最常见的设计问题中总结提炼，制定了一套操作性更强的设计模型检查体系，从而将有限的时间和宝贵的精力集中在提前发现和解决设计团队最关注问题和对项目影响较大的问题上。

有人曾将设计信息模型化的过程比作项目在数字环境下虚拟建造的过程，因此在建模过程中会遇到的问题往往今后实际建造过程中也会遇到，因而这类问题的即时发现与协调解决对控制设计质量，减少日后不必要的返工、控制造价有着潜移默化的帮助。本项目中每个专业的 BIM 协调员利用电子台账平台，随时记录模型化过程中发现的问题，小问题及时与相关专业设计师联系解决，需要其他专业配合较复杂的问题，阶段性提供 BIM 专题问题报告。

3）施工图表达方式创新

本项目在方案之初，外方合作单位就已经使用了 Nurbs 这种先进的造型设计技术和 GH 参数化设计手段进行方案推敲，这种造型技术是可以用方程式精确描述的真正意义上的曲线曲面；使制造业标准的模型数据结构能与后端加工制造无缝对接，但在建筑业运用的缺点是其几乎无法在施工图中标注尺寸，因而无法用文字和二维图纸描述其唯一性。如此一来，制造业先进的造型技术与落后的建筑业施工图表达方式形成了一对无法回避的矛盾，这也是为

什么制造业早在 20 年前采用模型传递设计信息取代图纸的原因之一。但在当前行业环境下，无论三维 BIM 模型包含多么丰富的设计信息，二维图纸还是唯一具有法律效应的设计信息的载体。为了化解这一矛盾，确保设计信息在各设计环节各阶段传递交互的一致性、完整性和准确性，在设计总包和业主的共同认可下，约定二维图纸仍然是法定设计资料，但 BIM 模型可作为幕墙、钢结构等图纸无法描述清楚的异型元素的定位、加工、算量等的依据。

考虑到施工图图纸质量，即便二维图纸在描述异型元素的设计信息时对指导施工和算量等意义不大，还是必须把真实准确的设计内容反应在图纸上，基于这一原则，BIM 在此过程中便充当着类似"翻译"的角色，具体作法是对于那些无法在传统二维施工图中描述的设计信息，提取 BIM 信息模型中的特征值，通过技术手段结合工艺要求将其"翻译"成项目各参与方能兼容接受的表达方式。

4.整合协作
1）设计与分析计算的整合协作

以建筑设计与结构计算分析为例，在以往项目中经常发生建筑图与结构图不匹配的情况，不仅如此，由于建筑和结构两个专业之间，在设计过程中经常互有联系又互受对方限制，所以一旦信息沟通不畅就会影响整体设计进程甚至造成工作的反复。尤其在类似本项目中有大量异型空间网架和双曲异型造型元素的情况下，结构专业即便投入更多的时间和精力也几乎无法根据建筑二维提资图搭建准确的结构分析模型，专业间的协调一致更无从谈起。在苏体中心中建筑设计和结构计算始至终沿用同一数据源（BIM 信息模型）衍生的模型，此外，对于诸如机电、声学、景观照明等需借助

大量建筑准确提资开展工作的专业和专项设计而言，BIM 模型所蕴含的大量数据可实时提供即时准确且协调一致的计算分析所需的输入条件数据。暖通等机电专业也可通过 BIM 模型输出的数据作为不规则异型三维空间负荷计算的依据。

2）设计协作流程的整合

BIM 不仅改变了设计工具和设计方法，其更大的价值是在一定程度上改变了设计流程。

3）设计分包的整合协作

除了施工图设计任务，作为设计总包还需履行大量协调管理职责。BIM 模型和模型衍生的数据明细在项目实践过程中成为除图纸外最为重要的提资内容之一，本项目中，例如建筑、幕墙顾问、钢结构深化、机电深化、LEED 认证、景观之间就已经实现了模型对模型的提资交互。即设计分包或设计顾问在设计总包提供的图纸模型，尤其是模型的基础上继续开展深化和专项设计工作。不仅省去了重复建模的周期，而且确保设计信息在传递过程中的完整性、准确性和一致性。不仅如此，经与业主协商在分包捏总管理方面植入了 BIM 复核环节，即各专业在复核对口设计分包二维图纸提资的同时，BIM 负责分包三维设计提资与设计总包的主体设计模型的集成整合，以确保分包返提资在 BIM 环境下的有效性。

5.应用实例
1）整合结构三维模型的设计推敲

体育场馆类建筑空间的特色之一是结构构件充当着极其重要的角色。如何使结构需求和建筑美学之间有良好的互动一直是设计师关切的重要问题。BIM 的介入将结构专业的设计成果和建筑需求进行更好的整合，从 BIM 的三维空间中校核设计、发现问题、推敲解决方案。

3. BIM设计环境组织架构
4. BIM辅助图纸输出
5. 苏州工业园区体育中心正面效果图
6. 疏散楼梯与结构V柱的空间关系

以体育馆为例,由于建筑体型较小、空间布置紧凑,疏散楼梯与钢V柱的实际位置难以同时满足、梯段净高2 200mm以及距离钢V柱500mm宽的安装净距要求。在整合建筑要求以及结构定位的基础上,BIM团队对此提出了三种调整方案。基于此,业主和设计团队经过多推敲而决定外扩钢V柱。在设计进度紧张的条件下,基于BIM的多专业整合以及多方案优化必选为施工图设计争取了宝贵时间。

2)结构方案综合比选及优化

在游泳馆单体设计过程中,为使得游泳馆公共泳池区域空间感受最佳,泳池上部结构形式在原方案基础上进行方案优化比选。通过BIM模型整合土建以及机电专业,使得结构方案在比选过程中结合多工种因素,进而设计决策依据更加完整充分。利用BIM设计工具中的DesignOption功能,允许设计师在同一个设计环境下尝试和保留多套深化方案,由于在推敲过程中整合了对应的结构和机电布置方案,因而无论是建筑师、结构、机电工程师还是业主都能清晰直观地了解每个方案的工况和优缺点,不仅协调过程更为高效透明,也为科学决策提供有力的技术依据。

3)技经指标实时维护与追踪

实体商业发展日趋成熟,竞争日趋激烈,同时又面临整体电商时代,网络商业的井喷式发展,实体商业的发展进入实质的转型期。此时商业业态规划的重要性逐渐凸现,合理的业态规划将是商铺成功运营的最重要及最基本的保证。

BIM在设计全过程中进行商业建筑各部分面积统计,占比计算,功能分析等,对技术经济指标进行实时维护与追踪。配合商业顾问进行合理的商业业态规划,融合商业服务与体育、生态、文化,以体育为主核,发展配套服务业。

通过BIM可追溯设计全过程中建筑功能调整,实时更新维护诸如功能面积等技经指标。是设计总包为业主提供的一项增值服务,是企业在竞争日益激烈的市场中

4)土方工程调配计算及优化

在项目工程的设计和施工阶段,场地的土方工程计算、方案优化,室外总体的管线布置等必不可少。从业主的层面上看,精确的场地土方计算数据,高质量的室外管线综合,能够有效的把控项目整体进度。

在场地设计中,传统模式大都依靠二维图纸和经验,例如目前很多工程依旧采用方格网的土方计算方法,土方量只能用手工计算,项目场地的整平、设计地形土方计算的时候往往需要做出几十个截面,一旦变更,又要重新计算,辛苦而且不准确。

在本项目中,地形较为复杂、地下室开挖较大,利用带有数据库,实施动态联动的三维设计方式处理土方计算以及土方调配方案优化等问题,不仅在生产效率方面大幅度提升,而且解放了设计以及管理人员反复、无用的绘图计算工作,让他们更加专注设计本身,极大的节省了项目资源。

从业主的层面来说,本次项目工程用借助BIM这一载体实现的精益化设计成果,有效地推进项目工程的精细化的管理。

5)室外总体管线综合

地下工程管道数量多,功能复杂,设计周期短,实际工程中容易与地下结构的梁板柱、风管和电气桥架的位置发生冲突,常常会引起工程返工、延期、影响美观,造成不必要的损失。

在设计过程中,基于原始数据(周边市政管网、场地数字地形、设计数字地形)收集录入统一的管理系统平台,大量的管网设计资料

由每个设计人员提供,集中进行系统管理,使项目数据的出错率大大缩小,数据的一致性和设计质量得到了保证。另一方面,在各专业协调的过程中,三维可视化的设计成果省去了比较杂乱的二维读图过程,随时可以找出矛盾、需要协调处理的地方,很大程度上缩短了设计周期,节省人力。

6.结语

与国内近几年大型体育建筑项目BIM案例横向对比不难发现,苏体中心无论是建设规模、难度还是BIM实践范围都刷新了纪录,并且苏体中心所有单体的BIM设计和实施管理都由一家独立完成。

本项目所积累的实践经验很好地阐述了BIM如何从技术、协作和管理三个层面协助上海院应对项目挑战,对今后上海院承接同类大型体育建筑项目的设计总包任务,具有重要参考价值。

参考文献
[1] 百度百科 .BIM建筑信息模型 [OP].
[2] MCGRAW-HILL.ConstructionSmartMarket Report. 建筑信息模型——设计与施工的革新,生产与效率的提升 [R].2009.
[3] CLIVE ROBINSON.StructuralBim:discussion, case studies and latestdevelopments[J].Struct. Design Tall Spec.Build,2007(16):519 - 533.
[4] CHUCK EASTMAN,etal.BIMhandbook[M].USA;John Wiley & Sons, Inc,2007.
[5] 云朋 .ECOTECT 建筑环境设计教程 [M]. 中国建筑工业出版社,2007.
[6] 周培德. 计算几何:算法设计与分析 [M]. 3 版. 清华大学出版社,2008.

1. 上海中心整体效果图
2. 外幕墙效果图

作者简介

赵斌，男，上海中心大厦建
设发展有限公司 BIM 副总监，
韩国成均馆大学工学硕士，上
海市建筑学会 BIM 专业委员
会 副秘书长

项目名称：上海中心大厦
建设单位：上海中心大厦建设发展有限公司
项目地点：上海市陆家嘴金融贸易区
建筑类型：商业、办公、酒店
建成时间：2016 年
总建筑面积：57 万 m²
建筑高度：632m
设计单位：Gensler
获奖情况：2011 年中勘协创新杯 BIM 应用特等奖

赵斌 / 文　ZHAO Bin

七年之 "养"
上海中心大厦的BIM实践和思考
Seven Years of Raising
BIM Practice and Reflection of Shanghai Tower

632m高的上海中心大厦项目从2008年9月开始进行场地平整，2013年8
月完成核心筒主体结构封顶，2014年8月达到建筑高度632m。项目将于
2016年开始运营。伴随着这幢大楼的成长，BIM技术在这个项目中的应用
也度过了7个年头，并在不同阶段发挥了重要的作用。

1. 以BIM为统一的工程语言

　　在前期策划阶段，针对上海中心大厦项目
特点建立了"以建设单位为主导，参建单位共
同参与的基于 BIM 技术的精益化管理模式"，
即：在针对施工总包、关键性分包的合同内加
入 BIM 技术的要求，以此来约束并规范、管理
各参建单位的 BIM 实施工作。而各参建单位也
在招标内容的要求下，分别组建了 BIM 工作团
队，对 BIM 模型进行创建、更新及维护，并基
于模型进行各种模拟应用，最终按照交付验收
标准交付模型及相关成果。

　　为了完成基于该模式的信息和流程的管
理，并且考虑到 BIM 资料的庞大繁多，项
目需要规划并搭建一个统一的数据管理平
台，在经过多种筛选之后，Autodesk Vault
Professional 被正式使用在该项目中。在平台
上，项目各参建方可以做到线上数据浏览、下
载、修改、上传等各项工作。利用其良好的数
据跟踪功能，还可以控制及观察平台内资料数

2

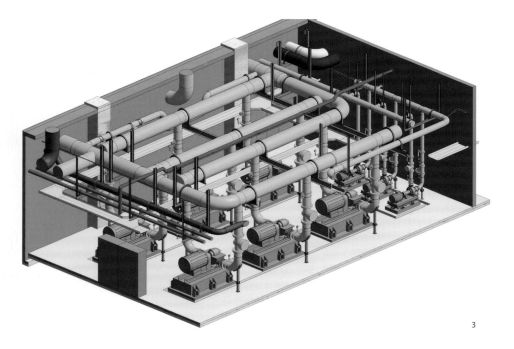
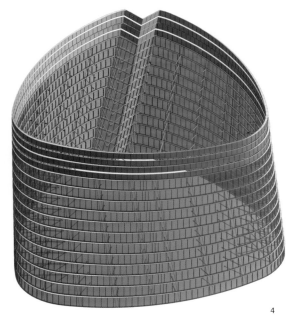

3.4. 机房BIM模型
5. 二区外幕墙体系BIM模型

据流动来源去向、数据网络同步，这样则更有利于项目数据的更新。同时，在现有平台的基础上，针对过程中出现的问题，通过二次开发的方式，来进一步优化管理和流程以更好地帮助项目的实施。

此外，为了规范和约束各参建方 BIM 团队的工作内容和流程，针对上海中心大厦的BIM 应用特点，各方一同制定了相关的项目实施标准，其中详细规定了各参与方的具体工作职责、应用软件架构要求、文件交换和发布要求、模型创建与维护、交付要求及各专业的细化条款等。所有这些工作的目的就是要将 BIM 作为项目统一的工程语言，并借此达到项目信息的最大化使用。

2. 范围、深度不断扩大

在设计及建造过程中，BIM 技术框架的内容也发生了很大的变化：使用的软件数量逐渐增多，由原先最基础的建模软件 Revit，扩展到根据专业特点细分成用 Teklaxsteel 进行钢结构建模；用 Inventor 配合幕墙工厂加工；用 Solidworks 进行擦窗机建模；用 Rhino 进行曲面异形建模等。而 BIM 技术应用的范围也日益扩大，在项目中尝试了三维激光扫描技术与 BIM 的结合，三维打印技术与 BIM 的结合，并尝试自主研发了 OurBIM 工程管理系统来对项目的质量、安全、进度进行信息化的管理。

通过 BIM 技术在上海中心大厦项目应用的范围不断扩大，应用的深度不断加深，项目各阶段、各专业都取得了明显的效果。在外幕墙专业方面，实现了基于 BIM 的设计、加工、现场联动方式，绘制加工图效率提升 200%，加工图数据转化效率提升 50%，复杂构件测量效率提高 10%；在机电专业方面利用 BIM 技术，减少 60% 现场制工作量，减少 90% 的焊接、胶粘等危险与有毒有害作业，实现 70% 管道制作预制率。而在室内装饰方面，从模块化、工厂化的角度出发，结合 BIM 技术特点，大幅提高了室内装饰的工作质量与工作效率。

从经济成本的角度来看，在大中型工程项目中，信息沟通问题导致的工程变更和错误费用约占工程总成本的 3%~5%。此类费用可以通过 BIM 信息化手段来解决。结合碰撞检测统计的碰撞数量估算，在采用 BIM 信息化技术手段后，提前发现并解决的碰撞点总数超过 10万个，按单个碰撞点平均单价 1 000 元左右计，保守估计本工程节约费用至少超过 1 亿元。

3. 存在的问题

在 BIM 技术在项目实施的过程中，依然存在一些不可规避的技术、管理问题，而这些问题是现在以及今后几年内需要重点予以考虑并解决的。

1）模式选择

根据项目特点确定 BIM 实施模式与路径。作为项目建设方，笔者的单位并没有额外聘请专业的 BIM 顾问公司，而是采用了在承发包合同内加入 BIM 的技术要求，因而 BIM 具体实施工作的主体是各家承包商。

这种模式在 5 年前是首例，即使在 5 年后的今天，这种模式也并不多见。而大部分项目的 BIM 实施方式，依然是以建设方聘请专业的 BIM 顾问公司或设计院进行模型的创建、更新、应用。因此具体采取何种模式，亦需根据项目背景、特点，管理架构、以及具体需求进行综合评估。

2）软件兼容性

模型数据格式众多，软件兼容性有待进一步提高。上海中心大厦目前在 BIM 技术的应用上已经采用了超过 10 款软件，而每一款软件都有自己的数据格式。因此在软件之间进行无损的数据互导及模型整合上存在一定的难度。

虽然目前国际上在推广通用的数据格式 IFC，各大软件商也皆开发了相应的数据接口，但一方面 IFC 格式依然在完善过程中，另一方面各软件商针对 IFC 格式接口的开发力度各不相同，导致在进行 IFC 格式转换中会出现信息丢失、甚至构件缺失的情况。而在采用第三方软件如 Navisworks 软件进行模型整合时，虽然其能够读取超过 20 种不同格式的软件数据，但依然存在部分信息丢失的情况。因此很多软件企业及用户已开始针对这些问题寻找解决方案，通过二次开发的方式来弥补模型信息缺失的问题。

文件容量

模型文件容量大，实际浏览操作不够顺畅。大型项目中，尤其是异形造型、管线复杂的项目上采用 BIM 技术的效果非常明显。通过 BIM 技术的有效运用可以显著减少设计错误、提高设计质量、缩短施工工期、节约项目造价。随着项目的规模越来越大，模型的深度和精度越来越高，模型文件的容量也变得越来越大。最明显的特点就是模型文件打开的速度越来越慢，可操作性变得越来越差。因此在项目实施前就需要对项目模型文件做合理的区域划分。

）模型使用效率

模型的重复使用的效率降低，此问题更多体现在由设计向施工过渡的阶段。目前大部分的情况是 BIM 团队人员依据设计团队的图纸来创建 BIM 模型，这就会产生模型与图纸有不一致的可能性；设计阶段的模型到了施工阶段时，模型的创建方式有所不同，建模深度与范围亦不足，需要由施工单位对模型做进一步深化，以满足施工阶段的应用。当这些问题严重的时候，就会发生施工单位自行依照设计图纸重新创建满足施工应用需求的 BIM 模型，而设计模型被重复使用的效率就会降低，项目有效信息重复使用的效果亦将受到影响。因此在项目前期需要对 BIM 模型的建模规则、建模范围、建模深度做有效的规范，同时建立行之有效的审核机制，确保模型及信息能够被有效地使用。

5）模型构建信息

BIM 模型构件属性信息不够完善，信息存储、调用方式有待完善。理想的状况下，BIM 模型是要贯穿项目的整个生命周期，其信息是要从设计到施工，再到后期运维，被不断地延续使用下去的。而大部分的模型构件信息均为软件自带的默认信息，其所包含的信息内容远达不到后期运维的应用需求。因此需要考虑在项目不同的阶段明确模型构件信息的内容，信息录入及维护的责任主体；构件信息的存储、调用方式；以及对信息的编辑、备份管理等。

4. 结语

最后对"可量化的 BIM 价值"做个总结。经常被问到"做 BIM 花了多少钱"、"做 BIM 省了多少钱"、"做 BIM 的 ROI 是多少"等。似乎得不到相应的数据结果，BIM 这个事就不能往下做了。

其实需要认识到的是，真正决定项目成败的是人，而不是技术，而任何的成功都不是一蹴而就的，真正的价值是需要用心去挖掘的。所以对待 BIM，是被动的接受，还是主动的拥抱，存乎于心。

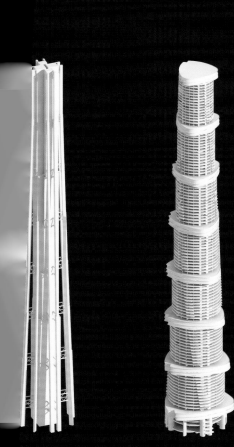

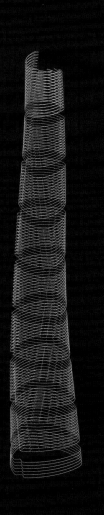

200 YEAR FLOOD

NORMAL WATER LEVEL

1

罗海涛/文　LUO Haitao

加快道路设计速度
InfraWorks 360软件在土木基础设施设计中的应用
Speed Up Road Design
Application of InfraWorks 360 Software in Civil Infrastructure Design

在采用InfraWorks 360软件之前，对于大型基础设施项目，缺乏一种行之有效的方法来汇集和可视化现有情况信息。

2

1~3.COWI在InfraWorks 360中创建的挪威E16高速公路效果图

1. 项目概况

作为一家总部位于丹麦的全球工程咨询公司，COWI 最近承接并开始了挪威 E16 高速公路连接线中新增的规划和设计工作。

此路段全长 32 km，包含四条车道，连接挪威和瑞典。由于该区域许多地区的黏质土壤不稳定，因此需要谨慎规划路线。此项目的业主方是挪威公共道路管理局（NPRA），COWI 在此项目中的职责是进行初步设计，包括道路、桥梁、排水、电气、绿化、岩土工程、土地勘测、环境研究和影响评估。为更好地进行规划和设计，COWI 采用了 Autodesk InfraWorks 360 土木基础设施设计软件。使用该软件，COWI 能够创建三维项目模型来可视化项目并进行合理规划。三维模型是该项目的核心，使用它与客户沟通，还能更好地了解现有情况。此外，在帮助设计公司节省了大量时间的同时，使其能够交付高品质的初步设计。

2. 挑战

在 采 用 InfraWorks 360 软 件 之 前，COWI 团队通过结合使用二维和三维工具来规划像 E16 这样的交通项目。例如，他们利用地理信息系统 (GIS) 数据创建一系列二维地图，来帮助跟踪和了解各个路段的现有情况。为了与客户沟通，COWI 为大部分路段创建了二维地图，并为关键路段增加了三维可视化。但每项可视化工作都需要几个小时才能完成。

此外，使用各种孤立的二维工具，很难向缺乏工程经验的人员传达项目细节，只有少数人能够根据二维地图和一小部分的渲染来想象道路的实际外观。对于大型项目来说，采用这种工作方式会使得与利益相关方进行沟通变得困难重重，太多内容只能依靠想象。

3. 解决方案

COWI 之前早已在其他项目中试用了 InfraWorks 360 软件，因此，在 NPRA 选中他们负责规划 E16 的新增路段后，便开始使用 InfraWorks 360。COWI 在项目启动后立刻开始针对拟定路线沿途的地形情况制作三维模型。该软件可以处理大量不同原生格式的数据，而这也成为加快规划过程的关键因素。基于政府 GIS 数据库中有大量免费提供的勘测数据，COWI 将土地、地质、洪涝、自然资源、农业、林业数据添加到三维模型中。然后开始微调路线并确定每个路段的工程需求。如果不使用 InfraWorks 360，到达该阶段所需的时间要多出几周。

三维模型可以加快规划速度，帮助 COWI 更快找到一条合理的路线。将大量数据集加载到 InfraWorks 360 中，其中甚至包含了 200 年一遇的洪水数据。然后对淹没区域进行调查，确保相应地区的路基高程充分，同时也调查了是否能够避开那些缺乏稳定性的黏土区域。

4. 让决策更明智

使用一个可以快速进行修改的三维模型，可帮助客户更快速、更好地做出决策。COWI 使用三维项目模型与客户沟通，在例行会议上，COWI 团队通过执行模型飞行来展示效果图。根据客户反馈，他们修改了设计，并在会议期间实时应用所做的更改。项目团队中的每个人（包括客户）都可以通过 InfraWorks 360 即时和连续地访问更新后的最新模型。

例如，针对道路的一个关键部分，业主在建隧道方案和建立交桥方案之间犹豫，InfraWorks 360 能实时展示这两个版本，结果表明立交桥是更好的选择，客户据此在数小时内便可做出决策，如果使用旧方法，做出这样的决策将需要数周。此外，在云端维护模型已被证实很有帮助，客户可随时检查模型的只读版本。另一个优势是，可以将工作与其他团队成员的工作成果持续同步，通过云可以更轻松地进行协作。

除了规划和可视化项目，最近，COWI 还利用 InfraWorks 360 完成了其他一些工作。在一个项目投标时，通过该软件非常简单地创建了极具说服力的提案，并创建了一个三维模型来描绘想要实现的效果。潜在客户可以了解设计公司的理念以及所要的呈现方式，这也帮助 COWI 赢得竞标。

5. 结语

对比 E16 项目和其他项目，COWI 的相关人员也充分认识到了 InfraWorks 360 软件在该项目中起到的关键作用。它能在更短的时间内生成更好的初步设计，为设计公司节省了时间，也让客户节省了大量资金。而在采用 InfraWorks 360 之前，对于大型基础设施项目，缺乏一种行之有效的方法来汇集和可视化现有情况信息。

作者简介

罗海涛，男，欧特克大中华区
工程建设行业 技术经理

开启创新发展新纪元
华建集团董事长秦云与上海市国资委副主任林益斌对谈
Open a New Era of Innovation and Development
Dialogue Between Chairman of Huajian Group QIN Yun and Deputy director SASAC LIN Yibin

1. 华建集团董事长秦云

编者按： 新年伊始，《H+A华建筑》特邀华建集团董事长秦云与上海市国资委副主任林益彬就新经济形势下国有企业发展改革方向话题进行对谈，对谈聚焦创新驱动、国企改革、经济未来发展等内容，观点具有前瞻性和启发性。

朱倩，董艺，官文琴 / 采访整理
ZHU Qian, DONG Yi, GUAN Wenqin(Interviewer and Editor)

1.关于创新驱动发展

林益彬（以下简称"林"）： 当下中国整体发展进入新常态，与之前相比，新常态时期经济发展的关键词已经从"高速增长"变为"创新驱动"和"结构调整"。党的十八大报告中明确指出，要加快完善社会主义市场经济体制和加快转变经济发展方式，必须实施创新驱动发展战略，将科技创新摆在国家发展全局的核心位置，实现到2020年进入创新型国家行列的目标。中央要求上海，要当好全国改革开放排头兵、创新发展先行者，加快向具有全球影响力的科技创新中心进军。2015年5月25日，上海市委召开十届八次全会，审议通过了《关于加快建设具有全球影响力的科技创新中心的意见》，确立了上海要在科技创新、实施国家创新驱动战略上走在全国前头、世界前列的目标。

秦云（以下简称"秦"）： 当今时代，是一个科技创新不断涌现的时代，科技竞争成为全球综合国力竞争的焦点。谁在知识和科技创新方面占据优势，谁就能够在发展上掌握主动，在国家安全上掌握制胜权，在国际竞争中获得更多的战略利益。中央提出创新驱动转型战略是一个审时度势、高瞻远瞩的决策，上海提出要走出一条具有时代特征、中国特色、上海特点的创新驱动发展的新路，创新驱动发展走在全国前头、走到世界前列。体现了全体上海领导班子的智慧和决心。我们知道，企业是创新的主体，国有企业在国家和地方创新驱动战略中，应当有一定地位和发挥一定作用。

林： 是的，国企是国民经济重要支柱和骨干力量，在加快转变经济发展方式中担负着重要使命和责任，必须在科技进步和自主创新上有更大作为；国有企业应当在实施创新战略中勇挑重担，构建创新型企业，充分发挥骨干带动作用。具体来说，国有企业可以通过结构调整、技术改造、加强管理、完善国有资产管理体制等一系列积极探索，获得较强的活力、控制力和影响力，进一步增强在国民经济中的主体地位和主导作用。像华建集团这样的历史悠久的大型国企，又是科技型企业，可以通

过创新达到很多目标，包括：树立核心竞争力意识；建立规范的现代企业制度，提高企业管理水平；加大核心技术创新力度，提高科研创新能力，在科技进步和自主创新上更有作为。上海市对华建集团这样的企业也是寄予厚望。

秦：一直以来，华建集团把自己定位于行业科技的带头人，不断加大科技创新投入，取得了丰硕成果，涌现了大批科技人才。2014年集团被认定为"国际级企业技术中心"，到今天上海市认定了我们集团5个公共研发平台。当前，上海市提出了"加快向具有全球影响力的科创中心进军"战略目标，华建集团作为国有企业，理当勇挑重担，主动把公司发展融入市委、市政府的工作大局，把科技创新与上海发展战略、经济社会发展目标紧密结合起来，全面推进创新发展，发挥国企的先锋和表率作用。为此，集团深化科技创新体制改革，成立了上海建筑科创中心，瞄准建筑科技发展前沿技术，加强核心技术研发，促进集团科研成果有效转化，以科技创新支撑集团的品牌战略，实现专项技术领域核心技术突破，使集团成为具有行业影响力的技术高地和人才高地，巩固和提高集团核心竞争力，争当上海市国资国企改革的排头兵和科技创新的先行者。然而，作为传统行业，近两年我们面临新经济、新技术、新业态、新模式的冲击与行业周期性下滑的双重挑战，在创新改革的过程中，我们感受到很大的压力。

林：确实，国有企业在创新改革上存在一定的问题，长期的计划经济烙印，已经形成的企业文化，外部环境、自身的体制机制，以及承担了过多的本不应该由企业承担的历史遗留问题等，都对国有企业的发展带来巨大

的阻碍和负担，也直接和间接影响国有企业的科技创新。比较明显的问题有，一是创新动力不足，激励机制与国际先进水平相差较大。由于科技创新周期长风险大、企业目前的生产经营可以维持短期利润目标、企业发展快慢和是否可持续对管理层影响不大等因素，国有企业的高管对于技术创新的热情不高。二是目前的体制机制还不适应科技创新的发展，有很多地方需要改进。例如：在技术创新资源的市场化配置和相对自由流动，技术创新成果的保护、授权、交易和利益分配，特别是在目前国际上大型企业普遍流行的通过并购和技术成果交易快速形成集成创新优势赢得市场的方面，国有企业遇到很多体制机制上的束缚。三是发达国家对国有企业的歧视和限制，影响了企业进入发达国家的市场，也影响了开放式创新。发达国家利用国家安全堡垒的国有企业非市场化标签等，排挤打压国有企业，保护其本国企业。四是对人才的吸引力还有差距。技术创新人才普遍不愿意进入国有企业工作，年轻人更甚。国有企业在营造有利于技术创新的环境氛围、鼓励激励技术创新方面还有很大的提升空间。国家和上海都关注到这些问题，所以无论是国务院《关于深化体制机制改革加快实施创新驱动发展战略的若干意见》还是上海的"科技创新22条"都强化竞争政策和产业政策对创新的引导，从税收、金融等多方面支持创新。去年上海还专门出台了《关于鼓励和支持本市国有企业科技创新的若干措施》等配套政策，来支持国有企业进行科技创新。用好用足这些政策，相信能对华建集团下一步创新转型起到很好的推进作用。

秦：当前建筑行业正在处于转型升级重要的当口，传统的建造方式，被

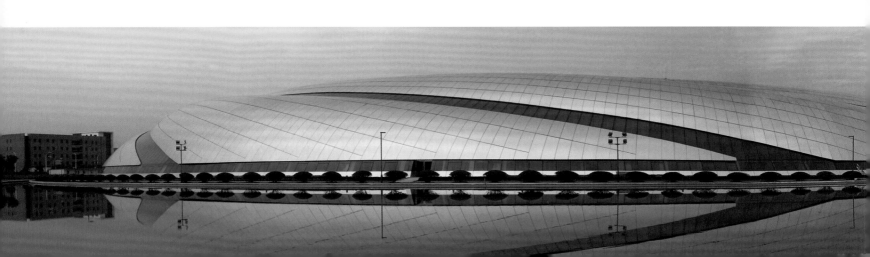

2~5. 华建集团经典项目（图2：上海东方体育中心，项目紧邻2010上海世博会园区，已于2011年成功承办第14界国际永联世界锦标赛；图3：中共中央组织部办公楼项目坐落于北京长安街，为一系列部委办公楼代表性项目之一，创新的建筑造型与古老的北京城相得益彰；图4：中央电视台新台址，北京新地标性项目，以独特建筑形式矗立于城市空间之中；图5：上海光源工程是国家重大科学工程，获得2012年上海市科技进步特等奖，设计体现生态和可持续发展精神，关键技术突破现有建筑规范，甚至在国际上也无例可循）

建筑工业化、绿色建筑、BIM 技术等为代表的创新技术模式逐步替代的趋势越来越明显，新一轮的行业洗牌逐步展开，"互联网＋"和工业化 4.0 的颠覆性技术，越来越受到重视，谁能把握住转瞬即逝的机会，谁就能领先一步，就能成为行业变革的领先者。华建集团要乘势而上，贯彻落实国家和上海科技创新方面各项要求，完善优化创新体系，推动建筑工业化、绿色建筑、BIM 技术和 EPC 融合创新、跨界集成，积极开拓新型城镇化、城市更新等新的业务领域，积极探索"互联网＋"的商业模式，进一步推进集团的创新发展。同时，把握人才在创新中这一最重要、最积极的因素，继续以 213 人才建设工程为抓手，在培养领军人才和高端人才上下功夫，在搭建人才成长平台、创新人才机制上下功夫，在建设一支年龄结构、知识结构合理、富有执行力和创新力的人才队伍上下功夫。要建立健全推动创新孵化、扶持、培育转化平台，让广大员工立足本职工作，脚踏实地、真抓实干，把创新共识转化为创新的行动。唯改革者进，唯创新者强，科技引领发展，科技铸就未来。坚定信念、创新突破，以新方法解决新问题、以新思路谋求新发展、以新眼光把握新机遇，开启集团创新发展的新纪元。

2.新一轮国有企业改革

林：自党的十八大以来，国家启动了新一轮的国有企业改革。作为全面深化改革的"重中之重"，新一轮的国资国企改革不再停留在对国有经济的功能定位的整体认识阶段，已经围绕"不断增强国有经济活力、控制力和影响力"的目标，细化到基于国有经济功能定位而对每家国企使命进行界定、进而推进国有经济战略性重组的具体操作阶段，可以说我国国企改革与发展进入"分类改革与监管"的新时期。从中共中央、国务院于去年 9 月颁布的《关于深化国有企业改革的指导意见》就可以看出，新一轮的国企改革主要集中于调整战略布局、深化股份制改革、健全法人治理结构、完善国有资产管理体制及国企领导方式等几个方向。其中"推进国有企业分类改革分类监管"是最大的亮点。

秦：上海是改革的排头兵，在国企改革上也是先试先行。我记得我们"上海国资国企改革 20 条"

比国家的《指导意见》整整早了一年半，"20 条"中提出的"建成分类监管体系""优化国有资产布局""建立健全现代企业制度"等措施都是符合国家的指导方向。

林： 是啊。国家意见确实也是在上海、北京等几个城市国企改革试点的基础上，总结、提炼、升华出来的，在全国范围内实施更具有适用性和指导性。而且《指导意见》制定时，恰逢国家和地方都在编制"十三五"规划，"十三五"是我国全面建成小康社会、实现我们党确定的"两个一百年"奋斗目标的第一个百年奋斗目标的决胜阶段。因此《指导意见》中提出目标：到 2020 年，在国有企业改革重要领域和关键环节取得决定性成果，形成更加符合我国基本经济制度和社会主义市场经济发展要求的国有资产管理体制、现代企业制度、市场化经营机制，国有资本布局结构更趋合理，造就一大批德才兼备、善于经营、充满活力的优秀企业家，培育一大批具有创新能力和国际竞争力的国有骨干企业，国有经济活力、控制力、影响力、抗风险能力明显增强。

秦： 华建集团可以说是上海新一轮国有企业改革的成果。根据市领导对华建集团提出的"加大改制上市推进力度"要求，按照上海市国资国企改革统一部署，在市国资委的指导下，集团结合自身发展现状，确定将改制上市作为集团体制改革的首要方向和目标。2012 年底，集团编制完成《集团整体改制上市方案》并获得主管部门的批复，由此集团整体改制上市工作正式启动，经历第一阶段（2012 年）编制方案与搭建上市平台和第二阶段（2013 年至 2014 年 4 月）上市平台内部梳理和推进引入战略投资者，进入第三阶段（2014 年 5 月至今），全面启动借壳上市，2014 年底完成方案准备，2015 年 1—6 月底，方案活动，7 月证监会正式下文批复。2015 年 10 月 30 日华建集团在上海证交所更名上市。集团整体上市也正符合《指导意见》思想，体现出体制创新的发展思路。

林： 确实，国务院《指导意见》中，对于国有企业整体上市给予了高度重视，强调着力推进国有企业整体上市。通过整体上市可以优化股权结构，解决"一股独大"的问题，有利于为混合所有制改革创造条件，有利于保护中小投资者，有利于国有资产做强做大，有利于建立健全现代企业制度。推进企业集团整体上市或核心业务资产上市，是上海发展混合所有制经济的主要实现形式。我们支持国有控股上市公司优化股权结构，增强再融资能力和发展实力。上海竞争类国有企业集团目前有 29 家，未来的改革方向是：大概三分之一的企业可以做整体上市；三分之一可以通过核

6~8. 华建集团经典项目（图6：上海世博园区鸟瞰；图7：特立尼达及多巴哥西班牙港国家表演现代艺术中心，设计灵感来自当地国粹钢鼓乐，是现代设计技术输出，在海外原创设计完成的代表性项目之一，项目投入使用后获得当地多方赞誉；图8：中国博览会会展综合体是世界规模最大的会展中心，这座全球最大的单体建筑如同一枚巨大的"银色四叶草"）

9. 2014年3月28日，华建集团收购美国威尔逊室内建筑设计公司上海发布会

10. 2015年10月30日华建集团上市活动，华建集团董事长秦云致辞

11. 上海市政府副秘书长、市国资委党委书记、市国资委主任徐逸波和华建集团董事长秦云共同敲响华建集团上市铜锣

12. 上海市国资委副主任林益斌

心资产上市；三分之一可以通过股权多元化的股份制改造。整体上市或其他形式的混合所有制改革都是为了推动企业股权结构进一步优化，市场经营机制进一步确立，现代企业制度进一步完善，国有经济活力进一步增强。

秦：集团是以建筑设计为核心、以先瞻科技为依托的技术服务型企业。本次借壳上市是华建集团将旗下唯一从事建筑设计及相关主营业务的专业平台，整合了包括华东总院、上海院、现代院、现代建设咨询、水利院、环境院、美国 Wilson 公司等数十家分子公司和专业机构，囊括了现代集团全部主业资产。本次上市实现了华建集团主业的整体上市，也将其最优质的资产呈献给资本市场。当下，建筑设计市场竞争加剧、传统需求下滑，通过上市，可迅速对接资本市场、提升资本化能力，借助资本市场的支持，加大研发投入力度，培育核心能力，寻求差异化发展，在产业链上从新定位自身，提升竞争力。与此同时，集团作为公众企业，也将更加自律地以现代企业制度规范管理企业。

当然，有机遇就会有挑战。建筑设计企业是典型的人才、知识密集型企业，核心竞争力来自于高水平人才的拥有以及对人才的培养与激励，这种竞争力的强弱也决定了公司发展的空间。同时作为有 60 年历史的老牌大型国企，内部管理相对于年轻的、规模小的企业来说，内部管理相对落后，反应不够迅速。比如在盈利指标方面，公司综合毛利率水平历年维持在 25% 左右，与同行业 A 股上市公司均值相近，但由于公司的管理费用占收入比例较大等原因，公司的净利润率略低于行业均值。今后还要面临外部监管的压力、企业透明度提高的压力、效益持续增长的压力，甚

至可能要面对企业目标与股东目标不一致的压力等等，这些都是新的课题和挑战。

林：整体上市一定是机遇与挑战并存的。华建集团是一个传统行业的老企业，上市成为公众公司后，改革与创新的任务非常艰巨。市委、市政府都提出了要为国有企业营造公平竞争的市场环境、产权保护的法治环境、宽松和谐的舆论环境，还要细化落实改革创新的容错机制，市国资委愿意全力支持华建集团。华建集团是竞争类企业，又是上市公司，可以研究、探索、推进股权激励、员工持股计划，加强市值管理，进一步优化上市公司股权结构和资产质量，增强企业再融资能力。着力在经营业绩指标、国有资产保值增值和市场竞争能力方面下工夫。

秦：华建集团历史上的两次重大改革，都离不开市委市政府的支持。"十三五"已经来临，在全面应对外部环境和内部条件深刻变化的过程中，华建集团要以市场化、专业化、国际化为导向，坚持解放思想、转变观念，坚持创新驱动、转型发展，按照"全面市场化、跨界集成化、高新专业化、深度国际化"的战略，全面打造集团新时期的价值链、产业链、创新链、资源链、人才链，加速提升企业的创新活力、发展动力和竞争能力，推动集团新时期发展跨上新的台阶，争取成为上海国资系统改革创新的示范企业。

作者简介

朱倩，女，华建集团董事会办公室 副主任，高级经济师
董艺，女，建筑学博士，华建集团品牌营销部 主管，《H+A 华建筑》主编助理
官文琴，女，建筑学硕士，华建集团品牌营销部 主管，《H+A 华建筑》编辑

赵杰 / 栏目主持　ZHAO Jie

近来，业界关于建筑师制度改革的声音此起彼伏，2014年国家住建部出台"五方主体项目负责人制度"，2015年上海自贸区首推"认可人制度"、深圳前海推行"监造人制度"……国内是否会与国外一样推行"建筑师负责制"，还是推行已经出现的"执行建筑师制度"（Executive Architect）？面对新的热点，政府如何思考？业主是否交权？建筑师如何应对？本期"聚光灯"栏目邀请专业资深人士为您深度解读。

执行建筑师来了？！
Executive architect?!

聚光灯　FOCUS

姜涌 清华大学建筑学院

执业建筑师与建筑设计服务
Practicing architects and architectural design services

1.建筑师与职业建筑师

起源于古希腊、成形于18世纪末英国的"现代职业建筑师制度"是为了保护投资人/业主的利益和建筑市场的公正而产生的独立职业（profession），传统营建市场中甲乙双方关系因为建设内容的复杂化、规模化、投资化而需要更多的专业技能和严格、公正的管理，"职业建筑师"就是在这种条件下代理业主实施全程化、专业化的设计和监管的第三方。建筑师不仅是设计合同的执行者和乙方，也是业主在建筑市场的代理人，同时也是业主、建造方（承包商）以及整个建筑市场的技术公正的监督者。"职业建筑师"通过建筑实践（执业活动，architectural practice）提供的是建筑服务（architectural service），而不仅仅是设计图纸和样式风格的设计，还包括整个设计—建造过程的管理，最终为业主提供一个完整的环境解决方案。因此，建筑师的职业地位和社会信任需要高度的专业知识和职业精神（professionalism）来保证，而建筑师的培养则需要经过专门、长期的职业化教育和从业资格考试，同时也要有建筑师协会的道德监督和自律自治。

由于现代建筑技术日趋复杂，社会对建筑工程的质量也提出了更多更高的要求，现代的建筑师并不是一个单独的个人，也不是一个单独的建筑学专业，也可能不只是一个机构，而是以加盖注册章、承担项目责任的建筑师为核心的一个设计咨询团队。这个团队的负责人可能在不同的机构有不同的名称，如项目负责人、设计主持人、项目建筑师、执行建筑师等，其责任和权力是相同的：即对建造的设计施工全过程负责，在设计阶段承担技术设计及整合责任，在招投标和施工阶段承担监督及统筹责任，保证代表客户价值的设计意图的最大化实现、形成社会的良性建筑环境资产及建筑市场的公正和良知这就是"建筑师负责制"、"建筑师全程化"、"执行建筑师"的内涵和外延。

国际通行的传统交付模式（DBB），以及随后发展的设计施工一体化模式（DB）、设计施工一体化模式（EPC）、建设管理模式（CM、PM），都是在"建筑师负责制"的基础上进一步发展和变形的新型建设模式，其内核依然都包括在建筑物生产的全过程中由职业建筑师对整体的技术和品质负责。在CM和PM模式中，尽管进一步出现了工程管理的专门化分工，但也并不都取代职业建筑师的角色，而是有专门的合同来审慎区分建筑师与CM、PM之间的职业责任界面。值得注意的是EPC模式，将建筑生产简化为两方的前提是建筑目标非常明确或理性，或者业主有强大的专业团队进行判断，否则不管是建筑师还是承包商具备了设计—施工的确定权和实施权后（如同裁判员和运动员），都会以自身利益最大化为目标自觉或无意地损害业主的利益，这也正是职业建筑师初创时的背景。

2. 建筑师执业范围的国际比较

国际通行的建筑设计方的服务 (Service) 不仅仅涵盖了建筑设计 (Design) 的过程，而且贯穿了整个建筑生产的过程，同时作为对整个项目的专业监管和实际控制人，建筑设计服务涵盖了建造过程的全部和全程，这可以从各国对建筑服务的界定中看出来。国际通行建筑设计职能范围是：设计—监理从设计条件的调研确认开始，到竣工交接结束；监理由设计方执行，确保设计意图的实现。而我国现行的建筑设计服务则只局限在设计环节，设计任务书的接受开始，到施工交底结束，监理由非设计方的第三方执行。

"工程监理制"是一项中国特有的建设管理制度，起源于国内在 20 世纪 80 年代改革开放后利用外资进行水利工程建设时期。当时为了使用世界银行的贷款，而采用国际通行的 FIDIC 合同条件进行工程招标和建设。在二滩水电站等建设工程中推出了以项目工期、质量、造价"三控制"为目标的项目法人责任制、招投标制、工程监理制、合同管理制的"四制"管理。根据 FIDIC 红皮书对咨询工程师的要求，其主要职责是全权处理业主与承包商的建设合同事宜，进行工程进度、质量、造价控制和项目协调工作，负责监理承包商对建设合同的执行情况和业主对承包商的支付、变更及索赔等相关事宜。FIDIC 红皮书中的"工程师"（Engineer）并非是一个仅在施工阶段才独立出现的设计方以外的第三方监理，而就是设计方自身，由一个不负责设计的第三方管理专家去独立管控工程质量是不可能的。由于我国自 20 世纪 50 年代开始学习苏联后就废除了 30 年代已在我国实行的"职业建筑师体制"，当时国内设计体制中已没有对项目设计建造负责的技术负责人，没有以职业建筑师为核心建立的建设体系的语境背景，因此对 FIDIC 条款中的咨询工程师的地位和作用产生了误读，误解为需要单独设置独立的"监理工程师"。这一误解造成了我国"工程监理制"从一开始就定位失当。

"监理"一词最早见于日本建筑界，日本建筑设计事务所的法定业务内容就是"设计"、"监理"两项；"监理"的英文"Supervision"也正是美国建筑师协会 (AIA) 规定的建筑师的基本职能之一。因此，上述的国际通行的建筑师职能在我国被分割为"建筑师"和"监理工程师"两个独立部分：建筑师在无法对设计最终成果——建筑物负责的前提下进行设计，也无法在建造过程中完善设计意图；现场在无建筑师的意图和技术监控的粗放状态下照图施工，误导了技术缺位的价格竞争；监理工程师在建筑师不在场的前提下进行工程质量而非设计品质的监管，同时又被赋予了远远超过其能力和业务范围的质量责任。

"建筑师负责制"中的建筑师或称"设计师团队"之所以在国际工程实践中受到业主信任，并常常委以业主现场代表的重任，是因为最终建筑产品本身具有双重属性：它的财产权属于项目业主，但它作为一个建筑作品的著作权却属于建筑师。经过项目业主批准后的设计意图既体现了建筑师的创意，也凝聚了项目业主的投资利益和使用利益。因此，最终建筑产品本身就是项目业主和责任建筑师的共同利益的捆绑，它是否正确落实和彰显了设计意图不仅仅关系到业主的投资利益和使用利益的实现，也关系到建筑师自身的成就和荣誉。在

这一点上，监理显然无从代替建筑师。

3. 结语

2015 年开始的中国经济新常态和房地产业的失速，让建筑界和设计界都开始重新思考自己的定位，建筑师和设计企业第一次有了自发的动力去争取本该属于自己的产业链蛋糕。笔者参与的多个学会、部委、法规的改革方案和报告中，大家凝聚的共识就是需要建筑师复位、专业人士管理专业市场、个人信用和资质取代单位和挂靠，而且这一改革进程明显在加快。笔者曾经在 2011 年的注册建筑师继续教育全国培训讲师班上预言：5 到 10 年之后中国的"建筑设计院"都会改名为国际通行的"建筑事务所"，向上下游延伸以不断扩展自己的业务范围，没想到一语成谶。今天连房地产公司都急于去地产化，变身为城市运营、生活环境服务商，我们建筑师又害怕什么？建筑师需要的是重新夺回失去的专业话语权和全程控制力，需要基于互联技术、知识生产、项目管理进行精益生产的工业化革命，扎实地练好内功，就像马克思说的那样：我们失去的只是锁链，而得到的将是整个世界！

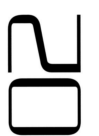

谭国治
香港建筑师学会理事
内地事务部主席
王董国际有限公司项目董事

执行建筑师与建筑师负责制

Practicing architects and architectural design services

美国建筑师注册局全国委员会，在其网站的"成为建筑师"之网页中写道："虽然建筑师的工作是着重创作与美化建筑物及构筑物的整体外观，但建筑设计则远超于创作及美化外观；建筑物不但须符合功能性、安全性、经济性，而且须满足其使用者特定的要求。然而，最重要的是，建筑须为人的健康、安全及福利而建。"[1]

由此可见，建筑师的职责范围不应仅仅是设计建筑物的外观，更重要的是：保证建筑设计的功能性、安全性、经济性。建筑师为了符合外观设计工作以外的功能、安全及经济的要求所提供远超出于图纸上的设计工作范围的服务，就是"执

行建筑师"的工作。即，"执行建筑师"负责的工作就是把图纸上的设计理念变成真实的建筑，同时负责在设计的全过程中的每一个环节，考虑如何将概念变成实物的各项工作，并最终确保建筑不但符合设计理念，而且达到健康、安全及经济的使用标准。在香港，建筑实践要求"建筑师负责制"的全程服务包括概念性设计及执行建筑师服务。因此除概念设计工作外，图纸送审、深化设计、招标施工、竣工交付使用，直到缺陷保修完结的全过程中，所有的技术、行政、管理等的工作，都是"执行建筑师"的负责范围。

不同国家有不同的法规和制度，英国和美国传统的建筑师服务，均涵盖由可行性研究、概念规划、方案设计、深化设计、施工图设计、工程招投标、施工管理、竣工验收，直到缺陷保修各个阶段的工作范畴。由于香港的法规和政府的行政制度继承英式的传统方式，因此，目前仍保留了"建筑师负责制"。现在此简单介绍一下香港的情况。

按香港建筑师学会的标准建筑服务合同《业主与建筑师就服务范围及收费的协议》，香港建筑师的标准服务有以下六阶段：

（1）启动阶段（Inception）。根据业主初步要求、投资预算、卖地规划条款，估计项目可行的发展模式；协助业主研究和制定项目的规模及经济技术指标；协助聘请工料测量师及其他顾问，确定设计任务内容和范围。

（2）规划及可行性研究（Feasibility Studies）。按确定的项目规模和经济

技术指标、投资预算，进行规划设计，并详细研究所有相关法律法规对项目规划设计的可行性有无影响；如有需要，便进行规划设计修改及申请调整经济技术指标。协调工料测量师提供项目估算，建议项目时间表，协助业主聘请设计顾问，建议施工招标计划。

（3）方案设计（Outline schematic proposals）。分析业主要求，协调及统筹所有顾问，提交方案设计，包括工程概算以复核是否合业主预算；提出需业主决定的重要设计事项，并确定设计方向。

（4）深化设计（Project Design）。协调及统筹所有顾问，提供深化设计；表达空间、物料及外形；协调工料测量师提供估算和项目计划时间表；代表业主进行所有政府部门送审提供所有图纸和资料，向屋宇署申请审批。

（5）施工图及招标阶段（Contract documentation）。代表业主获取所有相关部门的批核；按政府部门意见修改图纸，完成深化设计；协调及统筹所有顾问完成施工图、技术要求及招标文件；代表业主进行招标、审标，提供审标报告及建议中标单位。

（6）施工阶段（Building construction）。按业主定标指示，安排中标施工单位开工，并展开施工合同管理工作；定期到工地巡查直至完工；进行竣工验收；安排业主接收使用；跟进保修期内的缺陷整改工作直至保修期完结。协助完成决算及审核竣工图。

香港政府及香港开发商在聘用建筑师时，一般都要求建筑师提供以上的标准服务。甲方除了要求建筑师为建筑外观的美化而设计外，更重要的是要求建筑师根据香港建筑物条例执行"认可人士—建筑师"（Authorized Person-Architect）的法定要求，对设计及建筑全过程承担送审及监管的工作，并对最终建成之建筑物的环境卫生、安全及环保要求，履行终身负责的法律责任，即完全的"建筑师负责制"。

香港政府及成熟的大型开发商，基本上会按以下的层次考虑其项目的建筑设计：

（1）外观——一般由市场销售的角度考虑。

（2）功能——按营运、使用、物业管理等实际要求考虑。

（3）首次建筑投资——从经济及环保角度审视建筑材料的合理性、施工工艺及建筑难度、造价等。

（4）整个建筑生命周期的维护——同样是由经济及环保角度，检测将来的使用管理及营运成本、保修设备设施的要求、材料及设备的保修周期、用水和用电的能耗成本等。香港政府在每一市政工程项目立项时，就要求在向立法局申请批款的文件中都必须列明项目建成后每年的营运保修费用，以便证明建议的建筑项目的合理性。

由此可见，在香港建筑师的服务范围中，概念设计只是"建筑师负责制"全程服务的一小部分。按照整个社会和行业的传统惯性要求，都是要建筑师确保其图纸上漂亮的设计概念，能实实在在地按法规落地，达到环境卫生、安全及环保要求而建成。香港政府和开发商都是比较实在，在聘用建筑师提供设计服务时，一般都不会把"执行建筑师"的责任和设计服务分割开，为的是要避免概念设计不会因"不需负责"而变成难以落地的"超资、超时、超规范"的概念设计。但也有个别例子，"概念设计师"与"执行建筑师"是两个不同的设计单位，但由于香港法律有"认可人士"终身负责制的要求，设计师一般都从属于"认可人士""执行建筑师"的统筹之下，并以"执行建筑师"为主，承担法律法规的责任，实践建筑师负责制。

负责任的建筑设计，就应像美国建筑师注册局全国委员会提倡的"建筑物必须符合功能性、安全性、经济性，还必须满足其使用者的特定要求"。每一个设计环节都必须考虑实际的功能、安全及经济问题，而"执行建筑师"的工作，就是在这每一设计环节把关，管控到位。因此，"执行建筑师"在各阶段都需要丰富的专业知识和能力，需按实际要求，协调不同的专业，除了建筑法规以外，还需对建筑材料、建筑工艺、结构和机电系统概念、建筑经济、顾问设计管理、建筑招投标管理、合同法律、施工管理等有一定程度的了解。另外，每个阶段，

每个环节的工作又互为关联、互相影响。比如，从最初的概念设计，建筑的形状——弧形或方形，已基本上决定了材料的选择方向、施工工艺、造价及工期。又比如，不同的节点设计，在绘制施工图、编写招标文件、技术要求、造价及工期要求时的内容都会不一样。总之，每一阶段的"执行建筑师"工作都是一门专业学问，要做好"执行建筑师"的工作实在不容易。

然而，"建筑师负责制"的核心价值是维护社会人民的利益，保障人民生活环境卫生、安全及社会环保可持续发展。同时提供建筑设计服务及"执行建筑师"服务。实现完整的"建筑师负责制"，是一个值得考虑的建筑设计服务范畴发展的大方向。"执行建筑师"不但需有丰富的经验，而且需有对复杂问题的处理能力，在今天的中国如何实施，如何发展，实是值得深入研究。根据香港过去几十年实施"建筑师负责制"的经验，会有值得借鉴及可取的地方。

注释：
① 请参看：www.ncarb.org/Becoming-an-Architect.aspx.

朱盛波
华建集团现代工程建设咨询公司 总工程师

推行执行建筑师，我们要做什么

What We Should Do to Implement Registered Architects?

"执行建筑师"是最近国内建设行业的新兴话题，它的出现是因为现在项目越来越大、越来越复杂，参与的设计和咨询单位往往会有数十家，业主的管理部门的资源难以有效地掌控协调复杂的合同关系和技术问题，也难以承担失控造成的对项目损失的责任，这就需要一家技术力量和管理协调能力强的设计背景的单位来承担管理，它可以是承担主体设计的设计单位（如虹桥枢纽），可称为"执行建筑师"，也可以是提供设计管理的项目管理单位（如上海中心）。

"执行建筑师"的工作职责，在设计阶段是设计和咨询团队的总控管理者，施工阶段则是设计总监。与境外尤其是英联邦体系里较为通行的"建筑师负责制"相比，设计总控的内容是一致的，"执行建筑师"负责设计、咨询团队的采购、合同管理、进度管理、技术协调、质量管理等，对于施工有关的招标采购、监造工作主要是配合。作为项目的灵魂，他需要将项目的各种目标在设计中体现出来，

并要管理各家设计和咨询单位共同实现这些目标，还要以他对项目建设的理解，配合项目管理者整个项目全过程。虽然还达不到"建筑师负责制"全过程全方位管理项目的要求，但已经能够满足业主对项目尤其是大型复杂项目的设计管理要求，因此有能力的设计单位向"执行建筑师"发展成为业内的一个方向。现在提出建立适合中国的"执行建筑师制度"，让有能力管理建设项目全过程的建筑师来负责主导项目的实施，是政府管理部门和行业在总结大量项目基础上的冷静思考，如能推广，应该是抓住了设计这个工程的灵魂，也是我国建设行业发展的一大进步。

我们可以看到，国家高层管理层面已经推出简政放权、淡化资质资格、五方责任制等多项改革举措，并制订了时间表，相信在政府的大力推动下，建筑行业会逐步建立适合国内市场发展的"执行建筑师"制度。2015 年，上海建筑学会已经建立了建筑师项目管理平台，上海自贸区和深圳在政府管理部门的支持下，已经选了项目开始试行"执行建筑师"制度，待条件成熟逐步推广。

1. 推行"执行建筑师"存在的问题

（1）市场接受程度。大多数业主应该欢迎"执行建筑师"所做的总控管理工作，但未必能认识这些工作的价值，既然增加不到多少收费，设计单位的投入就会有限。

（2）配套政策。2014 年的 1573 号文和 2015 年的 299 号文全面放开了勘察设计价格，实行市场调节价，问题是"执行建筑师"的工作没有界定和收费标准，许多业主需要提供收费依据时，只能找到 2002 年标准中的主体设计协调费（相当于基本设计费的 5%），显然是不足的。

（3）行业标准。放开价格以后，行业对于设计的服务和计费参考价还未出台，对于"执行建筑师"的工作标准和计费更是付之阙如，设计单位的议价地位本来就弱势，增加的总控管理工作变成了增值服务，却收不到多少费。

（4）供方的水准。由于"执行建筑师"的工作刚刚在一些大型设计单位推出不久，部分设计单位和从业人员的观念还没有从单纯设计转到全面管控项目的整个设计全过程，能力方面也没有达到执行建筑师的全面要求，服务只能是被动的配合而不是主动的管控，影响了市场对这项服务的认可程度。

2. 推动"执行建筑师"制度的四项建议

（1）政策。制定"执行建筑师制度"的法规，明确"执行建筑师"的法律地位、权力、责任。可选一些国资项目作为试点，起到引领作用。现在的五方责任制是一个很好的起步，但是建筑师（也包括监理）的权力和责任严重不对等。

（2）行业。设计行业协会要制定"执行建筑师"的服务内容、工作标准、收费标准。除了"执行建筑师"承担的设计工作以外，他的设计总控管理可认为是全过程项目管理服务的一部分，按项目造价的一定比例收取。另外，也可参照国外设计和咨询的办法，按投入不同级别、能力的人工计时取费。

（3）设计单位。首先是观念更新，从被动的设计人角度转为从业主角度管理设计；其次是组织架构和管理方式调整，建立以"执行建筑师"为首的设计、采购、管理项目班子，以及合理的利益分配机制、灵活的资源管理和技术支持方式。

（4）人才培养。从业单位要吸收和培养有专业背景的复合人才，例如除了设计胜任能力以外，还具备沟通协调、团队领导、采购招标、合同管理、造价控制、施工管理等方面的能力和知识，为进入"执行建筑师"市场和日后进入"建筑师负责制"做人才储备。

虽然"执行建筑师"还只有部分项目试行，大型设计企业作为行业的引领者，应积极参与和促进这项举措。通过建设项目各参与方的合作，包括政府、业主、设计、咨询、承包商等，设计行业可以创建适合项目要求的"执行建筑师"服务方式。设计单位通过提升自己，也使自己的市场竞争力始终保持高位，逐步达到市场对执行建筑师的要求。

另外，随着"一带一路"的开拓和国内建设行业的改革，会带来建立"建筑师负责制"管理项目的需求。将来条件成熟以后，"执行建筑师"可以将工作内容扩大到施工有关的采购招标、进度管理、造价管理、施工监造、质保跟踪等境外"建筑师负责制"的其他内容。

黄向明
上海天华建筑设计有限公司

执行建筑师——技术与艺术完美结合的实践者

Registered Architects——Practitioners Combing
Technology and Art Perfectly

一个优秀作品从构思至建成，包含"创意"和"执行"两部分，特别是大型复杂的工程项目，需要出色的"创意建筑师"和技术扎实的"执行建筑师"来

共同完成。"执行建筑师"（Executive Architect，EA）负责制是目前国际上通行的建筑服务模式，这种模式既为投资方找到一个减轻负担、提高效率、避免盲目指挥、依靠专业人士获得优秀项目的机会，同时也为建筑师提供了一个发挥自己专业素养，实现设计理想的舞台。要在这个舞台上演绎令人难忘的作品，势必对建筑师提出了更高的能力素质要求。

国内"执行建筑师"业务长期被外资设计咨询公司垄断，这些公司较为熟悉"执行建筑师"体系的具体操作方式和业主的需求，与我国传统设计行业设总负责制存在较大差异，国内设计院一般不太适应此操作模式。

2010 年开始，上海天华建筑设计有限公司陆续承接了港资瑞安地产的多个项目，在上海创智天地二期、重庆化龙桥、"虹口新天地"——瑞虹新城等一系列项目中均采用"执行建筑师负责制"模式，从最初的"摸着石头过河"到最终获得瑞安业主的高度评价，在实践之路上我们寻找出工作范围的差异点，挖掘了操作模式上的盲点，并不断改进完善。

"执行建筑师负责制"服务涵盖三大内容：项目设计及管理、施工管理和质保跟踪。

（1）项目设计及管理：国内项目设计流程一般以业主为主导。业主统筹协调、管理参加项目的所有设计顾问，并向政府部门进行征询、报审等程序。其中设计院只负责完成建筑主体设计并通过政府审查，设计总负责的主要工作为设计院的对内管理和对业主、政府的沟通。而采用"执行建筑师"管理模式的项目，业主授权于"执行建筑师"，增加大量原本业主承担的对外管理工作，对设计质量、效果、进度、成本、施工需有全面控制的意识，项目管理的广度和深度远高于传统方式。项目中聘请的专业设计顾问众多，通常包含建筑方案、建筑 LDI、结构、机电、景观、室内、商业策划、酒店策划、泛光、标识、幕墙、声学、绿建、交通、人防、第三方结构等多家专项设计顾问。在"执行建筑师负责制"中，虽然建筑师不能完成其设计专业之外的设计工作和内容，但是建筑师有计划、有方法、有责任领导、组织、管理和协调所有专业工程师、设计师和艺术家为工程提供所有所需的设计。

（2）施工管理：工程建造阶段的施工管理是"建筑师负责制"中建筑师工作的另一个重要环节。除了提供设计交底、设计变更和补充、验收外，建筑师还必须继续负责施工招投标、管理施工变更、监督现场施工、主持工程验收等工作。

招投标阶段"执行建筑师"全程参加招标工作，包括协助业主拆分合同，合理划分标段界限，防止重复和责任模糊的区域；参加资格预审、现场踏勘、答疑和询价等会议并准备技术问卷，提交技术分析报告供业主最终判断。

（3）施工阶段：审核批复施工深化图纸、施工所有材料、施工观测样板、控制样板；审核批复施工中所有变更事宜；定期协调各相关单位进行现场设计会议，对所有问题进行追踪；完成施工评估报告和竣工报告。建筑师根据合同及管理具体条款，通过审查深化图纸和材料控制项目的最终效果；审查观测样板和质量控制样板以明确项目的质量水准；批复变更单来明确问题属性和责任，并控制造价。

（4）质保跟踪：目前国内工程施工的缺陷责任期一般为1年。因此，在投入使用后，物业、招商运行会提出一系列需求和问题，及时回复使用中所遇到的问题，督促施工单位整改。

目前，"执行建筑师"完成的工作范围和深度已远远地超出了国家对建筑师的法定服务要求。在国家政策层面还不能提供清晰的职责界定的情况下，在实际项目建设单位与设计公司的服务合同中，任何服务要求和内容应该详细地给予具体阐明和约定。在合同谈判、执行阶段，重视合作双方利益和责任对等的原则，建筑师需要按照合同内容及时、周到地提供服务，同时也按约维护自身正当利益。

"执行建筑师负责制"的引进和推行，一方面是对建筑师的传统工作提出挑战，另一方面也提供了一个追赶国际一流建筑师的机遇。如何不断提升建筑设计服务水平，需要在项目实践中不断地学习、总结和发展，达到技术和艺术完美结合的高度！

王伟庆
利比有限公司 董事

建筑师负责制可以有效地改进当前的工程管理现状

Practicing architects and architectural design services

1.问题的提出

众所周知，工程设计文件能否达到工程项目建设需要的深度是工程项目管理是否成功的最重要因素。大量的项目实践已经证明，我国目前工程设计文件深度仍然与定额结算制度相吻合，如关于材料，设计院仅提供材料的用料和做法，不提供建议品牌；关于机电设备，设计单位仅提供主要设备、器材表，并标明名称、性能参数、计数单位、数量等，也不提供设备材料的建议品牌，某些机电施工图

需待业主采购了设备后才能设计；关于幕墙工程、弱电工程等，设计院不负责招标图或施工图的设计。由于国内设备及材料的种类多且品质差异大，上述设计文件的状况给工程项目管理带来如下问题：

（1）业主无法开展可靠的造价估算、概算、价值工程的分析，不能确定设计、造价及技术的三者统筹兼顾的造价控制目标，从而也不能有效地进行造价目标的分解及实施分部分项工程的限额设计，最终导致造价控制目标的可靠性低，造成预算超概算、结算超预算，造价控制目标失控的结果。

（2）工程量清单内只得大量采用暂定价，很多设备材料通过批价、核价或审价的方式确定价格，一则价格缺乏市场的充分竞争，二则如批价核价不能满足施工单位的要求，施工单位往往以此为借口拖延施工，从而影响现场的工程进度控制。

（3）因为设计文件不完整，业主不得不采用开口合同，进而引致合同的严密性差，纠纷争议多，增加了工程合同管理的难度。

（4）业主不得不将合同分拆，采用大量的甲供合同或甲定乙供合同，合同数量少则几十个，多则上百个。如此，一则导致项目的合同关系相当复杂，增加业主合同及工程项目管理的难度，二则既影响工程进度控制，又对工程质量的控制带来不利。

（5）幕墙及弱电等的设计往往委托专业施工单位承担，而施工单位提供的图纸往往是排他利己的，这就给业主的招标公平性、竞争性带来不利影响，有时甚至影响到工程的进度控制。

（6）由于业主方有众多人员参与了合同采购、审批、管理、验收等环节，并且拥有较大的权利，业主很难对每一个合同实施全程有效监督，在实施过程中，容易出现腐败等问题，造成人员管理控制的失控。

2.建议及好处

结合笔者近二十多年中外资工程项目的实践经验，笔者认为实行建筑师负责制能够有效改进当前的设计文件深度以及工程管理现状，具体建议如下：

（1）根据项目的性质及特点，结合设计院的不足，聘请必要的专业设计单位，在建筑师的统领下，由设计院及专业设计单位负责完成相关专业工程的方案设计、初步设计、招标图或施工图设计及编制相关技术要求文件。专业设计单位应包括幕墙、弱电、精装修、视听、噪音控制、厨房、洗衣房、泛光照明、标志标识、景观及绿化、影音、基坑围护等各类专业。

（2）在建筑师统领下，设计院及各专业设计单位应积极参与设计阶段的方案比较、价值工程分析、造价规划活动，协助业主及造价顾问确定项目的造价控制目标，并按获得业主审批的限额进行限额设计，设计成果文件必须达到包干计价的深度要求。

（3）在建筑师统领下，设计院及各专业设计单位需要参与各专业工程招投标阶段工作，包括提供招标图及技术要求文件、负责技术标的回标分析、准备疑问澄清、参与询标、编制回标分析报告、提供推荐报告，以及编制合同图纸等。

（4）在建筑师统领下，设计院及各专业设计单位还要分别负责对各自专业工程施工阶段工作的监管，包括对由施工单位完成的深化设计图纸的审批，以及负责设备材料的审批、施工质量的监控、合同技术内容的管理等，而整个项目进度的管理则由建筑师负责。

（5）在建筑师统领下，设计院及各专业设计单位还要分别负责对各自专业工程竣工验收阶段的管理，包括参与调试、验收、发现缺陷、提出整改意见，签发竣工证书等。

根据实践经验，上述的建议会给项目建设带来如下好处：

（1）根据项目性质，引进相关专业设计单位，使得项目的每一个专业都有相应的专业设计单位负责，从而有利于设计院及专业设计单位之间的协调及配合，有利于减少设计矛盾及冲突、控制设计进度。

（2）因为有了各专业设计单位的参与，建筑师可以从项目伊始就进行设计方案的技术经济分析及比较。通过技术设计经济的整合，可以确保项目的性价比最优，使得项目造价得到最佳的配置，确保业主的每一元投资都花得物有所值。

（3）通过设计院及专业设计单位的参与，建筑师可以确定项目的可靠造价控制目标，及各分部专业工程的造价控制目标。同时，设计院及各专业设计单位可以按造价控制目标进行真正意义上的限额设计。

4）因为由设计院及专业设计单位提供完整的设计图纸及技术要求文件，专业工程就可以采用总价包干的计价模式，通过充分竞标获得最有竞争力的合同总价。同时，又能减少批价核价审价、甲供或甲定乙供带来的造价失控及工程项目管理失控的风险。

（5）因为设计院及专业设计单位参与了技术回标文件的分析及询标，各投标单位的技术标疑问可以得到充分澄清，从而避免可能的技术风险，也保证了合同总价的可靠性，减少了施工过程中的争议，有利于施工的进度、造价及质量控制。

（6）因为设计院及专业设计单位需负责施工过程中的深化图审批及设备材料审批，建筑师就能进一步加强对施工单位的施工过程管理，确保施工与原设计的要求相吻合，减少施工单位偷工减料、偷梁换柱的风险，保证工程的质量控制。

（7）通过设计院及专业设计单位全方位地参与设计、招标、施工及竣工验收阶段的技术管理，真正体现专业工作由专业人员负责的理念。

（8）通过引进专业设计单位，建筑师可以获得更多新的工程项目管理方法、新的开发理念、新的技术等，可以大幅度提高建筑师的工程项目管理能力。

由上可知，专业设计单位的参与大大地改善了建筑师负责制的每一个环节，使得整个项目的造价控制、合同管理、质量管理在设计、招标、施工的每一阶段都得到有效保证，从而实质性地改进了整个项目的工程项目管理质量。

3.注意事项

由于参与项目的专业设计单位多，因此清晰、严格的划分各方职责是非常重要的。同样，如何界定专业设计单位与本地设计院的工作界面，减少重复工作，也是整合设计单位时需考虑的问题。只有各方职责清晰，才能够做到"各负其责、各司其职"，项目的运行才能有条不紊，最终达到预期的工期、造价、质量等目标。如某超高层办公楼项目采用的是建筑师负责制，有关的设计院与专业设计单位之间的整合关系如下：

（1）建筑设计单位：聘请境外的建筑设计单位，由其负责建筑的方案设计、扩初设计、审核本地设计单位施工图设计是否符合建筑原设计要求。

（2）本地设计院：负责审核建筑设计单位完成的方案设计及扩初设计是否符合规范要求，负责建筑施工图设计，负责结构、机电等方案、扩初及施工图设计、精装修机电施工图设计、景观绿化施工图设计，配合现场施工，参与工程验收。

（3）基坑围护设计单位：负责围护的方案、施工图设计。

（4）机电专业设计单位：提供机电设计要求供本地设计院参考，审核及完善本地设计院完成的机电工程方案、扩初及施工图设计，负责弱电工程的方案、扩初及招标图设计，参与机电工程的性价比分析及价值工程分析，编制机电工程材料设备标准及技术要求文件，负责技术投标文件的回标分析、询标及评标，审核施工单位编制的深化施工图，负责施工单位送审材料及设备的确认，负责有关技术方面的合同疑问澄清，参与工程的竣工验收。

（5）幕墙专业设计单位：协助建筑设计单位选择幕墙方案，提供实现幕墙设计方案的技术设计，参与幕墙工程的性价比分析及价值工程分析，编制幕墙的材料标准及技术要求文件，编制幕墙招标图，负责技术投标文件的回标分析、询标及评标，审核施工单位编制的深化施工图，负责施工单位送审材料及设备的确认，负责有关技术方面的合同疑问澄清，参与工程的竣工验收。

（6）室内精装修设计单位：负责精装修方案设计，编制精装修招标图及技术要求文件，提供材料样本，负责技术投标文件的回标分析、询标及评标、投标样品样本审核，审核施工单位编制的深化施工图，负责施工单位送审材料及设备的确认，负责有关技术方面的合同疑问澄清，参与工程的竣工验收。

（7）景观绿化设计单位：负责景观绿化方案设计，编制招标图及技术要求文件，提供材料样本，负责技术投标文件的回标分析、询标及评标、样品样本审核，

负责施工单位送审材料的确认，负责有关技术方面的合同疑问澄清，参与工程的竣工验收。

（8）泛光照明设计单位：负责泛光照明方案设计，编制招标图及技术要求文件，提供设备材料样本，负责技术投标文件的回标分析、询标及评标，审核施工单位编制的深化施工图，负责施工单位送审材料及设备的确认，负责有关技术方面的合同疑问澄清，参与工程的竣工验收。

（9）标志标识设计单位：负责标志标识方案设计，编制招标图及技术要求文件，提供设备材料样本，负责技术投标文件的回标分析、询标及评标，审核施工单位编制的深化施工图，负责施工单位送审材料及设备的确认，负责有关技术方面的合同疑问澄清，参与工程的竣工验收。

当整合了本地设计院及各专业设计单位的工作界面，完善了设计院及专业设计单位在项目建设各阶段的作用后，工程的设计、招标、施工就能有条不紊地进行，建筑师负责制才能充分地发挥其作用，项目的造价控制、合同管理及进度控制才能从根本上得到保证。

党杰
华建集团华东建筑设计研究总院第二建筑设计事业部 总建筑师、设计总监

关于"执行建筑师"

Practicing architects and architectural design services

1.什么是"执行建筑师"

"执行建筑师"其实是英文 Executive Architect（EA）的直译。"执行建筑师"被读者所熟悉，是在港资房地产公司，如香港新世界、新鸿基、恒隆、瑞安集团、九龙仓、太古等总部在香港的公司所投资建设的项目中出现。他们往往要求在其投资建设的项目中设立一个设计顾问团队管理者的角色，即"执行建筑师"，由其组建设计顾问团队，对整个设计顾问团队进行管理。

2.为什么要实行"执行建筑师"制度

一个项目的成功与否，其实应该以贯穿整个设计建造的过程来衡量。一个好的设计能否真正落地，能否自始至终贯彻设计之初的概念和对整个投资的把控，将直接影响到这个项目的最终品质和完成度。通过多年成熟的运作和实践证明，"执行建筑师"这一制度是能最好完成上述要求的管理模式。

3."执行建筑师"与项目管理（PM）的区别

EA与PM有交集，也有不同之处。首先，责任主体不同，EA是由项目的

负责建筑师来担当，而 PM 则可由专业的管理团队来操作；此外，EA 的工作范围包含但不仅限于 PM 的内容，比如 PM 的涉及范围大都仅限在"管理"层面，而 EA 在管理过程中，会有大量的不属于政府要求和施工要求的"特殊"的设计图纸，而这些图纸在业主的招标和投资控制及品质把控中却非常至关重要。所以，应该说 EA 是将设计与管理完全融为一体的一种服务模式。

4.国外"执行建筑师"的发展情况

正如前面所说，读者所了解的"执行建筑师"制度基本都来源于国内港资企业的商业地产项目，整个操作模式和程序也是基本相同。由于我所在机构的项目大都在国内，投资来源也比较单一，所以在国内能有所了解的也就是英国、香港模式的执行建筑师管理制度。虽然我有过在海外（中东）设计项目的经历，而且该项目的管理方式也类似于执行建筑师制度，但总体比较粗放，没有形成一套完善有效的体系。

5.中国实行"执行建筑师"的条件、可行性

首先我认为在中国应该大力推广"执行建筑师"的制度，只有这种管理方式才能在严格控制投资造价的同时，又保证建筑的品质和完成度。不过目前在国内推行"执行建筑师"制度存在两大瓶颈：一是国内投资商对"执行建筑师"的需求和认识；二是"执行建筑师"的人才短缺。实行"执行建筑师"的项目的收费，不是根据传统的投资或面积来确定，而是根据服务的时间和人数来确定，这就需要业主有这方面的意识，否则这一远远高于普通设计费的收费标准对业主来说是很难接受的。

另外，"执行建筑师"对建筑师责任人的要求非常高，目前国内这样的人才十分缺乏。

6."执行建筑师"和"注册建筑师"的关系

其实"执行建筑师"所要了解的整个项目的知识面同"注册建筑师"是完全一样的，所以，有"注册建筑师"的知识背景再做"执行建筑师"会相对容易些，但"执行建筑师"的知识面要更广，处理问题的能力也要更强，可以说"注册建筑师"是基础，"执行建筑师"是实践。

7.建筑师成为"执行建筑师"所需的技能

如前所述，作为"执行建筑师"，要有涉及整个项目的各个专业的丰富的知识背景以及高效的管理经验，具体有以下多个方面：了解项目业主、设计顾问团队组成构架；了解合同条款对项目设计的影响；掌握项目进度管理；掌握项目需求（来自业主方、运营方的标准，政府批文及意见），可预见及判断其对设计所产生的影响及后果；了解除建筑专业以外其他专业的基本原则知识，并可据此判断各专业间的影响；了解招标图、技术规范、施工分界表之间的关系，并统筹各顾问提供招标图纸及技术规范，或相关资料；可预见图纸在实际施工过程中存在的难点；具备适应职业特点的思维方式。

陈惠明
嘉里建设有限公司 顾问
博士

站在建设前线的建筑师

Practicing architects and architectural design services

1.建筑师的角色

若把建设项目的项目经理比作电影制作的导演，那么建筑师就是编剧，建设单位则是制片人。要建设完成一个项目，如同制作完成一部电影，三者缺一不可，且要通力合作。当然，能否获得奥斯卡奖是另外一回事。鉴于三者密不可分的关系，讨论谁的位置或作用更重要其实没有多大意义，因为三者的分工及责任是项目建设运作的基础。本文要说的是建筑师的角色。

2.建筑师的责任

"建筑师"一词原意是总建造者，是建筑团队的领队。既然是编剧，首先得有剧本，建筑师的剧本就是设计图纸和说明。作为领队，建筑师有责任向其他团队成员提供并清楚解释其设计意图，提供图纸作为设计施工的依据。虽然现代建设项目都是分工合作，但是建筑师的领队地位并没有多大改变。不难想象，建筑设计一旦修改，其他设计及施工程序都会受到影响。设计修改难以避免，所以在长期合作的设计团队之间，都会形成一种默契，分先后、有节奏地提供设计资料。若团队未曾合作，或建筑师未能有序地提供设计资料，整个团队都将无法有效配合，各方必在时间和经济上蒙受损失。损失一旦发生，挽回的机会微乎其微。

设计阶段的图纸修改或者未定案，不一定是建筑师的责任。建设单位或其项目经理很多时候是始作俑者。说这是建设过程中难以避免的问题并导致各专业设计顾问只能尽量迁就也未尝不可。但是，设计定案或者施工开始后出现设计修改，问题就严重得多，建设单位和施工单位均会蒙受损失，施工单位很可能因此提出索赔。建设单位的项目经理若未能把好此关，对项目来说，既折损时间又浪费金钱。

现时国内设计院很多时候都未直接参与到建设合约团队里。这种制度下，建筑师与施工单位无直接责任关系。 建设单位与施工单位之间受施工合同制约，而建筑师作为主要建设主体内容的提供者却被排除在该合约责任之外，这种松散的安排存在很大的弊端。国际上，很多时候建设单位几乎全权委托建筑师对施工合同进行管理，建筑师的指令就是唯一指令。甲方对指令内容有不满，只能按照与建筑师的合约条款保障其权益。当然，建筑师也不会不顾建设单位的利益而一意孤行。基于合约内容和合约执行的公平性，建设单位和施工单位将合同执行权交给较为中立的第三方，即建筑师。

然而，现时项目的规模越来越大，合同分工也越来越复杂，金额动辄以亿元计。此时建设单位若将主导权全权交给建筑师，显然不现实，亦不公平。因此折中的方法是指令仍然由建筑师发出，但须由建设单位认可后方能生效。如果出现合同争执不下的问题，则交给仲裁中心裁决。这种合约关系，看似复杂，责任似乎不清晰，实质上对各方更具约束力。因为指令一出，意味着建设单位与建筑师在合约框架内意见一致，施工方无须再猜测建设单位的意图。对建筑师而言，

指令一天未发出，责任仍然在建筑师，仍有要及时提供设计资料并发出执行指令的压力。如若因建设单位的原因指令未能及时发出，此时建筑师的责任也会较容易分判。

建筑师的另一个责任就是要保证项目各项设计满足相关规范及法规的要求。对于不能满足规范和法规要求的设计，建筑师不能加签和发出指令。如若建设单位单方面发出不符合规范和法规要求的设计指令让施工单位执行，建筑师应免责。若此时施工单位不理会指令是否按照合约规定由建筑师和建设单位共同确认发出，按照甲方单一指令实施，则需承担由此产生的合约风险。需要说明的是，虽然建设单位与设计院签署合同，由设计院委派建筑师以个人名义履行与法规有关之责任，但在合同管理部分，则是由设计院作为法人执行。

总体而言，建筑师参与到建设合同内并作为合同执行人是行之有效的合同模式，并不会增加任何一方的风险和合作内容，更不应增加成本。因为，这就是建筑师本应承担的责任。

3.建筑师是总建造者

正如本文开头提到的，建筑师如同电影编剧，其任务是从构思项目开始直到项目按照设计要求交付使用，从始至终都是项目建设团队的重要一员。建筑师不但有责任也非常有必要站在施工团队的前方发挥其总建造者的作用，才不负使命。

刘浩江
华建集团上海建筑设计研究院公司建筑一院总建筑师、设计副总监、第一建筑设计所 所长

试谈执行建筑师的素养

Practicing architects and architectural design services

近来，国家采取一系列的政策措施旨在推进建筑行业市场化进程、提升建筑质量。此前，全国范围内的建筑工程质量终身负责制已强制性普遍推行，上海自贸区拟率先尝试建筑师负责制，深圳前海也拟推出项目总建筑师负责制……在建筑师负责制逐步走近的大背景下，"执行建筑师"已经成为业界的热词。

在行业配套政策、规定、实施细则尚未正式出台之前，对"执行建筑师"目前尚无法给出统一明确的定义，亦无法详知国内未来对"执行建筑师"在权利、责任、工作流程等方面将进行怎样的约定。"执行建筑师"作为建筑师负责制模式下的设计团队首要负责人，除了负责全程管理建筑设计工作（方案、初步、施工图及施工配合）外，还可能将负责管理主体设计之外的其他所有专项设计，并将同时参与项目的前期策划、中期采购、施工管理及后期保养维护等工作。"执行建筑师"在获得对项目拥有更多话语权的同时，也必然将在工程质量、进度、

成本等控制方面承担更多的责任。显然，这个模式对"执行建筑师"的专业技能与综合素养会有更高的要求。

首先，在认知层面，"执行建筑师"必须具备良好的职业精神和敏锐的全局意识。建筑设计作为一项特殊的服务，其根本意义就在通过技术创意服务为社会、为客户创造更多价值。建筑师的服务对象远不局限于项目业主本身，他更应该对建筑所处的城市、区域环境、周边群众、潜在客户及整个建筑活动所有利益相关者负责，"执行建筑师"的终极目标应该是通过技术服务，引导各方去追求城市与建筑的真、善、美，追求多方共赢。在市场经济的条件下，商业利益的驱动使得人们经常会被眼前利益和局部利益所迷惑，存有良知、守住底线、保持对环境的敬畏、保持对公众的关爱、保持对项目的忠诚是"执行建筑师"起码的职业精神。同时，在建筑师负责制下，"执行建筑师"的关注面将不仅仅局限在技术设计与技术协调方面，他需要更广博的视野及更敏锐的市场研读判断能力，这是其顺利落实对建筑项目全程负责的岗位需求。由于工作范围及责任范围的变化，"执行建筑师"必须跳出单纯技术服务的苑围，从更高的全局层面、市场层面去思考和探索。

其次，在技能层面，"执行建筑师"需要完备的专业知识及专业技能储备。在建筑师负责制下，"执行建筑师"需要管理协调更多的专项、专业设计公司或顾问公司，需要紧密联系现场各参与方，也需要适时与政府部门及行业主管部门沟通。显然，除了熟知常规建筑设计相关的建筑、结构、机电专业基本知识之外，"执行建筑师"仍需要对诸多专项设计及施工相关的规程、规范、法令、产品、材料等专业知识有充分了解。无论如何，技术服务仍将是建筑设计行业的整体定位，完备的专业知识及专业技能积累仍将是"执行建筑师"及其团队的立身之本。

第三，在执行层面，"执行建筑师"应具备强大的资源整合能力及综合管控能力。在市场化、信息化的时代背景下，建筑业内设计、咨询、建造、建材等各子行业均已充分发育细分。"执行建筑师"绝不可能是一个人作战，他必须全力整合不同阶段工程进展所需要的众多专业技术团队，通过借助对周边资源的利用，逐步实现自己的设计及管控意图。在面对一些重大或复杂项目时，"执行建筑师"可以通过组建一个"设计管理团队"来落实对整个项目设计相关工作协调与管控。因此，作为设计团队的负责人或代表人，"执行建筑师"必须有良好的沟通能力、资源整合能力及综合管控技能。

第四，在风险控制层面，"执行建筑师"需要良好的合同与法律意识。在建筑师负责制模式下，"执行建筑师"需要承担更多的责任与风险，除住建部的文件中明确列出的诚信责任、职业责任、行政责任、刑事责任、经济责任等建筑设计终身责任外，新模式下的"执行建筑师"将会面临更多的合同及法律责任。工程项目的全程管控周期漫长、参与方众多、环节繁杂，任何决策或操作的不慎均可能引发责任风险。随着国家法律体系的逐步完善，良好的合同与法律意识及相关知识对"执行建筑师"也日益重要，这亦是其尽力维护社会及客户利益、控制团队及个人风险的必备素养。

以上，仅仅是对"执行建筑师"必备素养的尝试性解读。"执行建筑师"这个词业内建筑师来说其实并不陌生，但或许以后国内对"执行建筑师"会有不同的阐述。不管其责权范围将来如何界定，建筑师负责制的尝试或推动至少在传递一个明确的信号，国家对建筑工程的质量更为关注，对建筑师在建筑工程项目中的主导地位也更为重视。

可以想象的是，建筑师负责制的推行，将对现有工程领域设计、采购、施工等各相关环节既有规章制度、组织模式、利益格局等产生极深远的影响，当然，这一模式的转变也必然需要相当长的磨合周期。不管宏观制度如何调整及改变，不同的地域、不同的业主、不同的项目、不同的合作方、不同的设计团队配置总会为"执行建筑师"营造出迥然不同的微观执业环境。已经诸多责任在肩的建筑师，面对可能到来的游戏规则变化，除了用一个积极的心态面对之外，唯一还可以做的就是不断地学习、不断地提升自身及团队的综合技能与素养。

王建国

中国工程院院士
东南大学教授
教育部"长江学者奖励计划特聘教授"

1.王建国肖像
2.墨尔本港口区：曾经的仓库现已改造为游船码头

后工业时代的取与舍
访中国工程院院士、东南大学王建国教授
Take with Abandon in Post-industrial Era
Interview with Prof. WANG Jianguo of SEU, Chinese Academy of Engineering

代表作品

南京总体城市设计；
郑州市中心城区总体城市设计；
南京明城墙沿线地区城市设计；
杭州西湖申遗东岸景观提升规划等。
中国国学中心；
绵竹市广济镇文化中心和便民服务中心建筑群；
盱眙大云山汉墓博物馆；
东晋历史文化博物馆暨江宁博物馆等。

1. 后工业时代特征

H+A：您认为后工业时代的特征是什么？

王建国（以下简称"王"）： 后工业时代在广义上包括社会学，经济学等，我们讲的后工业时代，主要是从工业生产方式和类型的一种转变，即从过去劳动密集型产业向第三产业转型。这就意味着过去传统的工人阶级曾经工作生活的场景在当代发生了很大的变化。这种产业的发展有两种趋势：一种是随着时代的发展被逐渐的淘汰，另一种是被升级改造。前工业时代，工厂主要以煤炭、电力为主要动力，物流主要依靠铁路和水运。而后工业时代则是由这些传统特征慢慢转变成一种新型的生产和经济的形态。这个过程大概在 1960 年代末，在世界上就开始了，有学者称之为是"de-industrialization"，我把它翻译成"逆工业化"。

这一过程直接导致了工业仓储等用地的转型问题，即历史上留下建筑、设施和场地到底怎么用的问题。比如墨尔本维多利亚港口原来用于船只的水陆转运，集装箱运输后，大量化的运输更加需要深水的港口，那么港口原先的功能和场地形式也需要改造了（图2）。另外一个后工

业时代特征是中国特有的，即小作坊式生产方式的消亡。传统的以个体加工或者作坊为主的生产方式正在经历一个新的整合的过程。比如过去的街道工厂到了后工业时代肯定被兼并或者转移他用，像上海的泰康路田子坊改造（图4）。

还有就是区位的转变，随着城市的扩张，过去的郊区已经处于市中心的位置，即出现地位区位上的衰退。显然在新型的城市发展过程中，如果仓储、码头或者一些工业用地继续运作，显然在社会的发展或者经济上会产生很多问题。

H+A：您对这些转变持什么态度？

王：后工业时代与城市规划设计比较有关的问题主要是区位问题，以及对遗留建筑、场地几设施怎么处置的问题。这些场地虽然今天可能不再作为原来的用途，但它可能见证了这个城市特定的文明发展阶段。我个人的观点并不是所有的这种区域都要保留下来，但是每个时代那些最有特征，或者具有某种时间标识意义的是应该留下的。新陈代谢是城市发展的基本规律。城市作为一个博物馆，是指每个时代最有价值的东西留下来，才会变成一个博物馆，而像博物馆式地去保护一个大的区域，或者说一个城市，除了特定情况，是不具普适性和现实意义的。

2. 城市更新历程

H+A：您研究了非常多国际上先进的案例，能不能讲讲国外城市更新的发展历程？

王：1955年，英国伯明翰大学里克斯（Michael Rix）发表了"产业考古学"论文，该论文具有划时代的意义。文章第一次从学术角度提出要关注当代的工业变迁，强调应该对工业发展中一些具有文献价值的东西进行历史性考证，避免人类文明在工业发展历程中湮灭。

在此之后，各个国家包括日本、法国、英国、美国，开始出台了一些法规和条例。到了1980年代就明确提出"产业景观"概念。1975年欧洲设立"建筑遗产年"，那个时候人们其实已经感觉到对产业遗产保护很重要。比如现代建筑发展历史上最大的跨度，最高的空间乃至足心的建筑材料都是在工业建筑的建设中首先实现的。如贝伦斯（Peter Behrens）1908年所设计的柏林通用电器公司透平机车间被认为是第一个真正的现代建筑；格罗皮乌斯（Walter Gropius）1911年设计的法古斯鞋楦厂是在欧洲第一个完全采用钢筋混凝土结构和玻璃幕墙的建筑物。产业类建筑常常表达出与民用建筑和公共建筑所不同的那种原始、粗犷和力量之美。由于建筑形式的文化认同问题，当时大量的一般建筑大多还是乐于采用具有一定装饰的建筑风格。我认为工业生产最忠实地表达了我们现代建筑的诚实性。它具有一种天然的形式、功能和空间的最佳组合。因为无论是住宅、文化建筑或者宗教建筑，都会有另外一种附加内容的存在。所以我感觉工业建筑研究特别有意义。

3. 世界城市论坛做产业遗产保护主题发言
4. 田子坊
5. 789厂房改造成另类的艺术品展厅
6. 今日SOHO
7. 松山烟厂厂房室内举行建筑院系毕业展览
8. 已经被列入荷兰国家纪念物的原煤气厂建筑

H+A：所以差不多 20 世纪 80 年代这种意识就有了。

王：对。 1998 年，巴塞罗那国际建协 19 届大会就已经提出城市"模糊地段"（Terrain vague）概念，包含了诸如工业、铁路、码头等被城市中被废弃的地段。在这种地段中的城市更新中，大家还不太明晰怎样去处置。到 2002 年，国际建协柏林的大会就提出了"资源建筑"的概念，其实"资源建筑"就是指的旧建筑改造。在柏林参观的会议组织的旧建筑改造案例里面包括鲁尔工业区的改造，有关专家介绍了鲁尔实施"IBA"十年的成功经验，当时给了我很大的震撼。

其实，中国关注产业建筑更新改造问题并不太晚，2002 年已经有过一些初步的成果和实践。我大概是在 1990 年后半期开始关注这一课题，当时我在国际建协柏林大会上也参加了相关成果汇展（图 3）。当然我们在高校的研究虽然有一定的系统性，但是案例的支撑不是我们的强项，但在当时的中国也已经有了。

H+A：能否介绍下当时中国工业建筑改造的情况？

王：上海泰康路的改造开始的比较早，M50 也很早前就已经有了。但产业类建筑和地段改造再生经常不是那么一帆风顺的，最早没有人关注，场地和建筑租金比较便宜，如北京的 798，很多艺术家进去，慢慢把地段炒热升值以后，业主就把他们赶走了，因为艺术家付不起租金跑

到宋庄去了（图 5）。纽约 SOHO 也是这个情况，那里的艺术家工作室已经很少了，路易威登、普拉达、香奈儿、苹果旗舰店全进去了。我大概是在前几年去看过，出乎我的意料（图 6）。

3. 工业建筑改造

H+A：那么工业建筑改造存在着哪些问题？

王：最关键的就是产权问题，而且这个问题回避不了。唯利是图的市场导向，最初也许会是有效的，但到一定程度又有很多的问题。如果全靠政府去用政策保障和财政托盘也做不到，所以这个事情很难弄。

这里还有社会公平的问题。比如说这个地方是归于原来工厂，那么增值的利益归谁来分享？这是个很简单的问题，由这个地块的承包商或者公司改制之后的领导来获得剩余的价值。那工厂里面还有那么多下岗的工人怎么办？

另外还有一点就是艺术家的使用都是片断、零星、个体的使用，但是对于整个环境的一种城市性的基础设施的支撑和道路改善是做不到的，如上下水、供电、通讯、热力线路等。要既保留个体的活力，又要保证城市的基本公平性，面对既有的、而且是形态为主的城市问题，我觉得城市设计比城市规划有效。因为城市设计可以通过设置一些政策规范，让公众和社会参与环境的改善。这就是为什么要在一个城市设计的平台上去组织会比较好。这一点和社区营建类似，政府提供设计导则和财政补贴，来

保证历史街区一个大概的基本的品质的外贸的整体性或者统一性，并提高居民的参与度。在这一方面，可以借鉴日本、中国台湾的成功经验。

工业建筑改造还有一个棘手的问题，就是相对于未来社会发展中越来越多的小微企业，或者是小微创意机构，工业的厂区包括建筑往往规模都比较大，需要重新分割，这里面就有些问题。像上海这样的城市，对于文化创意类的需求还是很多的。但对于中国很多一般的城市，其实不具备太多类似的使用人群，所以我很担忧改造保护的未来和出路。同时，在一些工业园区改造中过去的道路脉络，特别是由一种生产方式组织起来的空间类型、关系和序列都没有了。

H+A：这个也应该保留下来。

王：我们说的保留原真性除了包括建筑外，最好还要包括局部的生产流程，但是这也很难，这里牵涉到其他的社会问题。比如我在研究唐山焦化厂改造再生的案例中，最初我们的方案是将场地的铁路、贮煤仓和炼焦设施整体保留下来，但业主因为经济利益问题，把焦化厂的设备拆下来卖给乡镇企业了，只留下了几个不是焦化厂主体的化工小塔。

在文化创意类改造方面，台北松山烟厂等创意园区做得比较成功。因为靠近城市，规模也不是很大，每年举办各种艺术文创类展览和活动、策划各种主题事件，引进诚品书店等优

9. 德国鲁尔区整治后的环境
10. 已列为世界遗产的关税联盟12号矿的炼焦厂
11. 已列为世界遗产的关税联盟12号矿井

质品牌，运转的红红火火。台湾建筑系毕业设计作品联展也在此举行，气氛相当不错（图7）。但是文化创意类占的空间都不是很大，不过对于大量性的一般产业建筑，还得想到一种普通的用途才行，可能并不是那么高大上的用途。这一点可以借鉴国外的经验，创造比较多的临时性使用，利用事件来激活场地。比如设立工业遗产改造日、世界城市日，甚至新品发布会和一些产品推介营销活动。事实上，很多展示活动在工业场景里发生，可以产生一种对比和戏剧性的感觉。我觉得要创造产业类建筑场地的复合使用，还需要对工业遗产包括地段或者建筑的利用采取一种比较灵活的态度，尤其是对一些尺度比较大的。

H+A：您觉得我们现在在国内的产业建筑是一个怎样的生存状态？

王：我觉得现在产业建筑大部分的命运都不是很好。虽然在市领导的支持下，上海、杭州、南京等城市在进行产业建筑的保留利用，但我相信大多数的城市对这个问题还是重视不够。因为房地产的开发，只有很少部分的产业建筑保留下来，像在天津的一个玻璃厂，开发商把其中一个房子变成售楼处，也算是留了一点记忆。但总体来说，我觉得国内的情况并不是很乐观。当然我刚刚讲了一个基本观点：并不是所有工厂都要留下来，要先做梳理工作，保留城市中那些最能体现在工业现代化的进程中有代表性的，如在文化、结构或者空间利用上有特征的，作为城市名片的一部分。

H+A：有一些产业建筑被改造成住宅，您认为这样可行吗？

王：并不是所有的工业的厂区拿来就可以再利用，因为经过了几十年、上百年的工业生产，很多场地环境是带有污染的，并不适合马上作为居住用途。国外很早就注意到这个问题。美国就称其为"棕色用地"（Brownfield），棕色用地改造利用首先需要综合利用各种物理、化学、生物的方式来恢复生态指标。如荷兰阿姆斯特丹城西的煤气厂改造曾经想过换土的方法（约60厘米厚），但这个几乎是很难做到的。还有一种方法是在厂区周边挖一个壕沟，首先不让它的污染物往外扩散，然后在这里面利用化学或种植专门的植物进行吸收。国外正在研究有哪些植物的类型可以很好地吸收污染物，到直到现在为止仍然没有成熟的技术。所以这点在工业建筑改造方面也是很大的难点（图8）。

我个人认为，如果做一些厂房的临时性利用，其实是蛮好的一种解决办法，因为短时间内，这种污染也不至于对人有太大的影响，一个活动可能两小时结束了，一个事件可能要两个礼拜、一个月，或许问题也不是很大。德国的鲁尔工业区之所以能做到今天的华丽转型。政府和基金会等还是起了很大的作用。他们组织实施的措施首先就是生态复育。鲁尔地区的河流和土壤由于过去的重工业发展污染严重，大概有上百平方公里的区域，涉及十几个城市。从1989到1999年实施了一百个项目，生态恢复的很有效，还专门规划设计了一条区域性的"工业遗产之路"。鲁尔的经验在于：整治改造环境的同时，同时开始重构产业结构和社区发展蓝图，给当地的工人再就业。当时我去考察时，既看了最早的建筑，也看了最后落成的一个建筑，都是在原先的工业场地内完成的（图9）。

H+A：您提到工业建筑改造需要在一个区域内进行整体改造？

王：是的，单栋建筑的保护也是有的，如上海的苏河艺术馆。该建筑原为福新面粉厂，已有一百多年的历史。整栋建筑外观以红砖为主，翌立苏州河畔十分耀眼，内部是实木结构，保存完好。这个建筑就是一个相对孤立的东西，因为流水线当时在一栋房子里面就解决了，而之前讲的焦化厂、煤气厂等则可能跟场地以外有较多的关联，甚至铁路都要连起来。所以建筑个体的，组群性的，区域性的应该讲都有。我觉得组群性的最多，因为工业是要有规模的，而且都依托于某种物流运输的方式，所以必然是跟城市有很密切的联系，甚至跟区域都有密切的联系。

4. 关于未来

H+A：您如何看未来中国的工业建筑更新的前景？

王：我觉得中国工业建筑的保护利用现在还方兴未艾，这是我的一个总体判断。现在从城市的发展，即从外延规模的扩张转向内涵品质提升的一个新的阶段、增量变成存量甚至要变成减量的过程中，这一批工业建筑成为城市更新改造中的主要对象。我们也可以看到，在城市的旧城改造当中，除了住宅之外，数量排名第二的就是工业建筑。对于1970、1980年代的住宅小区，可能的改造就是增加电梯、停车位、卫生设备、中水系统这些，基本上很难从它的类型上进行改造。

但是工业厂房就不一样了，绝大部分都是框架结构——使用灵活，如与公共功能结合改造的余地非常大，所以我认为现在工业建筑改造前景还很大。但我们国家对这个认识还不尽相同，所以首先还是要能够让我们的政府、我们的开发商、我们的民众包括我们的专业人员

12. 王建国院士接受采访

认识到它特有的价值。这个价值包括文化上的、科技上的，也包括使用上的，要认识清楚，你才会去保护它。但是我刚刚讲的一定是有所为有所不为，不可能也没有必要把所有的都留下，选择一些有代表性的、经典的、使用价值高的再利用。如果这些能留下来，当年这个工业文明时代的印记也就成为集体记忆保留下来了。

H+A：哪方面话题是您最近可能比较关注或者觉得挺有意思的？

王： 现在我感觉建筑设计的大方向，在近十年内发生了一些变化。以前基本上是体制内的设计院来主导中国整个的城市的发展建设，以重要的大型建筑设施和公共建筑为主。这些年明显感觉到建筑创作开始呈现出一个多元化的景象。特别是在上海、北京等一些城市的作品呈现出多样性、个性化、小众化的倾向。前二年，我布置了一个研究生论文的研究课题，叫"边缘与中心"，就在探讨这个问题。"中心"，即是指解决了一个城市主体性的架构和大量性的基本需求和发展的建筑，一个国家80%以上的建筑肯定是要这样。"边缘"主要是指在那些探索未来艺术和概念导向，或是某种技术发展局限的建筑设计，但是中心和边缘是相对的，在一定的条件下也是可以互相转换的。我认为"边缘"这是对当代主流发展一个非常好的补充，

它的存在能保证未来建筑的一种可能性和方向性。我认为这种探索不能变成在小圈子里面的一个东西，应该让它有更多民众的参与和认同的可能性。

H+A：您觉得现在对我们来说是好的时代还是坏的时代？

王： 我认为既是一个好的时代，又是坏的时代。一个坏的时代，显然就是说建筑师不要再有那么多的收益预期。现在一般的设计院大概20%到30%的减量是很正常的，也会影响到高校建筑专业的就业和招生。从这个方面来讲，对建筑影响还是比较大的。

但是我觉得也不完全是坏事，因为以前我们都是像一个流水线机器那样去生产建筑，在市场驱动下，很多设计师已经失去了基本的追求本真的内驱力。所以我觉得目前"新常态"的形势，可能会是一个大浪淘沙、优胜劣汰的过程，重新调整后会使得我们国内的设计企业更加成熟，更加注意维持企业的品牌和声誉。那这个时候企业就有了企业文化，而不仅仅是一个经济运营的机构。

作者简介

董艺，女，建筑学博士，华建集团品牌营销部主管，《H+A华建筑》主编助理

杨聪婷，女，《时代建筑》编辑

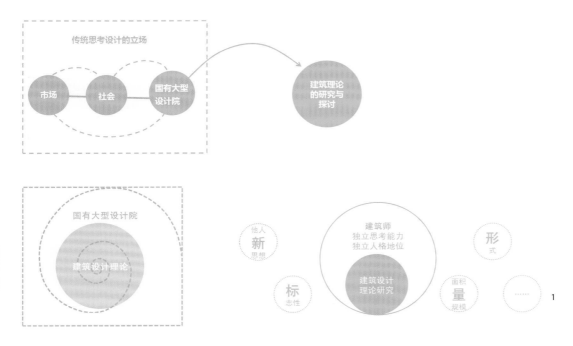

1

沈迪/文　SHEN Di

理论何为
国营大院对建筑设计理论研究与实践的思考
What is Theory
State-operated Design Institute's Reflection on Architectural Design Theory Research and Practice

1.建筑理论何为?

　　理论何为——就其字面的含义来理解,它可以分解为两个层面的问题:一是在当下,随着社会和技术的发展,在建筑学的范畴内,其建筑理论应包含什么? 二是在城市快速扩张、环境问题日趋严重的今天,我们面对建筑设计领域存在的问题和承担的职责,建筑理论它的意义和作用又在何处?

　　当今社会,商品经济思想已经占据了绝对主导的地位,讨论理论问题显得有些不合时宜。因为理论问题一定是与文化有关,与历史相连。但是,在一切东西都可以被用来消费的社会生态和现实环境中,我们的文化和历史也成为了被消费的对象。在我们传统观念中这两个高雅而神圣的美好事物,有时被演变成为一种装饰的包装品,蜕变成为点缀商品"卖点"。这种现象在我们的建筑业界可谓是比比皆然。放下随处可见的房地产广告不论,以我们建筑设计界为例,这种现象也普遍存在。在建筑设计中,"文化与历史"经常会被我们拿来作为建筑方案的"包装物",常会以一种表象式、浮夸的设计来消费着历史与文化的精神内涵。

　　面对这一社会现实,身处在一个把所有的事情都将利益和效率放在第一位的环境下,"理论何为"这个不应成为问题的问题,一个甚至不应被疑虑的事实却成为了今天我们需讨论的议题。这从一个侧面反映了建筑设计这个一直受建筑设计理论引导的传统行业已经到了应该认真思考的时候。其实,对于这个命题讨论,不但对建筑设计领域有意义。而且,对一个国营建筑设计大院而言是更加需要加以面对的课题。

　　在此,我们还应该认识到,随着三十多年来大江南北、遍地开花的城市建设"黄金年代"已成过去,那种被业主追着要图纸、出方案,设计业务飞速增长的工作状况也已成为一种回忆,这让我们在时间、空间上对这个命题的思考带来现实的可能。

1. 面对社会、经济的发展转型，建筑界正在重新定义国营大院的角色和作用
2. 国营大院的建筑设计理论实践：1950年代
3. 国营大院的建筑设计理论实践：1960年代

2.印象之大院

讨论建筑理论与国营大院关系问题，首先还是需要对大院有一个清醒的自我认识。

1）优势

品牌效应。在业主和我们自身的心目中，国营大院在建筑项目设计上的优势依然十分明显，甚至还具有一定的垄断性，即便是受到境外建筑设计公司在市场和专业上很大的挑战。但是，这种得益于历史和政府开发建设体制上的优势，仍然保障并促进着国营大院将这种优势延续至今。

核心能力。大家可以从大院所完成的建筑项目的规模和数量上，以及在一、二线城市中重要建筑项目的占比上都能清楚地看到这种绝对优势的存在。从大院内部来分析，虽然存在体制和机制上的局限和不足。但在庞大的人员规模的背后仍然呈现出人才济济状况，而附着在这些人才身上丰富执业经验和技术的积累，更成为国营大院在行业内傲视群雄的丰厚资本。

人才汇聚。在市场不断开放的大环境中，

大院也存在比较严重人才流失的问题。但大院依然还是吸引高校优秀毕业生和海归设计人才的主要目的地，大院人才高地的优势成为了大院综合优势的最根本基础。

2）距离与转变

然而，如果我们把看待问题的视角转到事物的另个侧面来梳理国营大院在建筑理论方面的业绩和成就，似乎就变成另外一番景象。在现实的观念和认识中，国营大型设计院与建筑设计理论两者之间似乎隔着很大的距离，如果一定要将两者联系起来的话，设计院往往被认定为只是一个建筑设计理论的消费者。身为大院的建筑师，有时会对这样的被定义感到委屈而愤愤不平，但顾盼四周、审视自我，似乎这样的评论也有一定的道理。

在计划经济的年代，大院建筑设计工作首要而唯一的目标是完成政府下达的计划任务，在各类政治运动的冲击和颠簸中，大院建筑师努力地完成着国家建设从无到有，在数量上的增长需要。建筑设计理论研究既不是设计院的

工作范畴，也不会被列入大院的年度"生产"计划。在一个将设计视作"生产"的大院工作氛围中，建筑设计理论自然难以找到自己的位置，大院充其量扮演着设计理论研究和讨论的听众或旁观者。往往是在工程项目设计中"消费"着他人在建筑理论研究的成果，成为各种建筑思潮和流派被影响的追随者。

改革开放以后，国营大型建筑设计院也在经济大转型中转换了自己的角色，从一个国家发展建设计划的执行者变成了以市场为主导的设计咨询服务的提供者，并在公司的名称上将原来的"设计"后再加了"研究"两字，成为了"设计研究院"。角色和名称都变了，但与建筑设计理论的关系仍然没有实质上的变化。在一切都以"效益"挂帅，速度优先，追求建筑"高、大、上"的快速发展年代，建筑设计理论与大院距离反尔渐行渐远。对建筑设计的追求，学术专业上的提升让位于业主在建筑外观造型、经济利益等形形色色不同要求的满足中。建筑设计理论对大院的工程项目设计而言尤如

4. 国营大院的建筑设计理论实践：1970年代
5. 国营大院的建筑设计理论实践：1980年代
6. 国营大院的建筑设计理论实践：1990年代
7. 国营大院的建筑设计理论实践：2000年代

奢侈品，既非必要又很"昂贵"。建筑设计理论被演变为了一种偶尔被拿来作为设计的装饰外套、方案创作的"调味品"，在设计评奖、发表文章中点缀式地用用。

我们可以从这几年大院所出版的论著、书籍中就可以发现大院在理论成果方面明显不足的问题。大院编辑出版的大部分书都是各种类型的作品集，或是周年庆的作品集和年度的作品年鉴，或是某种类型建筑、某件大事件如奥运或世博会的建筑作品汇萃。这些书籍虽然在反映某一时期的建筑设计状况上，在资料信息层面具有一定的史料性的作用，但对建筑理论上的意义十分有限。而类似象《共同的遗产》之类在理论上开展设计理论研究的专著可谓是凤毛麟角，实在不多。

大院在建筑设计实践与理论的长期脱节，也使我们的建筑师形成一种思维定式，产生了"理论研究与我们的设计究竟有什么关系"的疑虑。因此，"理论何为？"问题的讨论，也切中了我们作为建筑行业代表的国营大院在理论与实践关系问题上的软肋，彰显了今天论坛对我们大院认识和提升自我的必要性。

3.知行之作为

其实，任何事物并非如我们所见那样简单、纯粹，在上述不可掩饰现象的事实面前，如果追塑大院的历史，对建筑设计理论追求的基因也同样活跃在我们先辈的身上，并传承至今，流淌在我们今天建筑师后辈的血液中。

1）现代性理论作为的探索之旅

从华东总院和上海院的前身"华盖"设计事务所三位创史人起，他们在接受"布扎"教学体系的思想影响下，在回国创建筑设计事务所的设计实践中，就以理性主义的立场思考着中国传统建筑的现代性问题。

1953年，我们集团的前身华东建筑设计公司针对社会上要求建筑界在设计中反映民族形式的强烈呼吁，主动邀请南京工学院（即现在东南大学）联合组建新中国第一个"中国建筑研究室"，先后派了10余名设计骨干前往南京，在刘敦桢先生的指导下与学校老师开展了对中国传统建筑的研究和理论探讨，并受到当时建设部和其它设计大院的重视和赏赏。虽然，后来由于外部原因限制，华东院没有继续深入地介入这项研究工作，令人感到十分遗憾。但从一个侧面，还是反映大院前辈在理论建设上专业的自觉和努力。

2）大院实践中的设计思考

我们应该看到，在我们国营大院的成长历程中，这样的理论基因和历史机遇虽然没有让我们孕育出属于大院自己的建筑设计大的理论体系。但是，在日常的建筑设计中，大院的建筑师并没有停止对自己设计问题的思考。面对设计所经历和面临的社会、政治、经济和环境等各方面的种种问题，大院的建筑师同样在思考着我们的建筑设计和社会发展与和谐的关系，思考着当今的建筑设计与我们悠久的历史和丰富传统文化的传承与表达的关系，思考着建筑的地域性和与环境的协调、保护等诸多方面的关系问题。

在设计实践中，大院的建筑师并没有将自己锁闭在狭小的天地里，即便是在信息闭塞的年代中，仍然努力地去了解外部的世界，追随着建筑设计领域中各种新的设计思潮产生和发展，努力地在建筑设计中表达大院建筑师对这些潮流自己的设计认识。正是这些思考孕育出了大院在各个时期有影响力的设计作品。

3）华建集团的探索

以我们自身为例，从建院初期20世纪50年代的曹阳新村规划设计，前辈建筑师就将当时居住区规划设计的理论引进到国内，在传统的里弄住宅建筑与计划经济条件下工人新村的设计之间进行自己的探索。

同样在20世纪50、60年代，在建国初期前几个五年计划的社会主义建设高潮期，大院建筑师无论是在工业建筑还是民用建筑中，都在努力探索着现代主义建筑风格在当时中国的表现。

20世纪70年代，即便受到政治上的很大束缚，大院建筑师仍在非常狭小的设计思想的空间内努力地表现着中国建筑现代性。

20世纪80年代，改革开放使大院的建筑师真正打开了认识世界的窗口，设计的视野变得宽广起来，通过吸收与引进国际上的设计思想和理念，学习各种潮流风格和技术手段。

在后来的20世纪90年代和21世纪头10年的城市发展和建筑设计快速发展时期，在对外合作和自我设计探索中，设计了大量的建筑作品，成为了各个时期有影响力代表作。

4.AS之期盼

今天，面对社会和经济的发展转型，房地产市场矮缩，建筑设计业务下降的形势。从建筑设计领域发展的宏观角度来探讨、分析，我们可以清楚地发现，社会和建筑界正在重新定义国营大院的角色和作用。

无论是从我们设计院本身的生存和发展，还是从社会和行业对我们的要求，两者都期盼大院的建筑师在日常思考设计问题的立场上向前跨出一大步，超越自身的认识束缚和传统角色与立场局限。

将平时伴随设计而产生的孤立的、碎片化的设计理论问题思考，转变为与设计并重的理论上的系统研究和探索工作。在回归建筑本源中去探讨设计的意义和方法，将建筑设计理论的探讨与研究成为设计工作不可或缺的组成部分。

在建筑设计理论的研究中寻找设计的自我，建立建筑师应有的独立思考的能力与立场，通过建筑设计的理论研究，确立设计者独立的人格地位，不在业主颐指气使的逐利游戏中再次变成"画图匠"，偿失设计者应有的独立性；不再迷失在"标志性"的外在形象等盲目的追求中，而忘却建筑最基本的意义，即功能和它的社会性。同样，大院的建筑师不能也不应该再整天追随他人的"新思想、新理念"而沾沾自喜，更不能成为只是一个在设计的建筑面积、规模等"量"上的巨人，而在思想、理论上却是缺少建树的侏儒。

5.结语

时代的发展需要大院和建筑师一起转变自己的角色，需要打开自己的大门，与社会、与学校一起携手建立一个开放、学习的平台，一个促进思想交流的平台，一个能对今天问题、明天发展进行深入思考和努力探索的平台。

我想这就是我们今天要成立"AS建筑理论研究中心"的目的和意义所在。

作者简介

沈迪，男，华建集团股份公司 副总裁、总建筑师

沈迪 / 文　SHEN Di

1.辋川图拓本，图片来源：传（宋）郭忠恕临本
2.富春山居图，图片来源：（元）黄公望

设计的选择
The Choice of Design

建筑设计往往被狭义地定义为一种个体创意的活动。然而，设计创作实践告诉我们，设计的创意活动并不是一个好的构思，一个新想法的"灵光一显"，方案创作不是一个在封闭的环境中单循环思辨过程的产物。今天，我们的建筑设计创作实际上已成为建筑师运用专业的空间想象力与技术的手段的结合，来处理建筑所涉及各个层面的相互关系，平衡项目中各种需求，化解方案上各种利益矛盾的反复循环的过程。一个建筑设计方案本身实际上就是上述各类因素的汇集、各方需要平衡的综合表现。因此，设计选择成为贯穿建筑设计全过程的必不可少的设计手段，在方案创作阶段表现得尤为突出。宁夏美术馆的方案创作就是一个很好案例。

由于该项目的招标设计任务只有寥寥几页纸，其内容除了放之四海而皆准的设计原则性要求外，对项目在环境、功能等重要方面的要求没有具体的表述。为了摆脱瞎子摸象般去揣摩建设方的意图来开展方案设计的盲目局面，我们经过慎重分析，选择了项目总体定位、周边环境关系、建筑整体形象、功能组成及流线设置等四个方面进行发散性的设计探讨，开展多方案的求解。

我们在多轮的综合比较中努力地选择设计能够突破此类建筑常规模式和建构途径的方案构思，努力地寻求所选择的每个方案它存在的意义。并在设计选择中明确下轮方案设计深入开展的方向。宁夏美术馆的方案创作就是这样，不断地提出设想和草案，又在不断地选择中否定重来。方案创作犹如剥洋葱一般，在设计的选择中层层展开，也在设计的选择中一步步逼近我们的设计目标。

1.方案创作在环境分析中的设计选择

在常规的方案设计伊始，设计者往往会抓住总体环境分析这一环节，选择对项目最具关键影响力的权重要素，以此作为方案总体设计的切入点或立足点，这已成为建筑方案创作的常用手段。宁夏美术馆方案设计中对环境的分析和要素的选择大致可归纳为以下三类：

（1）以宁夏自治区首府银川市所处的地理环境、山形地貌、气候特征等相对宏观层面的环境要素为方案创作的切入点，将黄河、沙漠、绿洲这三项对银川这个城市而言最具经典和象征意义的符号，植入到方案设计的概念中，如"沙、水、树"方案就属此类设计。在方案的设计选择中，由于这类方案没有把设计创作停留在概念上的表象化处理和符号式初浅的表达层面，而是以建筑空间的形式来传达设计者的意向，力图创造一种具有感染力的空间意境，希望通过实际的空间体验，让参观者在建筑的内外的活动中感受到建筑这三个典型空间所蕴含的建筑与地域特征。我想这是该方案能在比选过程中从方案概念确立的初期就作为发展方向并走到最后的主要原因。

（2）以项目所处周边的城市环境等中微层面的环境因素为方案设计出发点。大家知道，方案设计的第一步工作，通过解读设计任务，掌握设计控制的边界或者了解项目周围环境条件是非常关键的。如果我们把这种边界条件从规划红线和规划控制指标扩展到周边区域的环境特征、历史文化的演变，其僵硬的设计控制要求就变得生动、鲜活起来。如以城市小巷的肌理和空间格局为总体格局的B组方案就属此例。今天，城市设计的理念已经深深印入建筑师的脑海里，传统城区的肌理往往是认识、识别该城市的重要特征。B组方案就以此入手，展开自己的设计思路。在初始阶段的设计选择中，此类方案曾作为一个重要方向进行设计创作探讨。然而，随着设计分析的深入，我们发现如果仅仅在空间形态上模拟历史老城区，可能会在空间尺度感上会有较好的效果。但对方案本身的建筑和空间表现力意义并不十分明显，而且带来一个较为致命的问题，即作为大型公共建筑设计本身却缺乏应有的开放性。因此，此组方案没能再继续发展下去。

（3）以悠久历史、鲜明文化特征乃至民俗民风这些软环境的特征作为方案创作的构思和立意的着眼点，在文化自觉与自信的意识日益受到重视的今天，这样的方案创作手段也已较为普遍。在宁夏美术馆的方案创作中，从第一轮的D组方案逐步发展到最后的送标方案"时光之印"就属此类。从一轮轮方案发展过程中可以发现，这种类型的方案最多，其中发生的变化也最大，这似乎也暗示着这类设计手法，虽然给建筑师带来很大的创作空间，然而并不意味着这是一条创作的捷经，由于人们对文化理解的差异和建筑对文化诠释的难度，使这种方案的创作途径具有更多的不确定性。

2.方案创作在建筑表达中的设计选择

建筑的设计表达是方案创作设计的核心，设计表达的精彩与否将直接决定方案成败，这也表明了建筑表达的设计选择工作是方案创作的关键环节。在方案创作中，建筑师对空间表达的方法和手段是多样。常见的有以建筑空间作为表现手段来阐述建筑师的设计构思与立意，由于这种表达方法是以空间形式这一建筑灵魂为设计表达的对象，往往能在建筑内外营造很好的空间氛围，并较为容易在建筑中营造出具有感染力的空间意境，这是成为一座成功建筑的基本条件。因此，这一方法是建筑设计创作中最为经典而传统的设计方法。

但是，不容否认的是由于社会和开发建设方非常关注建筑的外在形象，使建筑师在创作设计中或被动、或主动地将这一外界的需求转化为设计工作的主要目的，而采用将建筑外在形象作为设计表达的对象。客观地看，这种由外及内的设计表达并不能完全加以否定，因为任何一幢建成的建筑是一个让人无法回避的公共物品，它对周边环境的影响是永久，甚至会影响人们对一个区域、一个城市的印象，故建筑外在形式重要性是不言而喻。当建筑师将这一设计表达的手段与建筑自身功能布局和内部的空间构成结合起来，那也给这种表达手段增添了一份理性的内涵。宁夏美术馆投标送选方案之一"时光之印"的雏形，第一轮方案选择中的D组概念方案就属此类，这一方案随着设计思考的深入，演变到方案中期的"多层地表"和"街区"等概念方案，后来又通过设计选择的引导，最终诞生出了"时光之印"送选方案。

而其它如C组和E组的概念方案，以及第二轮的"螺旋线方案"虽然也归入此类。但很遗憾这几个方案都没能走到最后。究其原因，是由于我们在设计选择中认识到，如果方案只是以一个绚丽的外在形象来表达建筑的存在意义，那么这种意义可能会随着时间推移而逐步消逝。伴随着设计选择的推进，我们也充分地认识到项目所在的银川市，无论在文化历史维度上深厚的积淀，还是在环境维度上所拥有高山大川自然禀赋，都要求宁夏美术馆设计追求建筑本身的永恒性，这是设计此类文化性大型公共建筑必须要考虑的目标。这也成为了我们设计选择重要的标准之一。

3.方案创作在方案演进中的设计选择

在方案创作过程中，设计的选择不只是在方案比选中简单地选择或淘汰方案，如同选秀那样挑一个好的设计立意和构想，再让其发展下去。建筑师无论他处在什么地位，扮演什么角色都不应该去充当业主的角色，采用行政化的手段来决定方案的去留，即便这样的选择是以专业为背景的。设计选择的使命应该也必须包含对创作设计本身的推进意义，既要在提升、精炼其设计构思和立意等方案创作的较高层面发挥作用，也应在方案设计的空间组合、功能布局、造型立面处理等具体设计层面体现出设计选择的意义。这在宁夏美术馆投标方案设计中也表现得十分充分。以"沙、水、树"方案为例，自此方案确立这个设计立意后，让我们感到最大的设计难题是如何将"沙、水、树"的概念以一种恰当的空间形式表现出来，使其演绎成为具有空间感染力的展示性空间，来更好地烘托出展品所希望营造的意境。与此同时，设计还需要解决如何通过这三个主题空间构建，组织成为整个美术馆的空间序列。所以，这里的设计选择既有对个体空间本身原形的探讨，也包含着对空间组合方式在建筑整体空间结构框架上的思考。从该方案设计初期的草图到最后建筑模型的演变过程清晰地反映了这点，设计选择成为了方案优化、深化每个创

作环节向前演进的有力推手。

鉴于建筑创作过程的不确定性所决定，我们发现设计选择对每个方案设计演进的促进意义其实现途径和手段也是不同的，从这个意义上来看，它说明了设计选择本身应该就属于方案创作工作不可或缺的组成部分，因而它与方案一样具有令人难以捉摸的不确定性，这也成为了方案创作的魅力所在。与"沙、水、树"方案相比，"时光之印"的方案完全是以另一种形式表现出设计选择对方案演进的作用。由于该方案发展变化的过程具有很大的跳跃性，几乎是到方案设计后期才最终形成这个送选方案的总体概念和构思定位。回顾其间的每次设计讨论，每轮的方案探讨，设计选择实际上已演变为设计批判与设计优化意见表达的结合体，我们不断地在否定中极力寻找每个过程方案和构思它存在的理由，又在设计的肯定中不断推翻已被确认方案的立足点。在这个方案创作中，设计的选择就是在这样的矛盾体中，不断驱使着方案在设计手段和构思上以不同方向和形式来探寻方案的发展路经，从而逐渐地去接近我们在设计初始阶段就在脑海里已经确立起的一个理想目标。在方案的跳跃式变化中，设计的选择以渐近线的方式将方案的总体格局确立了下来，形成了该方案在建筑形象和空间形态上自我特征。

"时光之印"的方案不但应用设计选择找到了方案的发展方向，而且还通过设计的选择，寻找到将功能结构的拓扑关系与建筑空间的组织结构有机结合的方法，在为建筑内部空间的组织设计提供合理依据的同时，也使美术馆展厅内在功能组合形式与建筑外在形态统一起来，有效地提升了方案的建筑表现力。所以，这是一个在新的层面上实现了"形式反映功能"的案例。

设计选择对方案创作的意义，让创作设计成为一个开放的平台，思想的碰撞、理念的交换都能在这一平台上实现，在这个平台上，设计的选择不但能激发思想的火花，设计的灵感，从而孕育出能够引起思考、值得大家关注的方案。而且也能让参与其中的建筑师获得更多的职业磨练。这其中还包含设计的选择对建筑设计在细部设计和工程技术方面的帮助，由于篇幅的关系，以后有机会再进一步讨论。

作者简介

沈迪，男，华建集团股份公司   副总裁、总建筑师

设计方案介绍

宁夏美术馆方案一："沙·水·树"基于自然的景物创造
Scheme 1 of Ningxia Museum"Sand`Water`Tree" Landscape Creation Based on Nature

宁夏美术馆项目位于银川历史城区的西部，虽地处光明广场－公园街的文化轴线，周边环境却堪忧，前期的混乱建设，在轴线东侧立起高大绵延的板楼，中轴难继。用地周边是大型运动场地和场馆，气质为"动"，艺术馆的建筑气质为"静"，气质上的差异也成为了设计的难题。北侧的中山公园给了转机，从高处俯瞰，中山公园茂密的绿植一直延续到体育运动公园，用地西侧目前是体育学校操场的一部分，然而随着美术馆的建设，学校将迁出，将西侧用地打造为艺术公园，成为动静之间转换的

纽带，形成中山公园－体育运动公园－艺术公园－光明广场的环形公共开放空间，美术馆的北侧广场是艺术公园的延伸，形成室内外连贯的观展游线，用艺术激活城市。美术馆的设计以行游的序列展开。

1.行游之间

宋人何权曾在范宽的临流独坐图上题诗："茅堂结构背江干，日日爱看江上山。箕踞盘陀吟未稳，不知身在画图间。"宋代文人通过对画的

3. 科曼斯科普 图片来源：国家地理杂志，摄影Marsel van Oosten
4. 龙安寺枯山水 图片来源：黄瑞摄
5. 俯瞰中山公园 图片来源：自摄
6. 方案形态设计演进
7. "树院"设计演进
8. "水阁"设计演进
9. "沙房"设计演进

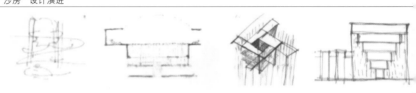

凝视可产生画中游的意境。

以元代黄公望的《富春山居图》为例，全画可分为三部分，与山的关系也从"入山"到"游山"再到"远山"。初看山色秀丽，峰峦叠翠，松石挺秀，云山烟树，沙汀村舍，布局疏密有致，变幻无穷，以清润的笔墨、简远的意境，把浩渺连绵的江南山水表现得淋漓尽致，达到了"山川浑厚，草木华滋"的境界。董其昌称道，"展之得三丈许，应接不暇。"确给人咫尺千里之感[1]。

唐代王维著名的《辋川图》就是描摹他的家——辋川别墅，画的前三分之二为一座完整优雅的园林，后三分之一为恬静洁美的乡村风光。别墅以行游序列组织每个部分，亭台、树木、山川相互融合为景，开阔之景与幽静之景环环相扣，疏密得宜。手卷水平展开的阅览方式让观画者身临其境，以画中游弥补时过境迁的缺憾。

景物一直是中国文人创作的核心，从山水画，到山水诗，再到园林的创作，景在行游之间。景物经营之法在于对自然的想象，每一副山水妙作都不仅是对自然的直白描绘，而是胸中天地，是对自然的设计图。

2. 自然之变

在《浑然天成——化境八章》中，董豫赣说道"自然"在中国乃是以其不可端倪的无尽变态来诱惑文人，它最让人敬畏的能力就是它不但变化万千且无一相同[2]："云或有时归，或有时竟一去不归，或有时全归，或有时半归，无一同也。此天地之至文，至工也。"[3]

自然中最善变化的地形莫过于沙漠，沙无定型，随风而变，朝夕不一。在这里生活的人们熟悉大漠的广阔壮丽，却也饱受沙暴之苦，沙善变而难以琢磨。因而这里的建筑总在对抗沙的善变，隔绝了沙暴的侵袭，却也把沙的动变之美拒之门外。

郭熙说："水者，天地之血也，血贵周而不凝滞。"[4]水景以动为贵，而动水又以雨最佳，因其滋养万物，多了份人性。沙以物态不定达到变化万千，而雨之变则在于神出鬼没。

沙、水这两个动变之物的交融牵制产生了绿洲，成为了宁夏繁荣兴盛的根源。以沙、水、树为造景原型，将自然之变转化为景物之变。如何转化？童寯在《江南园林志》开篇即提出园林好坏的三个标准"疏密得宜，曲折尽致，眼前有景"[5]。王澍解读"眼前有景"时将词拆为"眼前"和"景"分别解读：景要有真情趣，就应该是被发现和披露出来的，不是什么景致都能叫景。而"眼前"二字，指这景在漫游中经一转折停顿，

突然出现，为特殊的事物、视线和氛围所激发。[6]可见，景是要有特殊性的，要超越平常的自然。

3. 眼前有景

1）景

以沙造景，最著名的是日本的枯山水。

枯山水以白砂石代替水面，以人为经营的纹路表达水之流动，以不间断地耕砂表达水之变化，其纹路经营的学问是日本枯山水造景最深奥的章节之一。然而枯山水中的沙是用以指代水的，沙本身的动变之美被限定在水纹的固有框架之中。

在非洲的科曼斯科普，无人居住的房屋与沙子融合在一起，房屋的外壳给了沙子舞台，沙不再是水或山的象征，而是作为沙本身尽情展示动变自由之美。"房中沙"是一个30m×80m的巨大房间，房间顶部引入自然漫射光，地面堆满细腻的沙子。它颠覆了通常房屋与沙的对立关系，超越了平常的自然，成为景物。策展人可根据展陈需要灵活布置沙丘、沙滩，观展需先脱鞋洗脚消毒后赤脚观展。

银川的年降水量为200mm，虽有塞上江南的美誉，却难体验江南小雨渐沥，大雨瓢泼的润泽。"天上水"是一座终年降雨的阁楼，通过将瞬时的雨转为永久，消除时间之变，创造奇景。阁分三层，一层是一独立于池中的长屋，屋内可听雨声，看雨水挂檐，而不见雨，二三层，层层退台，人与雨伸手可触，保证每层的屋檐顶面都与雨水直接接触，屋檐以金属板作为材料，放大雨水敲击的声音，雨成为了这个阁中最重要的展品。

树因其长寿被作为生命力强韧的象征，然而在沙漠中，树又有着脆弱的一面，沙、水的平衡一旦被破坏，绿洲便不复存在。"檐下树"一反通常情况下屋檐低于树下的关系，用屋檐保护树，凸显对树的珍视。

自此"房中沙"、"天上水"、"檐下树"三个主景呼之欲出。然而在王澍特意将"眼前有景"分为"眼前"和"景"，便是要强调入景前的转折停顿，其重要性甚至可以与景物本身相比。

2）眼前

"檐下树"是美术馆的入口庭院，庭院地坪下沉3.6m，庭院四周是高4.8m的围墙，围墙界面镂空，距地面3.6m高处有一圈挑檐，这一系列动作产生了巨大的引力，吸引地面上的人看向庭院。庭院中以矩阵排列高大的树木，树木恰从3.6m起冠，又将视线外推，从地面向下看，

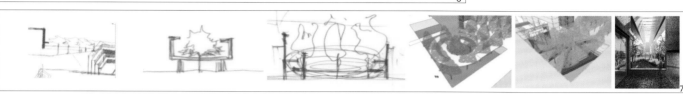

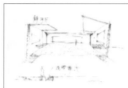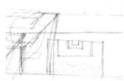

院内之景看不真切，一吸一推也造就了美术馆观展序列的第一个转折。庭院的入口界面开敞，由树冠交叠排列成树穴，一条玄青的坡道从树穴穿入，美术馆的游览自此开始。

树阵自入口开始，向纵深行进，树木由生转枯，枯木的尽头是一景框，隔框有一栈道，栈道另一侧是方池，池后隐约可见沙丘起伏，此处为第二处转折，埋下了沙房的伏笔。沙房的游览从回望树院开始，之前看到的一方池水是洗脚消毒之用，也是进出沙房的必经之路，沙房的前段被刻意压低4.2m净高。平行于景框有三道墙，墙洞正对树院，每游览完一个隔间，便回望一次树院，随着行游序列的展开，树院逐渐淡出，进入高达16m的沙房主厅。

沙房的末端是层层高墙，尺度巨大，墙上开巨型景框，景框交错，从沙房看去，每个框都不完整，呈现交叠上升的趋势，将人的视线向上引导，在景框的尽头，隐约可见银丝挂空，落水之声依稀可变，完成沙房与水阁的转折。层层景框的背后是台阶和步道，联通各层展厅，每看完一层的展览到达下一层之前都能透过景框看到低处的沙房和高处的水阁。

4.神形兼备

"眼前有景"既成，建筑的神有了，然而神形兼备方为上品，形的线索就在景物之中。

在经营景物转折时，多使用墙这一元素——树院向外挑檐的围墙、沙房树院之间有墙洞的墙、以及沙房末端的层层高墙。而画廊的原型要素除了用于布展的墙之外，还有挑檐横向遮阳，一竖满足基本空间需求，一横提升观画的品质，品画的高雅都浓缩在"竖横"之间。而"竖横"除了满足布展需求、转折景物的好处之外还在城市中形成对外的画廊，成为艺术公园的纵向延展。

5.返璞归真

方案的思考是个持续的过程，方案的深化过程也是思路不断完善的过程，直至思虑清晰，方案也水到渠成。

方案深化过程包含两条明确的线索，整体形态倒L形组合方式的不断简化。三种特色空间形态个性逐渐鲜明。形态的整合从倒L形的构成开始，随着特色空间的明确，简化整体形态，突出特色空间，在第五阶段，沙房、水阁、树院三个特色空间的确定，建筑的总体形态关系在第六阶段开始明朗。因而以第六阶段为分界线，可分为两个时期。

以倒L型构成和特征空间塑造同时推进为主要工作内容的一到五阶段为第一时期。在这个时期，各个阶段的总体形态差异明显，特征空间的塑造过程也不尽相同。沙房在第一阶段就有了比较建筑化的表达，在第三阶段即有了明确的空间意向，成为整体空间塑造的第一个不变的核心。水阁在第一阶段的意向模糊，二三阶段依附于由倒L形推导出的塔形，在第四阶段从对祈雨台的形式分析中得出阶形的内部空间意向，成为第二个不变的核心。树院在第二阶段由环境分析产生，但不作为与沙房、水阁并列的特征空间，而在第三阶段因入口位置的调整被搁置，直至第四阶段再次提出并被作为特征空间，在第五阶段，下沉树院的空间意向被明确，成为第三个不变的核心。

将形体单元化和强化特征空间的外部形态为主要工作内容的六到九阶段为第二时期。这个时期的主要工作是对外部形态的推敲，采用的工作方法是多方案对比，来对造型进行快速推进，并将展厅，办公和报告厅等功能加入综合考虑。同时对水阁和树院的空间形态进行了深化，以人在空间中的感受作为空间深化的依据。

6.结语

计成的《园冶》[7]还有一个名字叫"夺天工"，宋应星编写的世界第一部记录农业和手工业生产技术的百科全书叫《天工开物》[8]。两卷巨著都以天工为人造物的至高境界并非偶然，而是中国文人、工匠数千年艺术创造达成的共识。

元代赵孟頫师法云山，"沙·水·树"以自然为创作要素，以行游的序列经营景物，是对历代文人的精神继承，是对基于传统精神的建筑设计方法的一次探索。

参考文献：

[1] 月已西往（网名）.富春山居图 [OL].百度百科,2014.
[2] 董豫赣.浑然天成——化境八章（二）[J].时代建筑,2008,(5):134-139.
[3]（美）宇文所安著，王柏华，陶庆梅译.中国文论——英语与评论 [M].上海社会科学院出版社,2003.
[4]（北宋）郭熙.林泉高致 [M].中华生活经典,2010.
[5] 童寯.江南园林志 [M].2版.北京：中国建筑工业出版社,1981.
[6] 王澍.隔岸问山———一种聚集丰富差异性的建筑类型学 [J].建筑学报,2014,(1):42-47.
[7]（明）计成.园冶注释 [M].陈植,注释.中国建筑工业出版社,1988.
[8]（明）宋应星.天工开物 [M].凤凰出版社,1899,2-3.

宁夏美术馆方案二："时光之印"多元包容的公共性
Scheme 2 of Ningxia Museum"Impression of Time" The Commonality of Multivariate Inclusive

1.5.宁夏美术馆结合画廊与报告厅入口，形成带有坡地景观的沿街界面；建筑主体向西退让，局部悬挑，活化城市空间
2.中庭空间"时光之印"的塑造，方案模型
3.宁夏美术馆参观流线
4.建筑立面使用暖灰色石材，呼应贺兰山的起伏山势

在设计之前我们对银川的文化基础设施进行了调研，考察过程中发现了两个问题：首先，基地周边的建筑各成一派。宁夏体育馆和宁夏人民会堂是宁夏回族自治区成立四十周年献礼工程。这些大型文化基础设施的建设都带有明显的纪念特征。轴对称的布局和大台阶的使用，过分强调古典主义构图的美感并未考虑实际与城市衔接的关系。我们不禁思考：作为新的美术馆设计，标志性具有纪念性的建筑是否还是设计的目标？其次，部分银川的美术馆并不受市民喜爱。宁夏有着深厚的历史文化沉淀，市民对遗迹博物馆关注度高，然而银川美术馆却无人问津。银川美术馆位于城市行政中心，虽然可达性较高，但缺乏展览活动。中庭空间甚至成了售楼处。相反，银川当代美术馆由于私人开发，为了美术馆的盈利策展人在全球范围搜索当代伊斯兰艺术。因此，即使处于城市近郊，驱车前往当代美术馆的市民仍是络绎不绝。除此之外，当代美术馆的一层布置了有别于陈列展示的休闲功能，提供了交流、休憩的灵活、公共的场所。综合以上两点，美术馆的设计便定位于体现空间的多元包容以及公共性。功能混合，以提高美术馆的使用效率，增加地块活力。

宁夏美术馆项目选址位于银川历史名城保护区西北片。基地北邻光明广场，南侧近藏经阁－清真中寺特色居住街区。基地既处于文化、体育、商业等功能复合的地块，又邻近老城居民区使得外部空间始终保有活力。本案的设计初衷便是从衔接城市周边环境出发，为市民创造开放性的，承载着市民文化公共生活的美术馆。方案设计主要从以下三点考虑：建筑与城市环境开放性的对话、美术馆内部空间自由度的塑造以及建筑与宁夏自然人文环境的联系。

1. 建筑与城市环境开放性的对话
1）建筑应对周边环境策略

周边的宁夏体育馆和宁夏人民会堂的造型都是具有"殿堂"般的造型特征，封闭性强，并没有和周边环境发生关系。宁夏美术馆的建筑形态如果继续强调"标志性"，复杂的形态令空间更加碎片化，缺乏组织。本案设计之初在如何应对这样缺乏秩序感的城市空间环境中做出三种解答：（1）创造封闭的界面形成内院式空间，不与周边发生关系。（2）完全开放式的绿色空间，模糊建筑与坡地景观的边界。（3）将建筑底层架空，形成穿越路径，使建筑上下两部分公共性与功能完全分离。这三种模式呈现出不同的建筑公共性，我们对城市中心的美术馆所应表现出的姿态进行了深刻的探讨，并对第二个方案进行调整，保有适当外部空间并且增加展厅部分私密性。

2）基地开放性空间设计

基地串联着中山公园，光明广场，运动公园以及西侧未来规划的绿地公园，形成一条承载市民休闲娱乐活动的环路。室外公共空间初步策略是通过连续的坡地景观，联系周边开放空间并将市民活动引入基地内部。方案最初的形态引入了连续地表的概念，将建筑作为大地景观以消解建筑与周边环境的冲突。消去层的感觉，用连续自由的形态链接周边的公共空间。可上人的绿色屋顶向市民完全开放，不垂直的界面延续了周边公共活动人群的视线以及行为。然而由于美术馆本身的管理限制，并且银川的气候特征不适合大量运用屋顶绿化，于是方案对建筑形态进行了调整。减少建筑起伏的趋势，将原本的绿色屋面简化为适合人体尺度的一层坡地景观。

3）建筑空间组织与城市界面的应对

美术馆将商店、培训、报告厅等功能与展览空间分离布置并设置独立的出入口，使得建筑可以在不同时间段独立运作。这样不仅加强了美术馆的利用率，而且结合室外场地设计使城市空间始终保有活力。最初方案将功能水平向的划分，参观者从二层进入展厅，把底层的观众服务区和培训区等作为城市空间的一部分，全面向公众开放。并且在沿着文化街的方向创造一条连接光明广场和运动公园的穿越性路径，形成街道空间。在面对光明广场的方向设置大台阶以展现建筑向光明广场开放的姿态。然而，大台阶与城市界面衔接度差，水平层分区又使独立出入口难以组织。随着方案的不断深化，设计消除了原有的大台阶和街道，将不同功能垂直划分。在面向广场和公园街轴线的界面分别设置公共性较强的观众服务区、培训区和学术交流区。建筑开口面向光明广场，形成满足艺术类展会等多种扩展功能的入口广场。不同标高的室外平台空间，将景观视线引向广场与公园。为缓解公园街轴线上高层对基地西侧的压迫感，宁夏美术馆结合画廊与报告厅入口，形成带有坡地景观的沿街界面。建筑主体向西退让，局部悬挑，活化城市空间。

2. 美术馆内部空间自由度的塑造

美术馆的内部空间组织延续了建筑形态的连续性，强调参观者漫游式的自由体验。展馆形态来自于贺兰山石刻中的螺旋纹。无论是原始石刻、古典绘画还是装置艺术，都会发现螺旋纹的存在。并且回转的形态与观展流线相契合。利用螺旋纹放射性的特征将展厅，展廊以及中庭的位置错动，从而增加形态的动势，丰富室内空间。并且螺旋纹的数学概念与埃舍尔的潘络丝楼梯有密切联系，自由上下的观展体验正是美术馆的需要。设计舍弃最初用中庭串联各种功能的方案，而是将展厅螺旋上升布置。回转曲折的坡道和台阶连接展厅，形成无固定边界的自由空间，产生步移景异的空间体验。根据不同层高要求，在 6m、12m、18m 三个标高平台空间，形成空间的停顿与变奏。参观者可以沿着坡道连续观展，也可以通过平台上的垂直交通自主选择参观流线。

3. 建筑与宁夏自然人文环境的联系
1）主要中庭空间的塑造

区别于传统美术馆设计仅仅展示艺术品的封闭空间，设计更是提供了具有使用弹性的中庭空间。该空间并没有被赋予确定的功能，既可以同时容纳 600 人进行庆典活动的空间，也可以成为临时雕塑展厅。空间使用的灵活性增加了参观者的联想，促进人与艺术品的互动。中庭空间悬浮于建筑当中，在空间氛围营造方面，设计加入了时间的概念。中庭顶部将西夏文字的图案建筑化处理，形成遮阳格栅。从而引发随阳光变化，文字图案变化的特殊效果。参观者进入中庭时可以感知到时间的变化，变幻的光影效果与周边闹市氛围形成差异化。由于展廊往来于中庭和城市两个界面，观展可以感受到不同时期艺术作品和城市发展的时代变迁，所以该中庭空间被定义为"时光之印"。而展厅回转的自由空间则被定义为无形的"象"空间。方案意向结合宁夏独有的文化自然特征，最终被引申为"宁夏印象"。

2）材料的选择

建筑立面使用暖灰色石材，呼应贺兰山的起伏山势。底层设置玻璃幕墙，将与城市生活相关的观众服务区以及培训区包含在内，增加了室内空间与城市的互动。草坡、玻璃与石材形成三个层面，将建筑主体与大地景观脱开，更突出了建筑螺旋上升的形态。建筑顶部采用金属折板，夜间灯光从中庭空间透出，呈现出西夏文的图案，形成丰富的第五立面。

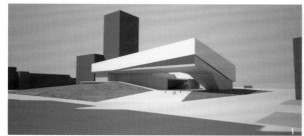
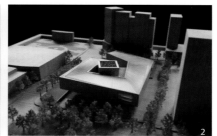
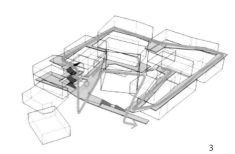

[设计点评]

蔡永洁
同济大学建筑与城市规划学院建筑系 系主任，教授、博导

章明
同济大学建筑设计研究院（集团）有限公司 原作设计工作室

曾群
同济大学建筑设计研究院（集团）有限公司副总裁，副总建筑师，教授级高级建筑师

设计的过程始终充满了探索与批判，不懈的努力非常值得肯定，关于地域性的思考也是非常积极的。但整个工作似乎缺少对于问题更精准的理解与把握。以"沙、水、树"方案为例，有了概念之后，显得没有办法把概念予以落实，反复的关于形的推敲阻碍了设计的推进，特别是中期之后，基本上徘徊不前，甚至倒退；期间充满了概念与空间(形)的矛盾或模糊性，同时三个院的概念显得过多，"沙"院也许可以是唯一应该贯彻的思路，线索的简化可以帮助思维，同时引导形的建立。就过程来看，总体上考虑问题过于凝重，想解决的问题也多，聚焦设定的要点不够。相比较，"时光之印"显得轻松了许多，尽管概念与实际效果比较有些牵强，但很愉快地走完了设计过程。两个方案看上去都在找寻概念，但概念一定程度上影响了设计，避开这些概念，设计会简单、轻松很多。

两个方案的成熟度都存在问题，概念与形的契合性可加强，其次是形本身未能建立起与一种空间的形态或结构的关系。比较有价值的选择是耐候钢板，如不考虑造价的因素，是一种具有批判性的地域性表达。

设计就是认知与态度，是我们对外在世界与内在世界较为个体化的感知与理解，是基于这种认知之上的态度外显。这个外化态度必然带有一些社会化色彩。认知是一种状态，态度则意味着选择与放弃。认知与态度并不总是一脉相承或完全对应，甚至相互背离。单方面的认知与态度都不构成完整的设计。

众多方案在认知层面显示出个体感知的差异与丰富，如对"水与沙""边界""路径""街区""图腾"的认知。这些片断的、个体化的、情绪化的、灵光乍现的认知又是设计中最本真的部分。但它还不构成设计，因为必须取舍态度，是沿着地域文化脉络梳理出符合文化逻辑的叙事情节？还是顺应城市生活脉络开辟出能够和现有城市肌体对接的新肌体？

最后的深化方案几乎就是以上两个方向的体现。从认知到态度的演变中，方案一保持较为稳定的倾向，思想脉络依稀可见。最初的人文情怀具有场景感召力，也明确地让人察觉到主观印象的植入痕迹，经过历次修凿而更沉稳，又稍感奔放情怀束缚于严谨逻辑，以至整体略显局促。如能更重视个体间的关系，而非遵从于统一的秩序原则，有望呈现更自然放松的状态。

方案二的思想产生较为突然，似乎是前期"多层地表"与"螺旋线"的综合。但从和现有城市肌体对接的层面看，放弃"街区"概念有些可惜。如能将艺术"街区"想法做更深入研讨，而非仅截取城市街区的空间意向，可能会有更有趣的前景。

方案一试图从建筑本体的结构、空间及其关系的角度来展开设计，展现了设计师对建筑学基础价值的一种追求，这在当今设计领域不失为一种态度，由于是较为前期的方案设计，所以设计师展示了大量思考的过程，遗憾的是这些主要是对于外部形体的碎片化的探讨，而设计师所乐道的空间反而在整个分析过程中显得很不清晰。我们很难从分析图中完整理解内部的空间逻辑，而且对于平面功能的设计似乎并不关心，因此我们既看不到成熟可行的功能设计，又看不到精妙的空间阐述，希望接下去完善这部分，同时希望空间方面有设计师所说的那样特色。这样才可能是一个完整而独特的设计。从目前方案效果来说，建筑与外部空间的关系，材料的选择都可行，不过仅此而已，因为最关键的内部空间表述不够完善。

方案二从城市和人的行为出发，来展示设计师对于大型城市公共建筑的理解，这一出发点是恰当可行的，方案体现了较好的公共性和参与性（与方案一形成反差），回应了建筑与城市的互动问题。方案对于内部的功能，流线、空间的安排亦有很好的考虑，基本合理可行。是一个比较中肯的方案，也具可实施性，但同时创造力也略显不足，无论是形体还是空间都呈现出比较普通的状态，希望可以再进一步优化，尤其是空间部分，应能打造更具特质的文化建筑。

同济大学设计创意学院位于设计氛围浓厚的上海，由同济大学建筑与城市规划学院艺术设计系发展而来，其设计教育深受德国"包豪斯"学派影响。2009 年 5 月，同济大学借鉴世界设计与创新学科的最新理念与模式，在同济大学艺术设计系的基础上，成立了"同济大学设计创意学院"。

探讨超越物品的意义
"造，化：中国设计"展览亮相赫尔辛基

Exploring Meaning beyond the Artifact
"Artifact Beyond: Design in China" Exhibition in Helsinki Design Museum

罗之颖 / 主持　LUO Zhiying

　　"造，化：中国设计"展览（Artifact Beyond – Design in China Now）于 2015 年 8 月 14 日在芬兰赫尔辛基设计博物馆开幕。为时两个月的展览引起了芬兰社会各界对中国设计的关注，从媒体的争相报道到专业或普通人士的提问，无不显示出展示作品的力度和吸引力，而更深一层则是中国发展给世界带来的影响。

　　本次展览是 2015 赫尔辛基艺术节"写真中国"中国主宾国活动（2015 Helsinki Festival Focus China Program）的开幕式活动之一，由中国文化部中外文化交流中心（Center of International Cultural Exchange, Ministry of Culture, P. R. China），赫尔辛基设计博物馆（Helsinki Design Museum），同济大学设计创意学院，中央美术学院设计学院共同主办。展览聚焦中国设计，以当代设计为主，兼顾传统工艺与民间生活用品。从策展角度，试图避免策展人的主观意识导向，而是通过层次丰富的展品和方式，让观众体会现下的中国设计产品和社会现状。从面向大众所设计的产品，到针对小众生活情调的物件，展品选择范围宽泛，力图反映今日中国文化需求的丰富层次。

　　策展按照与展品相关联的社会特点规划出六个主题："意"着重介绍中国造物中体现的内涵、象征和寓意；"茶"情景式地展现中国当下的社交和养生习俗；"材"从竹材着手展现设计中材料应用的创新；"艺"通过器物展示了传统文化中技艺与智慧的传承与发展；"数"展示了设计产业中数字化和快速成型的前瞻性产品；"气"体现了现代化与环境的共生所形成的氛围，传达了中国当代设计中出现的锲而不舍与喜性而为。不同类型的展品为各主题提供了垂直方向上的深度切入，将展品与其传承脉络、使用群体、材料工艺、制作工具和历史文献等渗透交织在一起，建立立体结构的展览模式，使观众感同身受地体会中国器物设计的因果和意义。

意——理与愿

叠罗汉 博古架

"多少家具"品牌的代表设计作品。中国传统的板凳层层叠置，寓意齐心合力，步步高升，展现出井井有条、顿挫有致的韵律感。

无论置于沙发背后，还是依傍电视机旁，只要把客厅的某一个墙面交给"叠罗汉"，这个墙面立刻产生意想不到的生动感，成为这片空间的主角与"亮点"。

设计是为了需要，而不只是空想，设计的更高境界是神思飞扬之后的淡定超然。

设计师：刘奕彤

材料：黑胡桃木

尺寸：Dimension: 2 030mm × 350mm × 2 010mm

年份：2009

席——茶与器

铁打出 风炉

天为阳、地为阴，阴阳相辅相成具有朴素的辩证观。"铁打出"风炉分为上下两件：上炭炉配有提手和膛门，拎提手炉身可以侧翻，以便炭灰自然从膛门倾出；下碳箱用以存放炭块，并起到隔热的作用，从而保护茶席的桌面。

"铁打出"肌理天然，工艺深邃。炉身机理源于书画术语"屋漏痕"：形容雨水顺墙而下，沿着凹凸不平的墙面蜿蜒流淌渗化，流水时走时停且直且曲，形成浓淡顿挫的痕迹。每件器物都带有特色纷呈的独特肌理，"如同屋漏痕，师法自然"，若有似无，浓淡相宜。

设计师：李共标

材料：老铁，锻造

尺寸：Dimension: 150mm × 150mm × 430mm

年份：2014

材——旧与新

[笃]系列竹马自行车

"笃DUOO"是一个实验品牌，致力于对材料和工艺的独特实践，以及对事物本质的精确表达。通过构建人与物之间新的关系，使人们获得新的思路认识世界、感知世界。它提出"CHINA INSI"设计理念，通过将中国式的智慧融入现代产品中，从而使现代中国产品焕发传统文化内涵。自行车的复苏，是城市化发展遇到交通瓶颈后的必然趋势，也是绿色环保出行方式的多样化选择之一，竹子与自行车的结合，也就是设计思维的一种顺势而为。

"青梅竹马"源于李白的诗歌《长干行》。作为"笃DUOO"的一个系列，"青梅竹马"竹自行车创新地采用了原竹作为部分车架的构件代替传统的金属车架。竹材具有环保、低碳、快速生长的特点，竹子一般在 3-4 年就可以成材，非常适用于现代大规模工业生产。竹材具有高度的韧性和极佳的吸震特性，同时也减轻了自行车重量的 30%~40%，提供了极佳的骑行体验。"青梅竹马"竹自行车采用的竹材，选自云南中缅边境海拔 2000 多米的高山中，得天独厚的地理条件使得竹材具有实心的结构，密度更高，因此具有足够的强度和韧性来作为自行车的受力结构。在进行了防腐、防潮、防暴晒的工艺创新处理和上万次的强度测试，历时近一年的多次实验改进后，成功实现批量生产。

设计师：杨文庆

材料：钢、竹和其他

尺寸：Dimension: 1720mm × 560mm × 950mm

年份：2012

上海微风 折扇

"扇扇有凉风，时时在手中。"扇子首先是中国人日常生活中最为实用并环保的纳凉工具。

上海市作为 2010 年世界博览会的东道主，展现出开放包容的心态欢迎来自全世界各地的朋友共襄盛举。受到中国文人墨客儒雅礼仪的启发，"上海微风"在扇骨上将上海有名的 28 个地标和建筑以东方特有的镂雕形式表现出来。

当扇子缓缓打开时，映入眼帘的不仅有现代摩天大楼，更包括了著名的外滩历史旧楼和母亲河——黄浦江，寓意上海成为世界一流城市的开放和优雅的缓缓展现。在五月的艳阳下拂扇把玩，既能怡情，又能享受清凉的"上海微风"，感受暖暖的上海风情。

设计师：刘传凯

材料：竹

尺寸：Dimension: 200mm × 25mm × 20mm

年份：2010

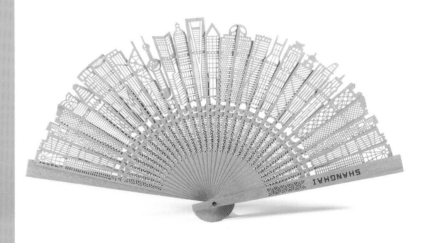

水纹莲蓬灯

灵感源于自然界中正在流动的水的瞬间。

设计师：谢东

材料：骨质瓷

尺寸：Dimension: Φ390mm × 120mm

年份：2014

飘宣纸椅

"飘"宣纸椅以中国传统宣纸材质，运用余杭油纸伞的糊伞工艺，全手工制作，将纸伞这一濒临消失的中国传统手工技艺带入一个崭新的领域。"飘"宣纸椅，运用余杭油纸伞工艺自如方法。该作品曾获得"2012年米兰国际设计周"设计沙龙展全场唯一大奖。

设计师：张雷

材料：宣纸，榉木

尺寸：Dimension: 700mm×650mm×750mm

年份：2012

看见·听园 提盒

"看见·听园提盒"是"看见造物"品牌为中国木铜工艺特别定制的限量版作品。采用传统的"弯料指接"卯榫工艺，使木与木自然结合，突出表现了木材本身之美与人的工艺智慧。盒中的半圆转盘，采用了暗阁内镶的紫铜轴承，力道贴合，质感十足。紫铜件均为手工车出，与头层纯小牛皮绷起，在富有光泽的铜色中感受一定重量，又含温暖的手感。作品经过数次打磨与固定成型，长期使用不会出现开裂或变形。以厚实箱体为基，空旷木枝为展，于收放之间，秉承写意手法，接纳生活之美，带来优雅从容的江南风情。

设计师：沈宝宏

材料：黑胡桃、牛皮、紫铜

尺寸：Dimension: height：Φ276mm×80mm；Φ130mm×180mm

年份：2013

艺——技与智

中国画的三维解构屏风

屏风的设计源自苏绣、太湖石与中国画，外轮廓是由三块大小不一的太湖石抽象而成。画面由设计师与苏州刺绣研究院合作完成，选取大面积留白的传统中国山水、花鸟画，将山、水、船，花、鸟、树枝切分为三个层次，分别绣在各自系列的三块屏风上。刺绣工艺采用了"劈丝"，即将一根花线分为若干份，注重合理用线和丝理的变化。值得一提的是，当三块屏风成型后，无论是轻轻移动它们的相互位置，还是从其前面慢慢走过，因为原本在同一平面上的画面被立体化为三个层次，所以观者都像是看到船只在湖面轻轻划过的意境，或鸟儿在树枝间穿行。这也与苏州园林中通过障景、遮景、借景使游园者的视线不断变化、不断调整的造园手法不谋而合，从而使景观此充满变化，充满韵律。

设计师：杨明洁

材料：双面绢绣、印丝、金属、木

尺寸：Dimension: 220mm×400mm, 230mm×320mm, 160mm×500mm

年份：2014

数——算与美

观云篇

"观云篇"是"极致盛放"品牌设计的代表灯具系列，旨在尝试将中国古典园林文化的经典纹样提炼形成三维语言，用于现代生活用品的设计。系列的每一款都被以云的表情进行命名，其灵感来自于清代乾隆花园中石雕底部须弥座上的云纹，同时贯穿着设计者在飞机上坐看云卷云舒的观感体验，与中国唐代著名诗人刘禹锡名篇《观云篇》同名。

灯具外壳采用尼龙粉末 SLS（选择型激光烧结）技术，精度极高，内部是环保节能的 LED 光源，透过外壳散发出温润如玉的乳白色柔和的光晕，表面流动的线条给人以温和舒适的感受并能有效地避免炫光。

设计师：Steven Ma, 王蕾

材料：尼龙粉末三维打印

尺寸：Dimension: 140mm × 200mm × 170mm

年份：2014

空气加温器

这是一款智能家居产品。将陶瓷，实木等运用到外壳设计中贴近自然并与不同环境相融，按键设计便捷。拥有先进超声波技术，每秒震荡 240 万次，产生极其细小的水雾，改变传统精油燃烧加热香薰疗法。自带柔和夜光灯，营造温馨的环境，使室内湿度保持在最理想的状态，空气更加清新、自然。

设计师：杨朝顺

材料：环保 PP、陶瓷、电器件等

尺寸：Dimension: Φ92mm × 220mm

年份：2013

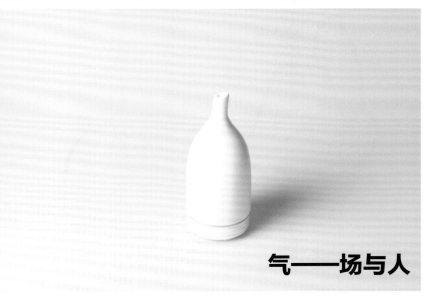

气——场与人

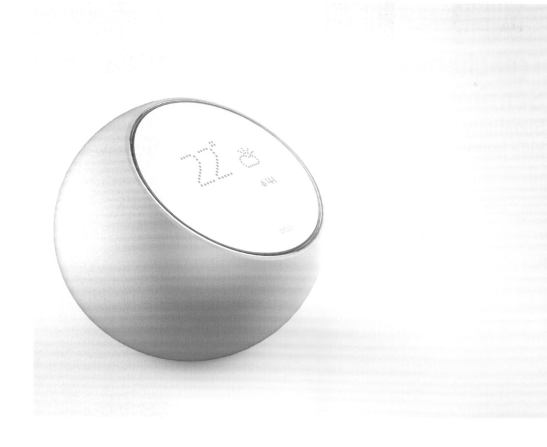

空气果

"空气果"是一款由室内机、室外机及手机应用软件（APP）共同构成的智能环境监测产品。其核心用途为检测室与室外环境数据，伴随安装用户增多形成微型气象站点，通过云端及时分享到每一个用户的手机，帮助用户及时了解和上传分享当日天气状况同时，还可以通过室内机与家中其他电器联网，同步控制家中电气产品。目前，手机端的 APP 应用软件用户量已经突破 3.3 亿，日活跃用户超过 3000 万。室内产品具有检测 PM2.5，温湿度，二氧化碳浓度等功能，室外机可检测 PM2.5，温湿度以及室外气压。整体造型圆润可爱，手持感极佳，铝质氧化表面彰显科技感且富有质感。整机只有一个 LED 点阵屏，同时也作为唯一开机按键，其他操作全部由屏幕两侧红外传感器完成，用户只需挥动手掌，即可实现显示数据切换，简单且极具趣味性。

设计师：孙英杰

材料：氧化铝外壳、亚克力屏幕、电子元器件

尺寸：Dimension：84mm × 90mm × 70mm

年份：2014

"悟" 无人机

"悟"是以行业领先技术打造，融合 DJI 的核心技术，集 4K 相机，实时高清图传等功能 为一体的航拍飞行平台。机身变形设计和高强度碳纤机臂，带动四个螺旋桨在空中升起，带来无尽的宽广视角，变形收起的起落架可 让相机 360°无遮挡。

材料：工程塑料，碳纤维，金属，光学镜头，电子元器件等

品牌：大疆科技

年份：2015

网址：www.dji.com/inspire-1

注：内容由同济大学设计创意学院提供

龙革，男，华东建筑集团股份有限公司 副总裁

凶险的市场，情怀的组织
简单是终极的复杂，面向未来的选择之三供给侧结构性革新
Treacherous market, Organization of Sentiments
Simplicity is the Ultimate Complexity, Three structural supply side innovation Facing the Future

市场凶险，市场从来都是凶险，当下的市场尤其凶险。但勇者无惧，唯以直面，有策略、有方法、更有担当，前行路上定有坎坷和荆棘，可虽经百折而不挠，上下同心，探究不息，这样的企业，谓之"情怀的组织"。

1. 行业形势研判

我们身处的行业，在过去的一年，公司收入下降 30% 大概算是正常，能坚持不裁员的都是良心。这也实际反映了经济的现行状况。但若横向比较而言，无论是欧洲、亚洲，还是非洲，很难说有哪个地区有很好的经济，美国也好不到哪里去。我们确实困难，但别家更困难。中国经济，无论如何，至少最近几年里还是世界发展的动力。所谓新常态，我们要理解为，对于未来就是常态，就是我们要长期面对的一个生存氛围。

行业不好，但是行业里也有做得好的企业，能够逆势飘红。其中有政策的因素，比如说在水利方面，国家一直在持续地加大投入；也有把握并契合了发展的脉络和趋势，如对地下空间、城市更新等领域的积极应对。行业的竞争越来越激烈，甚至被说成是"没有下限、没有底限"。这与自身的能力也有关，没有能力、没有资源的企业只能拼下限，但是有资源有能力的企业，甚至可以凌驾于业主、甲方之上，强势地接洽业务，这种情况并不鲜见。

2. 转型案例分析

最近接触了两家企业。首先分享的是惠球科技（600556），2015 年，其每股盈利一分钱，2016 年每股盈利也可能只有一毛几分钱，并不是一个盈利能力很强的企业，为什么会获得资本市场的认可？它只做了一个动作：原先公司是做中药材，保健食品的基础行业，现在把"智慧城市"作为战略转型方向，跟几个城市签订了战略合作框架协议。专注于做"智慧城市"，并且采用"双平台 + 生态圈"的经营模式，即两个核心平台，投融资平台与核心业务平台，并沿着智慧城市建设的相关产业链，搭建集产业协作、高潜企业孵化以及大数据经营三位一体的生态圈，获得了资本市场的追捧。虽然每股盈利是一分钱，但是市值水平良好，未来的发展空间也非常巨大。这说明在资本市场上，目前的盈利并不重要，未来的发展才是重要的。

第二个分享的案例是苏交科（300284）。苏交科大概是整个设计行业里第一家上市的公司。2008 年刚上市时仅为约有两千人左右，年产值 4 亿元的偏安于一隅的地区性专业类设计公司。现在，它已经在市值和利润上取得了快速发展，跻身于全国性的综合性设计公司前列。它有哪些举措？首先，进行收购兼并，在 3 年里收购了 6 家企业，并且都得到了很好的整合，目前这六家企业在 2015 年度贡献的利润已经占到所有利润的 50%。其次，通过 BT、PPP 的模式带动产业发展，工程承包业务增长较快。至少就未来三年的发展预期来说，也还会持续保持快速增长的业态。

3. 增长方式探讨

由以上的分析引申到笔者对行业发展方式的探讨和思考。

资金肯定是强有力的措施和手段，但这不是本文探讨的方向。

资本的力量虽然强大，但是资本也并不是仅有的武器，在资本之外还有更具创新的增长方式，即通过供给侧结构性改革，通过对组织结构的革新，企业可以获得更大的能量、更强的核心竞争力。相对于传统业务的投资放缓和产能过剩，企业可以更为主动地提升自己的能力，寻找到新的市场需求方向。

如何做？很简单，就是以发展技术为优势，进行纵横向延伸，在整合内部资源的同时，形成全新的核心竞争力，即实现外部资源的嫁接。把企业跨业经营的能力从弱变强，把企业获取业务的能力从弱变强。

关于创新增长方式，笔者认为，供给侧结构性改革有这样一个循环：即通过组织维度的深化改革，达到专项化发展的深度耕耘，然后将所有的资源进行集中化发展，最后做到跨业的发展。

在组织结构革新方面，要做到：有组织的无组织，无组织的有组织，大组织的小组织，小组织的大组织。

现有的组织结构是长期发展所形成的，非常有执行力和针对性，也是企业安身立命的强有力的平台，但是这个组织结构是不是会一成不变地发展下去。笔者觉得，好的企业要顺应时代发展，未来的发展已经不太适合这种组织结构形式。虽然就变革而言我比较相信破坏性的、颠覆性的改革，但组织结构的革新还是要稳妥并且循序渐进，应在有组织系统内部进行一些不间断的持续的改革。

现在一般是通过化小经营单位来划分企业内的机构，这不是一种专业发展的集聚。特别是设计院的号码所，一所二所三所之间只不过是经营能力的区别。这种组织结构适不适应现在的发展？用哪个所来对应海绵城市、用哪个专业来对应智慧城市、城市更新怎么集聚资源，用什么组织形态去对应共同管沟、通过什么组织结构去对应万达这种长期复制性比较强的业主，都是值得思考的问题。所以"有组织"是指在现有的体系里，所说的"无组织"是指能否打破一些组织的边界，进行合理的资源调配。"无组织的"未必具有组织的形式，但一定具有跨部门、跨边界的资源调配能力。这是我所说的"有组织的无组织"。

所谓"无组织的有组织"，就是平台化。"八戒网"未必值得我们效仿，前行之路也不明，但它的一些思想是值得我们学习的。好的公司、伟大的公司今后一定是要往平台化方向发展的，但是平台未必要延展得那么宽广，可以先从网上设计院做起来。

传统的组织是工业革命时期的产物，是一种很讲规矩、很有秩序，甚至冷冰冰的机械而重复的做法。未来的组织、在网上的组织，则更强调人情关系。未来的团队要有更强的自发选择性，而不是领导的简单调配性。所以我觉得要做到大组织内的小组织，要实现一种能效的结合，这绝对不是团团伙伙，这是志同道合，是有机高效的结合，更是目标，行动一致的协同，是谓"大组织的小组织"。

"小组织的大组织"，是有感于参加央视的项目。库哈斯整个事务所只有几十个人，但是他可以迅速地为项目组建跨越组织结构，统领全球资源，是具有强烈的采购和管理能力的项目组织。所以组织结构里未必要具备所有的要素和能力，可以去采购、去合作，但是需要有资源，需要信任和被信任，需要有相适应的管理能力，特别是利益分配机制。

4. 核心能力构建

通过以上组织结构革新，通过供给侧结构性改革，最终颠覆甲乙丙三方的关系。所谓甲乙丙方，即现在传统的发单子、接单子及供应链的关系，但是笔者理想中的甲乙丙方关系是具有颠覆性的。尤其是站在历来势薄的乙方，战战兢兢地服务供应方，我们是否能够强大到可以统领各方？

1）超甲方（Over A）

设计企业要做超甲方。通过资本的力量，通过专业的技能，通过全过程策划和管理的能力，来引导甲方、统领甲方，最后顺其自然又毫无疑义地使甲方把项目交到我们手里，同时获得超额收益。

2）大乙方（SuperB）

设计企业要做大乙方。通过延展自身的能力，破除自己原有的边界，使得外部合格的分承包商、专业咨询公司等社会资源，甚至公共服务机构、政府、金融机构等，都能够为我所用并高度集成，先从设计总承包和项目管理做起，进而自高而下地做EPC，最后强大到可以自由整合所有的内外部资源。

3）合丙方（Together C）

设计企业还要做合丙方。使得产业链上的第三方供应商、制造商所生产的大到钢结构、小到卫生洁具，都能为我所用。这不仅是对材料的选用，而是要使整体交付过程都成为设计方产品结构中的一部分。广东有一家公司，专注做养老设计，继而做养老投资，最后甚至定制化地对养老设施里的卫生洁具进行定牌生产，这些都是它的利润和产值。耐克公司就是这么做的，更伟大的苹果公司也是这么做的。设计企业最终不仅是交付图纸，而是要做最终产品的交付者，建筑工业化要求我们走进制造领域，走进装备领域，这实际上不是"制造"，是"智造"，这就是我理想中的合丙方。

5. 未来发展无限

什么是情怀：有理想却不妄想，有激情却不矫情，有自省却不自负，守规矩却不墨守成规，面对纷繁复杂的世界始终以自由而简单的美好处之，以无为无用的心态做有为有用之事，这些，是笔者对情怀的理解和信念。

我们不乏情怀的个体，但更需要情怀的组织，相比传统，她灵动、敏感、温暖潮润，更值得长远期盼和跟随。一个伟大的企业不仅要考虑未来几年的发展规划和战略，而应有基业长青的组织规划。只要能适应，就能够生存，就能够发展，在强大过程中做到更强大。情怀组织，在工作上要从平面走向立体甚至多维，在边界上要从跨业走到跨界，在形式上要从有形走到无形。做到了这些，市场在我们心中，哪里还有什么凶险存在！

工程勘察设计企业变革转型发展思考

Reflection on the transformation and development of engineering survey and Design Enterprises

祝波善，男，上海天强管理咨询有限公司 总经理

对于工程勘察设计企业而言，2015 年是局势复杂多变、生存压力剧增的一年。企业生存的商业环境发生着巨大变化，传统的业务需求出现了相当程度的下滑，市场竞争面临新的压力，对于未来发展走向充满了诸多的不确定性。行业发展目前面临的问题不是市场的周期调整，而是对传统服务模式、价值创造模式的终结。必须要创造出新的价值创造模式、新的业务服务模式，行业才可能实现其持续发展。具体到业内单位，需要切实推进变革转型，实现盈利模式、业务模式、组织模式、资源模式创新，从而实现能力的再造与升级。

1.面对未来必须思考的两大关键问题

1) 面临复杂多变的环境，设计单位增长的动力在哪里？

今年上半年，不少单位业务增长势头明显下降。这轮增长的高点到底在哪里？住房城乡建设部数据显示，每年都是以 30% 左右的速度增长，仅有一部分单位保持增长，大部分单位持平，还有一些有明显下滑。那么，接下来增长的动力到底在哪里？大家都在谈变革、转型、跨界，具体如何应对？这是我们面临的深层次的问题。

2) 面临复杂多未来各种类型、体量的单位出路在哪里？

在很多领域，如工业院，过去 10 年因为总承包业务的快速发展而形成了明显的分层——大院越来越大，中小院很难跨越。这是过去 10 年发展的一个结果。依靠总承包发展起来的大院都普遍面临产能过剩的问题，很多单位还在谈以设计为龙头的总承包，现在发现没有东西可包了。

过去，市场条块分割大而全、小而全，同质化情况客观存在，但将来这种情况一定会改变，不同类型单位市场竞争的业务模式会发生变化。怎么看待行业的发展？简单说是发展模式的多样化、多元化。行业的边界会越来越模糊，并被重新定义，几年前习惯的东西将受到冲击并发生变化。未来，行业在新一轮周期找到的发展之路一定是更具个性化的发展方式和盈利模式，企业要强化产业思维。

2.未来六大发展方向

1) 市场化

行业监管逐步在改变，市场化对于每个企业来说意味着：市场格局发生变化，市场竞争要素发生改变。过去认为可以占领行业领先地位的做法会渐渐失效，未来市场的融合程度不断提升，设计施工走向一体化，跨行业融合会进一步扩大。过去半年出台的政策比较明确，市场化的改革思路比较清晰、确定。

2) 产业化

2013 年年初，住房城乡建设部发布了《关于进一步促进工程勘察设计行业改革与发展的若干意见》，第一次提出要面向全生命周期提供服务。2014 年国务院印发的《关于推进文化创意和设计服务与相关产业融合发展的若干意见》又提到产业融合。建筑产业化、全生命周期服务、产业融合、产业链有密切的相关性，反映了行业发展的方向。过去业务虽然延伸，但是主次分明，仍然还是一个设计院，做监理等业务能力并没有一个很好的循环。尤其前期做咨询往往不涉及到营运，落不到实处，是一个闭循环。

行业按照原有的业务模式发展已经不可持续，要拓展成为建设工程的全生命周期提供服务，就要包括前期的咨询、规划乃至融投资、策划、后端的运营维护。将来价值链要么处于前端，要么就是某方面特别有特色，要么有整合能力。将来的竞争很大程度是体现在产业链的竞争上，或者在某个方面有专长可以和别人进行有效的协同、协作。将来的业务不是条块分割的，而是分层的。在分层的背景下，很多单位按照现在的模式走下去是很难适应的，必须要以产业思维支持新的业态和模式创新。

3) 资本化

设计单位走向资本市场，在业务拓展中如何运用资本的手段？资本化的加快反映了市场行业格局的重大改变，随着业内单位上市步伐的加快，将来上市的单位将会成为一种独特的力量，上市监管的要求会促使业务模式、营运模式发生新的变化。

4) 国际化

如何"走出去"？过去，设计院"走出去"的境外收入 80% 是总承包，设计是个位数的，"走出去"的单位主要是以 EPC 模式，现在 EPC 也碰到问题了，国际上的主流是 PPP。国际化的另一层含义是，我们的市场要对国际机构放开。2014 年以来，国内单位在国际上实施的并购加强，包括华建集团股份公司收购美国威尔逊室内建筑设计公司等，而国外企业在中国的收购活动也是较为活跃的。

5) 信息化

将来在信息化的大潮下，我们很多人将没事做。过去 10 多年谈的信息化更多的是 AutoCAD、计算机辅助设计。今天我们讨论的 BIM 等问题，不再是以计算机辅助我们工作，而是要改造我们的工作方式和思维理念。近年来平台化发展成为热门话题，这是基于互联网时代的派生话题，互联网时代绝不仅仅是技术手段。

6）绿色化

经济社会发展需要与生态环境相协调，加快推进生态文明建设是加快转变经济发展方式、提高发展质量和效益的内在要求。2015年5月国务院发布《关于加快推进生态文明建设的意见》，明确提出把绿色发展、循环发展和低碳发展作为加快推进生态文明建设的基本途径，形成节约资源和保护环境的空间格局、产业结构、生产方式。面临日益严峻的环境问题，倡导绿色经济已经成为一大主流发展方向，有机农业、生态农业，生态旅游、环保产业等众多领域迎来重要发展机遇，进而促进绿色技术、装备和服务水平全面提升，促进产业集聚，引导绿色发展成为新的经济增长点。

3.需要强调的三关键词

1）整合

如何有效地整合内外部资源？过去我们也在谈整合，关于综合所、专业所的问题，但讨论到现在都没有答案，因为很多思维方式没有跳出来。整合真正追求的是内部、外部的资源整合。在外部环境变化、市场格局调整之后，单位资源整合能力决定了其市场地位。

2）集成

过去一谈管理就是权责，主要是内部分工。现在面对外部环境，任何单一的结构都是有问题的，所以要有集成的思维，单位内部要分层。过去是平行分工，未来单位要分层。第一层面：承担策划推进，外部和客户接口层面；第二层面：任务执行层面；第三层面：支撑层面。分层后才能谈集成。

3）创新

现在讲的创新是更加宽泛的概念。变化中最大的问题是人的思维方式和逻辑结构，变革很大的问题是逻辑的改变。我们往往纠结先有鸡还是先有蛋，其实这个思维方式是错误的，因为他们的演变既不是鸡也不是蛋，后面也不会是鸡或者蛋，在变化过程中哪个该做你就做，鸡和蛋的逻辑还是基于原来没有变化的情况。

4.坚持一个发展核心——塑造企业核心竞争力

在市场的要求下，企业价值的创新重塑、业主需求的开发、挖掘、引导以及满足将是企业更加关注的要点，随着市场化进程的深入，行业管制的放松，未来行业的发展格局可能会发生改变，行业内企业发展的核心竞争要素将会发生改变，原来依赖资质，依赖地域优势，上级主管部门的"照顾"而成为企业发展的核心竞争力在市场化条件下都将发生改变。

设计单位的竞争力提升必然是一个系统工程，是一个多要素协同耦合的工作。基于对设计单位发展内外部环境的深刻把握，设计单位的竞争力提升需要从理念、思维、模式、产品、执行等五个方面协同发力，真正做到"五位一体"推进。只有如此，才能有效应对剧烈变化的市场环境，跨越发展的困境，积蓄持续发展的力量，有效推动自身的转型升级。

1）构建经营理念——价值服务理念

理念是企业发展一切问题的本源。设计单位的理念很大程度上集中在经营理念、价值理念与资源理念三个方面。立足于经营理念角度，企业将从"机会式项目经营"向"企业的有序经营"转变，价值理念则是要从设计单位作为现代服务业的本源出发，即对待自身服务的价值衡量、为客户创造的价值思考，既要立足于工程建设全生命周期定位服务的价值创造与实现方式，还要合理平衡短期价值、长期价值，策略价值、战略价值，局部价值、整体价值，经历了十多年的快速发展之后，面对发展环境的诸多变化，需要的是真正回归行业的本质——价值服务、竞争力提升、资源整合！

2）转变发展思维——平台思维、产业思维、变革思维

思维的滞后与僵化往往是导致一些单位裹足不前，或在竞争力提升道路上进退徘徊的根源。结合社会经济的发展特点以及设计行业的服务特性，设计单位的思维很大程度上体现在平台思维、产业思维与变革思维三个方面。平台商业模式的精髓，在于打造一个完善的、成长潜能强大的"生态圈"。它拥有独树一帜的精密规范和机制系统，能有效激励多方群体之间互动，达成平台企业的意愿；作为专业服务机构，工程勘察设计单位的资源整合存在着各种各样的困难，局部与整体的利益平衡、短期与长期的利益平衡是其表象的困难，深层次的困境体现为任务达成与价值创造之间的平衡、横向分工与纵向集成之间的平衡、货币资本与人力资本之间的平衡。解决这些问题与困境需要产业思维；以变革思维主动推进企业转型升级，变革思维推动企业从被动适应向主动应对环境改变，同时针对企业转型升级的构想难以落地的困境，给予切实的变革路径指导。

3）提升经营模式——业务模式、组织模式、治理模式

设计单位经营模式是竞争力提升的主体，结合设计单位的运作内在特点，模式层面的问题核心包括业务模式、组织模式与治理模式三个方面。与以往业务模式不同的是，在未来，我们的设计业务面临着与其他领域的融合发展

的各种可能与需要，更加强调的是基于价值服务、价值创造、价值衡量的融合发展。企业组织模式的创新优化必须要有效地解决企业内部资源的有效使用，以此提升企业的"软实力"——把组织的资源和能力进行有效的整合、集成，这就是集成思维。搭建多元化事业平台治理模式，应该打破边界观念，拓展资源整合的范围和广度，创新资源整合的手段，激发员工的创新活力，实现员工个体价值与企业价值在更广泛领域的突破。

4）打造产品化能力——满足客户需求，实现价值创造

工程勘察设计企业要解决市场/客户需求挖掘问题，要转变思维，需要有"站立月球看地球"的视野，跳出企业本身看行业、看产业，超越效仿，真正换位思考，探究市场与客户需求。找到客户需求之后，还需要筛选核心需求，进而据此开展产品策划工作，要做好三个转变，其一，转变以短期项目合同目标的合作模式，关注客户的长期战略价值以及双方的长期合作；其二，跳出技术主导的开发思路，真正体现客户商业价值提升的导向；其三，不仅关注服务内容的创新突破，也关注服务方式的优化调整，提升客户价值感受。

5）加强执行力

执行是让思考变成行动、让战略落地的根本保证。尤其是在企业变革转型期，应当全面提升企业领导的变革领导力，变革领导力是指领导者在组织经历变革时期，推动组织完成既定目标和应对挑战的过程中，激励追随者实现自我转变、引导组织变革以应对各种挑战和把握机遇的能力。其核心是要拥有企业创新思维，能够视变革为机会而不是风险以及驾驭利益相关者的需求。面对来自外部市场的变化、内部主动变革转型，勘察设计企业需要高度关注文化的凝聚力和约束力。

变革转型是一种思维，一种思考，一种思想！变革是手段、转型是主线、升级是目的。这一切需要新的理念支撑，更需要行动落实，在理念与行动之间则是路径选择问题。变革是一种理念、一种认识，是一种信念。变革需要信念支撑，这种信念支撑着我们的归零心态。变革是企业组织生态的重新打造，为此变革需要一种新的逻辑去支撑！未来大家都应该重新思考企业的定位，我们现在处在行业有界，企业无界的状态，行业需要划清边界管理很多事情，企业需要突破边界界定，真正需要立足于价值创造导向，才能实现创新发展，在新一轮的"大浪淘沙"中，做到胜者为王！

书籍信息：
书名：罗小未文集
外文书名：Collected Works of Luo Xiaowei
编著：同济大学建筑与城市规划学院
出版社：同济大学出版社
ISBN：9787560859880
出版时间：2015年9月第1版

郑时龄，男，中国科学院院士，同济大学建筑与城市规划学院 教授

读《罗小未文集》（代序）
Reading Collected Works of Luo Xiaowei Preface

郑时龄 / 文 Zheng Shiling

　　我们都曾经受过无数老师的教益，有些老师被我们一生尊奉为师长。一个人在中学阶段会受到班主任和某些自己喜爱课目的老师在人格和知识方面的熏陶，到了大学阶段则受某几位教授的影响最为刻骨铭心，罗小未教授就是这样一位硕师。她德隆望尊，学生遍天下，对学生人生的影响十分深远，同学们尊称她"罗先生"，而且是对建筑系的众多女教师中唯一这样称呼的，对其他女教师则一概称"老师"。这并非性别错位，而是表达一种发自内心地对博学笃志的学者、大师的尊重和对学识的敬畏。2015 年 5 月，我们班同学毕业 50 周年返校聚会，大学时期的老师都已退休，而同学们最想去看望的就是罗先生。她教给学生的不仅是渊博的学识，还有她的睿智、教养、研究方法和大家风范。

　　我是罗先生的双重学生，1959—1965 年，我在同济大学建筑系建筑学专业学习。罗先生在三年级时教我们外国近现代建筑史，当时我的课堂作业写的一篇短文谈现代建筑运动与艺术思潮的关系，得到罗先生的鼓励，说这篇文章可以发。这个鼓励让我从此热爱建筑历史和理论这个学科。1984 年我在《建筑师》杂志上发表的文章《工业建筑的发展及其美学问题》就是在当年这篇作业基础上拓展而成的。1978 年我回同济大学建筑系攻读硕士学位时，又在建筑历史课上得以聆听罗先生的教诲。1990 年起我得以师从罗先生攻读建筑历史与理论博士学位，论文题目曾经有过三次调整，我自己把握不住是否能写得下去，是罗先生最终定夺，要我具有问题意识和系统意识，确定写中国当代建筑迫切需要认识的价值体系和符号体系问题。

　　罗先生 1948 年毕业于圣约翰大学建筑系，1951 年起成为圣约翰大学的助教，讲授外国建筑史。圣约翰大学建筑系是中国现代建筑教育的先驱，除了教建筑，还开设现代绘画和现代音乐的讲座。罗先生还在约大读书时，就接受了现代建筑理论，领悟了建筑史与历史建筑的根本性差异。约大的学术和艺术氛围感染了她，经常有各种展览、演出和体育活动，人人都是建筑师，也都是艺术家。当我们 1965 年春天在杭州参加毕业设计，罗先生以雍容华贵的风度出现在一次晚会上，用美声唱法展示她的艺术功底时，在场的学生们和建筑师们满座惊呆，那时候哪有多少人见过这样的场面！尽管她唱的什么歌已经不记得了，但是，当时的形象和气氛至今仍历历在目。

　　1952 年院系调整后，罗先生成为同济大学建筑系建筑历史与理论教研室的创始人，从此锲而不舍地展开了长期的建筑历史与理论研究和教学建设。当年国内还没有其他的建筑院校开设外国近现代建筑史课，同济大学建筑系第一个开设这门课，完全缺乏文献资料。于是就自编教材和图册，收集图片，制作幻灯片，建立教学档案，以研究引领教学。当年没有实地考察历史建筑的可能性，历史又是最需究研史料的学科，作为先行者，很多方面只能靠艰辛的自学，啃书本，向其他教授请教。到了 20 世纪 80 年代初，罗先生才有机会出访，亲身考察历史建筑，访谈世界建筑大师和建筑理论家，佐证自己的观点，直至耄耋之年仍然没有丝毫懈怠。她在主持世界建筑历史与理论的研究和教学的 60 年历程中，致力于建筑理论、建筑历史、建筑评论与建筑设计方法的教学与

研究，在现代与当代西方建筑史、建筑理论与建筑思潮方面有极为深厚的造诣。她的研究范围也覆盖了中国当代建筑史，对建筑学学科尤其是建筑史学的发展做出了重大贡献，其影响遍及全世界。

　　由于历史的原因，中国的现代建筑发展缓慢，一波三折。还在 80 年代初，罗先生就发表了许多关于现代建筑和建筑师的论文，不遗余力地推动中国现代建筑和建筑文化的发展。罗先生是中国的世界建筑历史理论和教学体系的奠基者，同济学派建筑理论的奠基人。她最早将西方近现代建筑历史和理论介绍到中国，最早从学术上全面论述并阐明后现代主义。1982 年主编出版《外国近现代建筑史》教材，在 2004 年又修订出版第二版，增添了许多最新的内容和前沿理论。明末清初文人傅山说过，著述须一副坚贞雄迈心力，始克纵横。建筑历史是一门跨许多学科的复杂学科，编写历史教材实际上是一项巨大的工程，需要多学科的理论基础和知识背景，历史的、社会的、政治的、经济的、文化的、艺术的、科学的、技术的、地理的等等。从《外国近现代建筑史》中我们可以看到罗先生关注的不仅是理论和历史，也关注建筑设计、建筑艺术和建筑技术问题。她一直坚持反对西方中心论，最先提出外国建筑史的研究必须打破"欧洲中心论"的史学观，很早就把研究的目光拓展到伊斯兰建筑、非洲建筑和亚洲建筑。

　　在大学讲堂讲授建筑史首先会涉及意识形态和建筑史观，而建筑史相关的意识形态和史观又与历史学和哲学密切不可分割。改革开放以前的同济大学建筑系十分政治化，对意

识形态尤为重视，教师们在历次政治运动中也饱受各种冲击，教授建筑史就更为敏感。罗先生学习了马克思的历史唯物主义，坚定了自己的学术信念。同时又努力学习黑格尔和普列汉诺夫的美学，逐渐形成了历史是变迁的，任何事件都必须以历时和共时的意识去研究考察的建筑史观，主张建筑历史是建筑文化史和建筑思想史。她主张以论带史，是最早创导建筑理论、建筑史和建筑批评三位一体的学者。罗先生注重学术的发展，在 1984 年创办了重要的建筑学术刊物《时代建筑》。在 80 年代，她和清华大学的汪坦教授等共同主编了一套西方建筑理论译丛，将最重要的当代建筑理论著作译介给中国的建筑界，让建筑师、学者、研究生直接读名著，实属功德无量的划时代工作。早在 1989 年，她就在《建筑学报》上发表论文"建筑评论"，奠定了建筑批评学的理论基础。长期以来，她致力于引进国际建筑学术思想和建筑理论，提携青年，培养了许多学生，建立了共有四代人的建筑历史与理论教学与研究的团队。虽然早在 90 年代末教研室的体制就不存在了，但是犹如四世同堂的建筑历史教研室的老师每年都会和罗先生一起聚餐，带上家属。虽然教研室的许多老师也都年事已高，但是大家仍然视罗先生如家长。

先生在国际建筑界享有广泛的声誉，参与各种国际学术活动，曾应邀在美国、英国、澳大利亚、意大利、法国、印度等许多国际论坛、大学讲堂和会议上做报告，兼任世界多所大学的客座教授和访问学者。1986 年起担任意大利国际建筑杂志《空间与社会》（Space and Society）的顾问，1987 年被选为国际建筑协会建筑评论委员会委员。在为 1999 年第 20 届国际建筑协会（UIA）大会编辑十卷本的《20 世纪世界建筑精品集锦》时，罗先生担任编委会常务委员会委员，与国内外著名的建筑理论家共同工作，充分展现了她的国际建筑高瞻而又广阔的视野。

在广泛的国际交流中，罗先生与西方建筑界的诸多大理论家和建筑师建立了诚挚的学术友谊，扩展了罗先生历史理论研究的学术视野，与印度建筑师查尔斯·柯里亚、美国建筑理论家约瑟夫·里克沃特和肯尼思·弗兰普顿、美国建筑师贝聿铭等站在同一个高度，领悟了建筑与文化在深层次的联系。虽然罗先生认识到我们在世界建筑的研究上不可能做得像西方学者一样深透，但她也认为完全可以用这样的态度和方法来研究自己的建筑，这对罗先生长期以来所关注的上海建筑史与历史建筑保护的研究中颇有启迪。80 年代末至今，罗先生作为上海近代建筑与城市研究及历史文化遗产保护工作的先驱，做出了突出的贡献。文集收录的刊登在《建筑学报》上的《上海建筑风格与建筑文化》是一篇最早将上海近代建筑置于城市文化脉络中加以解读，并将文化人类学思想引入上海建筑史研究的文章。她主编和参编的一系列关于上海近代建筑的专著成为上海历史建筑保护的指南，她的历史研究成果在推动社会对遗产价值认识上的意义至关重要。《上海建筑指南》《上海弄堂》《上海新天地》及《上海老虹口区北部的昨天·今天·明天》等一系列专著，已经成为研究上海近代城市与建筑的经典文献，文集收录了她所写的前言和序言。罗先生还为上海市建立一系列建筑文化遗产保护制

度发挥了重要的作用，她直接参与了几乎所有关于上海优秀历史建筑的立法保护与建筑再生的实践指导工作。罗先生不仅有丰厚的理论著作，而且也在建筑设计上多有建树，她是同济大学建筑设计研究院的顾问，多次获得全国和上海市的优秀工程勘察设计奖，广受关注的淮海路历史风貌的保护、外滩信号塔的保护，外滩 3 号、6 号、9 号、12 号和 18 号的修复改造，"马勒公馆"、"新天地"和"外滩源"的保护改造项目，先生都贡献了她的学识和智慧。

罗先生是第二届国务院学科评议组的成员，长期担任上海市建筑学会的理事长，当代中国的建筑学和建筑理论的发展是和她的辛勤努力分不开的，为此，她在 1998 年获得美国建筑师学会荣誉资深会员（Honorary Fellow, the American Institute of Architects）的称号。中国建筑学会于 2006 年授予她建筑教育特别奖。罗先生曾经多次获得全国和上海市"三八"红旗手称号，获得过教育部的科技进步奖，全国优秀建筑科技图书奖等。

2015 年是罗先生的 90 寿辰，文集的编辑出版也是学术上的敬贺。这部文集收录了罗先生关于西方建筑史研究、建筑理论、建筑史研究、城市文化和建筑遗产保护、教育思想和研究方面的论文共 35 篇，从中我们可以看到一位学术开拓者的足迹。同时，我们也要感谢卢永毅教授和钱锋副教授，正是由于她们二位的辛勤编辑才使得这本文集得以面世。文集最后的罗小未教授年表和其他附录为我们认识罗先生的生平和思想提供了重要的脉络，从这本文集中我们看到的不仅仅是理论，我们也看到了时代和时代精神的演变。

书籍信息：
书名：神游：早期中古时代与十九世纪中国的行旅写作
外文书名：Visionary Journeys: Travel Writings from Early Medieval and Nineteenth-Century China
作者：田晓菲
出版社：生活·读书·新知三联书店
ISBN：9787108053640
出版时间：2015年10月1日

段建强，男，河南工业大学建筑系讲师，城市更新与遗产保护研究所所长，同济大学建筑与城市规划学院建筑历史与理论博士，复旦大学文物与博物馆学系访问学者

神游与范式：细读"文化再现形式"写作
评田晓菲《神游：早期中古时代与十九世纪中国的行旅写作》

Book Review on Visionary Journeys: Travel Writings from Early Medieval and Nineteenth-Century China

段建强 / 文　DUAN Jianqiang

"无论在中古时代还是现代中国，物与人都在不断移位，界限被打破，文化被混杂和融合。一个反复出现的主题是游历：头脑中的游历，身体的游历，无论是前往异国他乡，还是从北到南，无论是进入佛国的乐园净土，还是游观幽冥。把行旅经验记载下来，使作者得以把这个世界的混乱无序整理为有序的文字，在这一过程中找到意义，找到一定的图案和规章。因此，这本书的标题《神游》（Visionary Journeys），指的是那些精神之旅：充满了创造性和想象力、以一种高瞻远瞩的视野所做的漫游。"田晓菲在其新著《神游：早期中古时代与十九世纪中国的行旅写作》引言中，这样阐释其选择"神游"一词作为标题的原因。作为主要研究领域为中国文学、文化、书籍史及比较文学的哈佛大学东亚语言文明系中国文学教授，这是田晓菲继《秋水堂论金瓶梅》（2003）、《"萨福"：一个欧美文学传统的生成》（2004）、《尘几录：陶渊明与手抄本文化》（2005）、《烽火与流星：萧梁王朝的文学与文化》（2007）等著作之后的又一新著作，代表了其"文化再现形式"（Cultural Forms of Representation）写作新的研究。

对魏晋南北朝时期的兴趣，也就是西方学界通常所指的"早期中古时代"，在田晓菲的著作中表现得尤其明确。这在其先前的著作《尘几录》和《烽火与流星》中已有体现。与之前研究不同的是，这次《神游》的写作，不再仅仅着重于典型人物的聚焦点或特定时代的文学

文化，而是通过两个在历史时段上跨度极大的时代中的某类写作——她称之为"行旅写作"的文本——展开考察，来试图揭示文本写作背后身体、智力、精神的"漫游"状态。在这种意图下，使原本并不相关的，历史上的行旅事件及其相应产生的文本，拥有了似乎紧密的联系。这种联系，在她看来，"不仅是身体的行旅，更是智力与精神的漫游，是漫游对认知和言说带来的冲击和变化"。之所以有这样的认识，是因为她在讨论"南北朝"时代的同时，引入了一个更接近现当代中国的"时域"——十九世纪的"近代"中国。她认为这两个时期，都具备"错位"（Dislocation）的时代特质。"错位"，在《神游》中被解释为"不仅仅包括身体的移动，更包括一个人在遭遇异国的、陌生的、奇特的以及未知的现象时发生的智识与情感上的移位与脱节"。同时，作为本书的中心概念——"错位"，"即是实际发生的，也是象征性的；是身体的，也是精神的"。全书的重要理论阐释基点，也在于对这种"错位"在两个时代的历史人的行旅文本的精读、分析和对比中，被逐渐揭示出来。

行旅是人在时空的交错中被定义的，这种"被定义"即有客观的身体移动，也有主观的想象和思辨。（包括文学、回忆、轶事和辑录等）这些经由行旅发生而创作的文本，无论是在行旅中创作文本，或是记述这些行旅的文本，在它们被写作出来的同时，就是在以一种有意图的认知传达被生产的。如田晓菲在著作中所提

到的，这是一种有关"观照和想象"的新的话语形成过程。这个文本在传播过程中对行旅的"再现"，是某种"观看世界的模式"，而田晓菲认为，这些模式"在早期中古时代开始建立，到十九世纪，又以新的变形再次出现"。这个结论来自其采用的"非常规方式"——文献比读方法——"把各种不同的文本放在他们的历史语境里面进行细读"，并跨越学术"边界"，将"它们并列排置，对它们进行新的交叉组合。这种并列排置的结果应该是一种错位感和陌生感"。

阅读《神游》，这种"错位感和陌生感"是双重的理解：一方面，是对一些我们较为熟悉的空间区域的理解扩展所产生的"错位感"，比如"中国"等概念的新认识——这不仅包括魏晋南北朝时期，还包括十九世纪以来的近代中国；另一方面，是对行旅行为及其过程的历史文本的文体认知有了不同的理解带来的"陌生感"，原属于诗歌、佛经、散文、游记的诸体，在行旅的统括之下，产生了别样的解读，既熟悉又陌生。当然，这样的解读也带来了疑惑，当我们在"早期中古时代"来探寻"近代中国"的"观看世界"的"模式"伏笔时，在观看对象、认知层次、世界图景乃至写作方式等方面的巨大差异，单纯依赖将传统文本置于其历史文化语境中比读，的确会有"错位"和"陌生"：因为行旅行为，往往是历史上特定时期的每一个个体的时空交错，而不是文本传播本身。在梳理"观看世界的模式"时，田晓菲认为"观看从来都不是被动的行为，它必须有一个观看的

对象，必须有一个观看的角度，一个视角。它是观看者积极主动地进行分类、整理和理解的过程"。

四至六世纪的行旅文学，包括地理写作、游记文学，特别是山水诗画的早期融合，是在当时国家南北分裂、社会连年征战、政权更迭转移和人口大量流动的背景下产生的。魏晋南北朝时期的僧侣、士人群体，对"观想"这一传统概念的宗教阐释和文学演绎，构成了作者着重细读的典型人物谱系，僧侣翻译家如鸠摩罗什、僧肇、慧远、法显等，士人如嵇康、王弼、陆机、王羲之、葛洪、孙绰、支遁、陶渊明、张翼、谢道蕴、谢灵运等，山水画家宗炳、顾恺之、谢赫等对这个大时代背景下的文学创作影响深刻。文本所体现出的文学意象，使宗教阐释和文学演绎互相渗透，形成了独特的世界图景："疆界不断被划分和突破；文化冲突导致地方身份的构成和强化；游历者所讲述的异域故事激发对远游的渴望。"因此，作者以南朝士人对山水的观照开始，考察了"玄思"与"观想"在文学意象架构"世界"时的基本观念；进而，通过对文本所体现出的深层次的"观看世界的基本范式"，分类陈述为两种范式，即"历史模式"和"天堂／地狱模式"，从而对"华夏—边地"二元论进行了细致的分析和讨论；而后，以谢灵运的诗歌为主要切面，阐述了这两种模式的具体影响和创作实践，而这种写作，在传统意义上，被归类为山水诗的巅峰之作，在《神游》之中，则被视为"中有之旅"的典型。

在简短而又明确打破前文凸显山水观想之美的"间奏"之后，作者引出对另一个时代——十九世纪近代中国——相关行旅文学的讨论。这其实建立在一个强烈的对比之中：首先是对山水之美的质疑和贬低，其次是相关行旅文学体裁与现实的关系，然后是文本体现出的"观看模式"和"文本再现形式"之间对前期文化模式的回应与反抗。不仅仅将传统行旅文学的内容扩展到各种近代以来的文本，而且，着重关注和探讨了传统中国士人阶层在这个激变的时代，如何借助文学言说去架构世界图景，并且回应传统"观想"模式。只不过，这种模式已经褪去了诗意的、宗教的和玄想的内核，而代之以危机的、身份的和他者的焦虑。比如王韬的游记、恭亲王奕䜣的奏折、第一批赴外使节斌椿、张德彝的游记乃至张祖翼的《伦敦竹枝词》、女性游客单士厘的《癸卯旅行记》、黄遵宪的《日本杂事诗》和《人境庐诗草》、林针的《西海纪游草》等文本做了详细的解读和分析。这些分析把近代中国的诸多问题，与行旅文学的传统模式进行了对比，力图找寻两种模式——"历史模式"和"天堂／地狱模式"——在十九世纪行旅文学架构的世界图景中，起到了什么作用。在我看来，更多时候，这两种模式是被逐渐打破的，越来越多的观看对象、越来越广的观看视角、越来越难以描述的世界与事物，不可能仅仅被局限在传统观照模式的框架之内。这时，严整比对文本变得似乎有些牵强，而写作结构因为两大部分所涉内容在文体

分析上不均衡，将结论引向对"范式及其影响"的讨论，这正是作者"文本再现形式"写作意图打破学科研究边界的尝试和努力。

在《神游》的最后，田晓菲总结："早期中古时代的中国人强调在观照山水自然时，必须使用心眼才能发现其中隐含光彩的文与理；而十九世纪末的士人同样以他的神游之旅，立足于他的现在和我们的过去，看到一个理想中的未来。"这不禁令人回想起她在引言中着重强调的主要观点："早期中古时代首次发展出了一系列观看世界的范式，这些范式对后代产生了深远的影响，一直到十九世纪，当中国士人阶层初次访问欧洲与美洲大陆的时候，在描写欧洲与美洲的文字里，我们仍然可以体察到早期中古时代的观看范式在近代的延续与变形。只不过到这时，熟悉的观看、理解与言说框架已经承受了巨大的压力，到了临近断裂崩溃的程度。在现有的概念和新的现实之间存在着极大的张力，在这种张力里，我们既看到文化传统的延续，也看到它的激变。"在我看来，行旅文学能够承载的，除了个人的时空交错之外，更多的是对文化深层世界观的颠覆：在魏晋南北朝时期，是佛国净土重塑的"华夏—边地"二元论的倒置和对自然"观想—神游"模式的形成；而在十九世纪的近代，则是"中国—世界"两极融合的激变与现代世界观的形成。这种将传统文化本身"陌生化"为"他者"的结论，看似是对现代化进程风云激变阵痛的讴歌，毋宁理解为对传统文化衰变绵续危机的哀悼。

2015年既有建筑功能提升工程技术交流会成功召开

11月13日，"2015年既有建筑功能提升工程技术交流会"在华建集团股份公司（以下简称"华建集团"）顺利召开。本次会议由华建集团、上海既有建筑功能提升工程技术研究中心、上海市土木工程学会联合举办。会议汇聚了120余位来自既有建筑功能提升领域的专家、学者和政府相关部门的代表，共同围绕主题"既有工业厂房功能更新改造实践与探讨"展开深入交流。上海市科委研发基地建设与管理处处长过浩敏、上海市土木工程学会秘书长傅德明等受邀出席了本次会议。

本次会议进行了论文征集工作，并得到了上海地区科研、设计、施工等单位的积极响应。经会议组委会评审，《2015年既有建筑功能提升工程技术应用交流会论文集》共选入42篇优秀学术论文，并被《工业建筑》增刊收录。

这次会议是"2013年既有建筑功能提升工程技术交流会"的延伸，深入分享了与既有建筑功能提升领域相关的经验教训及未来发展方向，给与会的专家学者提供了启发和借鉴，得到了大家的一致肯定和高度赞扬，为促进上海地区既有建筑功能提升建设和研究做出了突出贡献。

第九届"3+X"三院建筑创作学术交流于杭州举行

2015年11月4日，华建集团股份公司副总裁、总建筑师沈迪，华建集团华东现代都市建筑设计院副院长戎武杰，总建筑师李军，华建集团华东建筑设计研究总院建筑创作所所长杨明，华建集团上海建筑设计研究院公司方案创作所所长胡世勇等16人，参加了在杭州举行的"3+X"三院建筑创作学术交流活动。

三院建筑创作学术交流是由华建集团股份公司、中国建筑设计研究院、北京市建筑设计研究院三家单位共同发起主办的建筑创作学术交流活动，是三院建筑创作的最新作品、最新理念、最新方法展示的盛会，也是三院建筑创作信息交流、分享的盛会。本次活动以"建筑改造与城市有机更新"为主题，在中国经济与社会转型的时代背景下，在城市由大规模、快速化的扩张式城市化发展转向建成区的结构优化和调整的情况下，共同探讨：如何织补城市；如何从城市与建筑的关系角度，发挥建筑师的地位和作用；如何通过建筑的介入，激发城市活力，促进城市公共空间品质的提升等主题。

2015华建集团申元工程投资咨询公司举行成立20周年庆典暨企业发展论坛

2015年11月20日下午，华建集团申元工程投资咨询公司在东方体育大厦隆重举行了公司成立20周年庆典暨企业发展论坛活动。中国建设工程造价管理协会领导、上海建设工程咨询行业协会领导、上海市住房与城乡建设管理委员会标准宇造价处的领导、华建集团及各分子公司、职能部门等领导以及部分业主单位的领导和部分本市的同行近一百人应邀参加庆典和论坛活动。中国勘察设计协会、中国建筑学会建筑经济分会、建筑经济杂志社发来贺信。全国各地造价咨询企业的同行也通过不同方式对申元公司二十周年庆表示热烈的祝贺。

庆典仪式上，中价协秘书长吴佐民先生、华建集团总裁张桦先生、上海咨询行业协会会长严鸿华先生、上海市住建委陆罡处长、上海协会造价专业委员会马军主任以及上海海事大学肖宝家副校长上台致辞。各位领导充分肯定了上海申元公司二十年来所取得成绩和变化，感谢上海申元公司为集团和上海乃至全国工程造价行业的发展所做出的努力和贡献，期望上海申元公司在未来的征程上继续引领我国造价事业的发展，取得更大的进步。各位领导的致辞既是对申元人的鼓励，也是对申元人的鞭策，将激励全体申元人百尺竿头，更上一层楼！

20 申元
1995-2015
上海申元工程投资咨询有限公司

上海市启动第一个建筑师责任制试点项目

2015 年 12 月 30 日，上海自贸区国际艺术品交易中心迎来发展的又一里程碑：交易中心重点项目艺术品仓储二期——上海国际艺术品保税服务中心打下第一根桩。该项目由集团资深总建筑师邢同和率领都市院设计团队原创全过程创作设计，被列入上海市第一个建筑师责任制试点项目，计划在 2017 年竣工并投入运营使用。

华建集团打造昆明第一高度

由华建集团华东总院原创全过程设计的昆钢科技大厦（昆明索菲特大酒店）位于昆明核心的中央商务区，是一栋220m，地上五十层的超高层办公酒店综合体，总建筑面积 14.8 万 m²，其包含索菲特酒店、5A 甲级办公楼、银行、高端会所四大类功能。该项目是目前昆明已建成的最高建筑和级别最高的超五星级酒店。

华建集团 2015 年客户满意度再创新高

2015 年度集团顾客满意度为 78.93%，相比 2014 年度，提升了 0.27%，再创新高。其中水利院、申元岩土、华东总院三家单位顾客满意度都在 80.00% 以上。通过集团与同行业兄弟单位比较，其中 29.1% 的顾客认为集团是最有竞争力的，58.4% 的顾客认为较有竞争力，这也体现了集团在市场上竞争中具有较高的竞争力。

华建集团 BIM 设计技术保持全国领先

近日，由中国勘察设计协会举办的第六届"创新杯"——建筑信息模型（BIM）应用设计大赛颁奖典礼在北京隆重揭晓。在本次大赛中，华建集团囊括了民用建筑领域中全部四个"一等奖"中的三个，其中，"上海世博会博物馆项目"获得最佳建筑设计一等奖、"合肥万达茂项目"获得最佳工程协同一等奖、"周家渡 01-07 地块项目"获得最佳绿色分析应用一等奖。此外，"外滩金融中心项目"获得最佳拓展应用二等奖。在其他奖项上，集团连续第六次荣获"最佳 BIM 应用企业奖"殊荣。由集团等 15 家单位共同参与的上海某国际主题乐园项目获得 BIM 应用特等奖。

打造活力北外滩

继上海港国际客运中心、国际航运服务中心、星港国际中心的成功建设，华建集团上海院为北外滩金融航运服务区又将贡献一优秀作品——公平路地下通道设计和北外滩立体步行交通系统总体规划。在最新公布的上海"城市更新"计划中，以加强公共资源间的互联互通、建立便捷的立体交通体系、营造多层次城市公共空间为理念的城市建设思路，已成为上海城市规划设计的重点方向。

华建集团 2016 年"可持续设计"培训团赴美国俄勒冈大学进修

华建集团与俄勒冈大学合作的"可持续设计"培训项目是集团青年人才培养的重要渠道与抓手。2016 年培训项目进入了第四期，学员包括都市院的李清川、李若琛、金瑞、杨孝唯；上海院的张秋实；现代建设咨询的陈治宇。近日，由这 6 名青年建筑师组成的 2016 年"可持续设计"培训团搭乘飞机前往美国俄勒冈州尤金市，开始为期六个月的"可持续设计"培训。

华建集团积极引领绿色建筑发展方向

近日，"绿色建筑贡献奖"获奖名单在"2015 中国上海绿色建筑与建筑节能科技周"开幕式上公布。由华建集团建筑科创中心负责技术咨询的"上海崇明陈家镇实验生态社区 4 号公园配套用房"荣获了项目类"上海绿色建筑贡献奖"。该荣誉由上海市绿色建筑协会组织评选，旨在表彰对推动上海市绿色建筑做出突出贡献、在国家和上海具有代表性、示范性、标志性的绿色三星建筑项目。

世界最大单体卫星厅开建

12 月 29 日，由华建集团华东总院设计总包的浦东国际机场三期扩建工程开工。本次三期扩建工程包含了卫星厅、旅客过夜用房、T1/T2 捷运车站、能源中心、贵宾楼等共 9 个子项约 77 万平方米，其中卫星厅工程是浦东国际机场三期扩建工程的主体工程，由两座相连的卫星厅（S1 和 S2）组成，形成"工"字型的整体构型，年处理旅客设计能力为 3800 万人次，2019 年建成后的机场年旅客吞吐量保障能力将达到 8000 万人次，本次扩建进一步完善了现有机场功能，扩充了机位，至此，浦东国际机场正式跻身为世界十大机场。

华建集团环境院荣获 2015"金堂奖"年度最佳公共空间设计奖

2015 年十大空间类型的"金堂奖"于近日在广州揭晓，环境院装饰专业副总师文勇主持设计的《吉林市人民大剧院》获选年度最佳公共空间设计奖。与往年不同的是，今年"金堂奖"的奖项设置从十个空间类别的"年度十佳设计作品"改变为每个空间类别不超过 3 个的"年度最佳设计作品"，不仅展露出室内设计行业生机勃勃的迭代风貌，同时对作品的要求甄选也更严格，环境院能在激烈的评选中脱颖而出，足以证明其过硬的设计实力和极具创意的设计理念。

华建集团青年为第二届"世界城市日"活动助力

2015 年 12 月 11 日，上海世界城市日事务协调中心给华建集团团委发来感谢信，感谢集团青年在活动筹备与实施过程中给予的有力帮助和支持，从而为活动的成功举办提供了坚实保障。

2015 年 10 月 31 日是首个由中国政府倡议设立的国际日——"世界城市日"，也是以联合国决议形式设立的首个以城市为主题的国际日。在以宣传和推广"世界城市日"为主旨的大型互动体验式活动"穿越上海"中，集团团委组织一些青年设计师，为活动的总体 LOGO、专用选手 T-shirt 方案及有关背景进行了志愿设计；先后组织了 4 支参赛队伍，参与了第 3-5 季的竞赛活动；配合在集团的申都大厦设置活动的中转站，并落实青年志愿者支撑；受到了主办方广泛好评，并推广了企业品牌。

第三届中法城市与建筑可持续发展论坛在枫泾圆满落幕

2015 年 11 月 1 日，主题为"科创全球.复兴上海——建设世界伟大城市"的第三届中法城市与建筑可持续发展论坛在上海市金山区枫泾镇科创小镇成功举办。

本届论坛在法国文化部、中法创新和数字化委员会和上海市金山区政府的大力支持下，由 SFACS 中法建筑交流学会和上海市金山区枫泾镇人民政府共同主办。并 IFADUR 法中建筑与城乡可持续发展研究院、阁敦思集团、北京交通大学中国城市研究中心、闸北区规划局、崇明县科委、绿华镇政府、上海市建筑学会、华建集团华东历史建筑保护设计院、中国房地产数据研究院、同济大学企业管理培训中心（CEEDP）等合作伙伴的通力协作下，取得了傲人的学术交流成果。

共襄设计盛会 演绎精彩未来
2015 欧特克 AU 中国"大师汇"在沪开幕

2015 年 11 月 5 日，欧特克软件（中国）有限公司（"欧特克"或"Autodesk"）主办的 2015 欧特克 AU 中国"大师汇"在上海正式召开，此次是欧特克在中国举办的第八届 AU"大师汇"活动，以"设计·领创·未来"为主题，为两岸三地的企业和设计人员搭建了盛大的行业交流平台。

欧特克公司全球销售与服务高级副总裁史蒂夫·布卢姆（Steve Blum），欧特克公司亚太地区高级副总裁魏柏德（Patrick Williams）出席大会并发表主题演讲。同时，来自工程建设业、制造业、传媒娱乐业三大行业以及教育领域的众多企业高层、行业专家和设计精英也为参会者带来了近 100 场精彩演讲。

建筑与城市规划学院常青教授当选中国科学院院士

2015 年 12 月 7 日，中国科学院公布了 2015 年院士增选和外籍院士选举结果。同济大学建筑与城市规划学院常青教授当选为中国科学院院士，成为中科院技术科学部今年增选的 11 名院士之一。

常青教授自 1991 年 4 月起在同济大学建筑与城市规划学院任教，并长期主持建筑与城市规划学院建筑系工作。历任博士后、副教授、教授、建筑系副主任、系主任（2003-2014 年）及历史环境再生研究中心主任等职。曾被美国建筑师学会评选为荣誉会士（Hon. FAIA）。常青教授多年来从事建筑学新领域的开拓性研究，发展了"历史环境再生"学科方向，领衔创办国内第一个"历史建筑保护工程"专业。主持完成四项国家级课题研究和十余项历史环境保护与再生重要工程设计。出版专著四部、编著四部、参著五部、译著三部、发表论文 70 余篇，已培养博士毕业生 30 名，硕士毕业生 59 名。

《罗小未文集》新书发布会暨罗小未先生学术思想研讨会召开

2015 年 11 月 19 日，由同济大学建筑与城市规划学院和同济大学出版社联合主办的《罗小未文集》新书发布会暨罗小未先生学术思想研讨会，在同济大学建筑与城市规划学院钟庭报告厅隆重召开。会议聚集了大量专程赶来的专家学者、罗小未先生的故交后学，以及同济大学校、院两级领导和上海市建筑学会、民盟上海市委的领导。研讨会由同济大学建筑与城市规划学院党委书记彭震伟教授和罗先生的弟子卢永毅教授先后主持。

《罗小未文集》的出版经历了近一年的准备，集聚了多方的支持，也倾注了卢永毅教授和钱锋副教授两位执行编委的努力。卢永毅教授表示，系统梳理罗先生教学与学术贡献是晚辈义不容辞的责任，文集的出版是一个新的开始，它会激励我们进一步研读历史，开拓未来，使同济建筑学的教学思想和学术传统能够更好地延续和发展。

多元化需求呼唤高性能解决方案

当下，胶粘剂制造商们正在寻求能在质量、耐久性及可持续性等层面满足高标准的创新型解决方案，以确保在竞争日益激烈的胶粘剂市场中保持优势地位。科思创基于对市场的深层认知，推出了一系列高性能聚氨酯胶粘剂解决方案，来满足不同应用市场的需求。

科思创与意大利著名登山靴品牌斯卡帕（Scarpa）的合作就是一个绝佳的案例。由科思创开发的 Dispercoll® U 高性能聚氨酯胶粘剂解决方案使鞋胶产品能自如应对严寒、潮湿等极端环境，助力斯卡帕生产出拥有卓越性能的登山靴，帮助登山者勇攀八千米高峰。在中国，科思创不断加大在胶粘剂产品解决方案的研发投入来满足更加多元化的市场需求。公司目前已扩大了华胶粘剂实验室和研发团队，并在其位于上海的聚合物研发中心设立产品创新中心，这是科思创首次在德国以外的区域建立这样的机构。

图书在版编目（CIP）数据

轻绿色：轻型绿色建筑发展 / 华东建筑集团股
份有限公司主编. -- 上海：同济大学出版社, 2016.2
ISBN 978-7-5608-6210-1

Ⅰ.①轻… Ⅱ.①华… Ⅲ.①生态建筑－建筑设计
Ⅳ.①TU201.5

中国版本图书馆CIP数据核字(2016)第028185号

策　　划　《时代建筑》图书工作室
　　　　　徐　洁
　　　　　华东建筑集团股份有限公司

统　　筹　许　萍

编　　辑　高　静　　丁晓莉　　杨聪婷　　罗之颖

校　　译　陈　淳　　李凌燕　　周希冉　　杨聪婷

书　　名　轻绿色：轻型绿色建筑发展
主　　编　华东建筑集团股份有限公司
出 品 人　支文军
责任编辑　由爱华　　**责任校对**　徐春莲　　**装帧设计**　杨　勇

出版发行　同济大学出版社 www.tongjipress.com.cn
　　　　　（上海四平路1239号　　邮编 200092　　电话021-65985622）
经　　销　全国各地新华书店
印　　刷　上海双宁印刷有限公司
开　　本　787mm x1092mm　1/16
印　　张　11
字　　数　581 000
版　　次　2016年2月第1版　　2016年2月第1次印刷
书　　号　ISBN 978-7-5608-6210-1
定　　价　68.00元